全国高职高专建筑类专业规划教材

建筑工程定额与预算

主　编　陶继水　吴才轩　薛　艳
副主编　孙桂涧　王　雪　谢　颖
　　　　何　芳
主　审　何宗花

黄河水利出版社
·郑州·

内 容 提 要

本书是全国高职高专建筑类专业规划教材，是根据教育部对高职高专教育的教学基本要求及全国水利水电高职教研会制定的建筑工程定额与预算课程教学大纲编写完成的。本书共分10章，主要介绍建筑工程定额与预算的基础知识。其内容包括：绪论、建筑工程造价概述、工程定额、工程计价依据、建筑安装工程造价构成、建筑工程工程量计算、土建工程施工图预算的编制及审查、设计概算和施工预算的编制、工程结算和竣工决算、应用计算机编制土建工程施工图预算等。

本书可作为高等职业技术学院及高等专科学校等的建筑工程技术专业、工程管理专业、工程造价专业等的建筑工程定额与预算课程的教学用书，也可作为成人教育专科层次的教学用书及建筑工程技术人员的参考用书。

图书在版编目（CIP）数据

建筑工程定额与预算/陶继水，吴才轩，薛艳主编．郑州：黄河水利出版社，2010.8 （2020.1 重印）
全国高职高专建筑类专业规划教材
ISBN 978-7-80734-860-3

Ⅰ.①建… Ⅱ.①陶…②吴…③薛 Ⅲ.①建筑经济定额-高等学校：技术学校-教材②建筑预算定额-高等学校：技术学校-教材 Ⅳ.①TU723.3

中国版本图书馆CIP数据核字（2010）第132321号

组稿编辑：王路平 电话：0371-66022212 E-mail：hhslwlp@163.com
简 群 66026749 w_jq001@163.com

出 版 社：黄河水利出版社 网址：www.yrcp.com
地址：河南省郑州市顺河路黄委会综合楼14层 邮政编码：450003
发行单位：黄河水利出版社
发行部电话：0371-66026940、66020550、66028024、66022620（传真）
E-mail：hhslcbs@126.com
承印单位：河南承创印务有限公司
开本：787 mm×1 092 mm 1/16
印张：15.5
字数：360千字 印数：16 500—18 000
版次：2010年8月第1版 印次：2020年1月第5次印刷
2012年1月修订版

定价：28.00元

前 言

本书是根据《教育部、财政部关于实施国家示范性高等职业院校建设计划,加快高等职业教育改革与发展的意见》(教高[2006]14 号)、《教育部关于全面提高高等职业教育教学质量的若干意见》(教高[2006]16 号)等文件精神,由全国水利水电高职教研会拟定的教材编写规划,在中国水利教育协会指导下,由全国水利水电高职教研会组织编写的建筑类专业规划教材。本套教材以学生能力培养为主线,具有鲜明的时代特点,体现出实用性、实践性、创新性的教材特色,是一套理论联系实际、教学面向生产的高职高专教育精品规划教材。

本书是以突出针对性和实用性为目的,以《全国统一建筑工程基础定额》、《建设工程工程量清单计价规范》(GB 50500—2008)为依据,结合地区建筑工程定额的使用情况编写而成的。书中定额理论的阐述以够用为度,强化了定额的应用,突出了一般土建工程施工图预算的编制。书中融入了大量例题,简单明了,以便于读者理解和掌握所学内容。

本书可作为高职高专建筑工程技术专业、工程管理专业、工程造价专业等专业的教学用书,也可作为成人教育、职大、电大等专科层次教学用书,还可供工程技术人员参考使用。

本书编写人员及编写分工如下:安徽水利水电职业技术学院陶继水(第一章、第六章第三节八至十三),重庆水利电力职业技术学院吴才轩(第二章、第六章第四节),安徽水利水电职业技术学院何芳(第三章),湖北水利水电职业技术学院薛艳(第四章),黑龙江农垦科技职业学院孙桂润(第五章),安徽水利水电职业技术学院谢颖(第六章第三节一至七),辽宁水利职业学院王雪(第七章),山西水利职业技术学院孙霄(第八章、第九章),长江工程职业技术学院侯林峰(第六章第一节、第二节,第十章)。本书由陶继水、吴才轩、薛艳担任主编,陶继水负责全书统稿,由孙桂润、王雪、谢颖、何芳担任副主编,由广东水利电力职业技术学院何宗花担任主审。

在编写过程中,参阅和引用了不少专家、学者论著中的有关资料,并得到编写人员所在院校领导的大力支持,在此也深表谢意。

当前我国工程造价管理正处于变革时期,新旧体制交替,加之编者水平有限,时间仓促,书中难免会出现缺点和不妥之处,敬请同行专家和广大读者批评指正。

编 者

2010 年 6 月

目 录

前 言
第一章 绪 论 …………………………………………………………………… (1)
第一节 本课程研究的对象与任务 ………………………………………… (1)
第二节 本课程的重点、难点与学习方法 ………………………………… (2)
第三节 全国造价员管理办法 ……………………………………………… (3)
第二章 建筑工程造价 ……………………………………………………… (6)
第一节 基本建设 …………………………………………………………… (6)
第二节 工程造价 …………………………………………………………… (12)
第三节 工程计价 …………………………………………………………… (17)
小 结 ……………………………………………………………………… (22)
复习思考题 ………………………………………………………………… (22)
第三章 工程定额 …………………………………………………………… (23)
第一节 施工定额 …………………………………………………………… (23)
第二节 预算定额 …………………………………………………………… (24)
第三节 概算定额、概算指标与投资估算指标 …………………………… (32)
第四节 企业定额的用途和编制原则 ……………………………………… (40)
第五节 全国统一建筑工程基础定额简介 ………………………………… (44)
小 结 ……………………………………………………………………… (47)
复习思考题 ………………………………………………………………… (47)
第四章 工程计价依据 ……………………………………………………… (48)
第一节 概 述 ……………………………………………………………… (48)
第二节 工程建设定额概述 ………………………………………………… (50)
第三节 建筑安装工程人工、机械台班、材料定额消耗量确定方法 ……… (54)
第四节 建筑安装工程人工、材料、机械台班单价确定方法 ……………… (60)
第五节 工程单价 …………………………………………………………… (69)
小 结 ……………………………………………………………………… (72)
复习思考题 ………………………………………………………………… (72)
第五章 建筑安装工程造价构成 …………………………………………… (73)
第一节 工程造价构成概述 ………………………………………………… (73)
第二节 建筑安装工程费用构成及计算 …………………………………… (85)
第三节 建筑安装工程计价程序 …………………………………………… (92)
第四节 费用定额 …………………………………………………………… (94)
第五节 建筑安装工程工期定额 …………………………………………… (96)

小　结 ……………………………………………………………………… (97)
复习思考题 ……………………………………………………………… (98)
第六章　建筑工程工程量计算 ……………………………………… (99)
第一节　工程量计算的一般原则 ……………………………………… (99)
第二节　建筑面积计算规则 ………………………………………… (104)
第三节　工程量计算规则 …………………………………………… (110)
第四节　工程计量案例 ……………………………………………… (155)
小　结 ……………………………………………………………… (178)
复习思考题 ………………………………………………………… (178)
第七章　土建工程施工图预算的编制及审查 ……………………… (179)
第一节　施工图预算编制的基本内容 ……………………………… (179)
第二节　土建工程施工图预算编制实例 …………………………… (186)
第三节　土建工程施工图预算的审查 ……………………………… (196)
小　结 ……………………………………………………………… (202)
复习思考题 ………………………………………………………… (202)
第八章　设计概算和施工预算的编制 ……………………………… (203)
第一节　设计概算的编制 …………………………………………… (203)
第二节　施工预算的编制 …………………………………………… (209)
小　结 ……………………………………………………………… (214)
复习思考题 ………………………………………………………… (215)
第九章　工程结算和竣工决算 ……………………………………… (216)
第一节　工程结算 …………………………………………………… (216)
第二节　竣工验收及保修费用 ……………………………………… (222)
第三节　工程竣工决算 ……………………………………………… (225)
小　结 ……………………………………………………………… (227)
复习思考题 ………………………………………………………… (228)
第十章　应用计算机编制土建工程施工图预算 …………………… (229)
第一节　概　述 ……………………………………………………… (229)
第二节　施工图预算编制软件简介 ………………………………… (230)
小　结 ……………………………………………………………… (241)
复习思考题 ………………………………………………………… (241)
参考文献 …………………………………………………………… (242)

第一章　绪　论

第一节　本课程研究的对象与任务

一、本课程研究的对象

在国民经济飞速发展的今天，建筑业已成为我国四大支柱产业之一，在国民经济中起到了越来越重要的作用。尤其是在全球经济衰退的2009年，我国进行了大规模的基础设施建设，大力发展建筑业成为我国推动国民经济发展的重要举措。

建筑的产品是建筑物或构筑物。在一定的社会生产力水平条件下，生产这类产品时，与其他产品一样，要消耗一定数量的活劳动和物化劳动。施工生产消耗虽然受诸多因素影响，但生产单位建筑产品与消耗的人力、物力和财力之间存在着一种必然的以质量为基础的定量关系，表示这种定量关系的就是建筑安装工程定额。建筑安装工程定额是客观地、系统地研究建筑产品与生产要素之间构成的因素和规律，用科学的方法确定建筑安装产品消耗标准，并经国家主管部门批准颁发建筑安装产品消耗量的一个标准额。

在社会主义市场经济条件下，建筑安装产品不仅具有商品属性，而且因产品的构成要素和价格形成具有自身的特殊性，因此必须充分认识价格变动的特点，掌握和确定建筑安装产品价格的科学体系，提高社会生产力发展水平，加快与国际接轨是本课程研究的对象。

二、本课程研究的任务

随着我国经济体制改革的不断深入，建筑工程造价改革的最终目标是建立以市场形成价格为主的价格体制，改革现行建筑安装工程定额管理方式，实行量价分离，引导企业积极参与市场竞争，政府进行宏观调控，参考国际惯例的做法制定统一的计价规范，为在招标投标中推行全国统一的工程量清单计价办法提供基础。因此，在我国加入世贸组织（WTO）的新形势下，如何运用各种经济规律和科学方法，合理确定建筑安装工程造价，科学地掌握价格变动规律，就成为本课程研究的主要任务。国家逐步推行工程量清单计价办法，目的就是鼓励企业自行组价，制定企业定额，反映企业个别成本，挖掘企业巨大潜力，从而确定出科学合理且符合市场经济运行规律的建筑产品价格。

三、本课程与其他课程的关系

本课程是一门政策性、技术性、经济性和综合性很强的专业课，内容多，涉及的知识面广。它以政治经济学、建筑经济学、价格学和社会主义市场经济理论为理论基础,以建筑识图、房屋构造、建筑材料、建筑结构、施工技术等课程为专业基础,与施工组织、房屋设备、计算机信息技术、建筑企业经营管理等课程有着密切联系,尤其是我国现已加入世贸组织参与国际竞争,在工程预算费用内容、价格组成、编制方法、审查程序等方面均要采用国际惯例。因此,在学习本课程时,不但要重视理论课的学习,而且要注重实际操作,边学边练,学练结合,不但要把握定额与预算的特点,而且要把握它们发展的内在规律性,牢固掌握,灵活运用,提高概预算编制的质量和水平。

第二节　本课程的重点、难点与学习方法

一、本课程的重点

本教材共分10章。主要介绍了工程概预算基本概念、建筑工程定额、建筑安装工程费用、一般土建工程施工图预算的编制及审查。

本课程的核心内容是第六章建筑工程工程量计算和第七章土建工程施工图预算的编制及审查。要求学生在老师的指导下能够进行具体的编制与操作。

二、本课程的难点

(1)预算定额中,人工费、材料费、机械台班费的概念,特别是对材料预算价格的组成理解。

(2)各专业工程的工程量计算,工程量计算规则的理解与运用,深入理解其含义。

(3)在编制工程概预算时,结合工程定额的规定,进行定额子目的合理选用、费用的计算、工料分析和价差的调整。

三、学习方法

(1)老师在教学时应注重结合当地现行定额或单位估价表进行讲解,学生应认真听讲,做好笔记。

(2)必须与前面所学的专业课或专业基础课有机结合。本课程是一门专业性、技术性、综合性及实践性很强的专业课程,学生必须以前期所学课程建筑构造、建筑工程制图(识图)、建筑材料、建筑施工技术、施工组织设计及建筑设备等为基础,才能更好地理解和学好本课程。

(3)必须理论与实践相结合。本课程实践性和操作性都很强,学习时不能只满足于理论,必须结合工程实际,动手参与工程概预算的编制,掌握工程概预算的编制原理、编制程序和工程造价的计算。在实际编制中发现问题,及时解决,并在编制过程中,更深入地理解建筑工程概预算的基本理论。

第三节　全国造价员管理办法

一、总　则

第一条　为加强对建设工程造价员的管理，规范建设工程造价员的从业行为和提高其业务水平，根据建设部《关于由中国建设工程造价管理协会归口做好建设工程概预算人员行业自律工作的通知》（建标[2005]69 号）文件精神，制定本办法。

第二条　本办法所称建设工程造价员是指通过考试，取得《全国建设工程造价员资格证书》，从事工程造价业务的人员（以下简称造价员）。

第三条　中国建设工程造价管理协会（以下简称中价协）负责全国建设工程造价员的行业自律管理工作。各地区造价管理协会或归口管理机构（以下统称管理机构）应在本地区建设行政主管部门的指导和监督下，负责本地区造价员的自律管理工作。中价协各专业委员会（以下简称专委会）负责本行业造价员的自律管理工作。全国建设工程造价员行业自律工作受建设部标准定额司指导和监督。

第四条　《全国建设工程造价员资格证书》是造价员从事工程造价业务的资格证明，《全国建设工程造价员资格证书》由中价协负责监制和管理。

二、造价员资格考试

第五条　造价员资格考试实行全国统一考试大纲、通用专业和考试科目，各管理机构和专委会负责组织命题和考试。

第六条　通用专业和考试科目

通用专业：土建工程；安装工程。

通用考试科目：工程造价基础知识。

土建工程或安装工程（可任选一门）。

其他专业和考试科目由各管理机构、专委会根据本地区、本行业的需要设置，并报中价协备案。

第七条　中价协负责组织编写《全国建设工程造价员资格考试大纲》和《工程造价基础知识》考试教材，并对各管理机构、专委会的考务工作进行监督和检查。各管理机构、专委会应按考试大纲要求编制土建工程、安装工程及其他专业科目考试教材，并负责组织命题、考试、阅卷、确定考试合格标准、颁发资格证书、制作专用章等工作。

第八条　凡遵守国家法律、法规，恪守职业道德，具备下列条件之一者，均可申请参加造价员资格考试：

（一）工程造价专业，中专及以上学历；

（二）其他专业，中专及以上学历，工作满一年。

第九条　工程造价专业大专及以上应届毕业生可向管理机构或专委会申请免试《工程造价基础知识》。

三、造价员管理

第十条 造价员应在本人承担的工程造价业务文件上签字、加盖专用章，并承担相应的岗位责任。

第十一条 造价员资格考试合格者，由各管理机构、专委会颁发由中价协统一印制的《全国建设工程造价员资格证书》及专用章，证书编号规则及专用章样式由中价协统一规定。

第十二条 各管理机构和各专委会应建立造价员信息管理系统和信用评价体系，并向社会公众开放查询造价员资格、信用记录等信息。

第十三条 造价员跨地区或行业变动工作，并继续从事建设工程造价工作的，应持调出手续、《全国建设工程造价员资格证书》和专用章，到调入所在地管理机构或专委会申请办理变更手续，换发资格证书和专用章。

第十四条 造价员可以从事与本人取得的《全国建设工程造价员资格证书》专业相符合的建设工程造价工作。

第十五条 造价员不得同时受聘在两个或两个以上单位。

四、继续教育

第十六条 继续教育是指提高业务素质，更新知识，学习新技能，掌握新方法所进行的业务培训、专业教育等。

第十七条 各管理机构和各专委会负责本地区或本行业的继续教育教材的编制及组织培训工作。

第十八条 造价员每三年参加继续教育的时间原则上不得少于30小时，各管理机构和各专委会可根据需要进行调整。

五、资格证书管理

第十九条 《全国建设工程造价员资格证书》原则上每三年验证一次，由各管理机构和各专委会负责具体实施。

第二十条 《全国建设工程造价员资格证书》验证的内容为本人从事工程造价工作的业绩、继续教育情况、职业道德等。

第二十一条 有下列情形之一者，验证不合格或注销《全国建设工程造价员资格证书》和专用章：

（一）无工作业绩的；

（二）脱离工程造价业务岗位的；

（三）未按规定参加继续教育的；

（四）以不正当手段取得《全国建设工程造价员资格证书》的；

（五）在建设工程造价活动中有不良记录的；

（六）涂改《全国建设工程造价员资格证书》和转借专用章的；

（七）在两个或两个以上单位以造价员名义执业的。

六、自律规定

第二十二条 应遵守国家法律、法规,维护国家和社会公共利益,忠于职守,恪守职业道德,自觉抵制商业贿赂。

第二十三条 应遵守工程造价行业的技术规范和规程,保证工程造价业务文件的质量。

第二十四条 应保守委托人的商业秘密。

第二十五条 不准许他人以自己的名义执业。

第二十六条 与委托人有利害关系时,应当主动回避。

第二十七条 接受继续教育,提高专业技术水平。

第二十八条 对违反国家法律、法规的计价行为,有权向国家有关部门举报。

七、附　则

第二十九条 各管理机构和各专委会应根据本办法,制订本地区、本行业的实施细则,报中价协备案。

第三十条 本办法在执行过程中,遇有关问题,请及时将意见和建议反馈中价协,本办法由中价协负责解释。

第三十一条 本办法自发布之日起试行。

第二章　建筑工程造价

第一节　基本建设

一、基本建设的相关概念、分类

（一）基本建设的相关概念

基本建设是指投资建造固定资产和形成物质基础的经济活动。凡是固定资产扩大再生产的新建、扩建、改建、迁建、恢复工程及与之相关的活动均称为基本建设。因此，基本建设的实质是形成新增固定资产的一项综合性的经济活动，其主要内容是把一定的物质资料，如建筑材料、机械设备等，通过购置、建造、安装和调试等活动转化为固定资产，形成新的生产能力或使用效益的过程。与之相关的其他工作，如征用土地、勘察设计、筹建机构和生产职工培训等，也属于基本建设的组成部分。

所谓固定资产，是指在社会再生产过程中，使用一年以上，单位价值在规定限额以上的主要劳动资料和其他物质资料，如建筑物、构筑物、运输设备、电气设备等。凡不同时具备使用年限和单位价值限额两项条件的劳动资料均为低值易耗品。

（二）基本建设的分类

基本建设一般包括以下几个方面：

（1）土木建筑工程，包括矿山、铁路、公路、道路、隧道、桥梁、电站、码头、飞机场、运动场、房屋（如厂房、影剧院、旅馆、商店、学校和住宅）等工程。

（2）线路管道和设备安装工程，包括电力、通信线路、石油、燃气、给水、排水、供热等管道系统和各类机械设备、装置的安装工程。

（3）设备、工具、器具的购置，包括生产应配备的各种设备、工具、器具、家具及实验仪器等的购置。

（4）其他基本建设工作，包括建设单位及其主管部门的投资决策活动以及征用土地、工程勘察设计、工程监理等。

这些都是工程建设必不可少的内容。

二、建设项目的概念及其分类

（一）建设项目的概念

建设项目又称基本建设项目，是基本建设活动的最终体现。建设项目是指具有设计任务书，按一个总体设计进行施工，经济上实行独立核算，建设和运营中具有独立法人负责的组织机构，并且是由一个或一个以上的单项工程组成的新增固定资产投资项目的统称，如一座工厂、一座矿山、一条铁路、一所医院、一所学校等。

(二)建设项目的分类

由于建设项目种类繁多,为了适应科学管理的需要,正确反映建设项目的性质、内容和规模,可以从不同角度对建设项目进行分类。

1. 按建设项目的建设性质划分

按建设项目的建设性质不同可以分为新建、扩建、改建、迁建和恢复等建设项目。

1)新建项目

新建项目是指根据国民经济和社会发展的近远期规划,按照规定的程序立项,从无到有、“平地起家”建设的工程项目。或是对原有项目重新进行总体设计,并使其新增固定资产价值超过原有固定资产价值3倍以上的建设项目。

2)扩建项目

扩建项目是指现有企、事业单位在原有场地内或其他地点,为扩大产品的生产能力或增加经济效益而增建的生产车间、独立的生产线或分厂的项目;事业单位和行政单位在原有业务系统的基础上扩充规模而进行的新增固定资产投资项目。

3)改建项目

改建项目是指现有企、事业单位对原有厂房、设备、工艺流程等进行技术改造或固定资产更新的项目。其包括挖潜、节能、安全、环境保护等工程项目。

4)迁建项目

迁建项目是指原有企、事业单位根据自身生产经营和事业发展的要求,按照国家调整生产力布局的经济发展战略的需要或出于环境保护等其他特殊要求,搬迁到异地而建设的项目。不论是规模维持原状还是扩大建设,均称做迁建项目。

5)恢复项目

恢复项目是指原有企、事业单位和行政单位,因在自然灾害或战争中使原有固定资产遭受全部或部分报废,需要进行投资重建来恢复生产能力和作业条件、生活福利设施等工程项目。这类项目,不论是按原有规模恢复建设,还是在恢复过程中同时进行扩建,都属于恢复项目。但对尚未建设投产或交付使用的项目,受到破坏后,若仍按原设计重建的,原建设性质不变;若按新设计重建的,则根据新设计内容来确定其性质。

工程项目按其建设性质分为上述五类,一个工程项目只能有一种建设性质,在项目按总体设计全部建成以前,其建设性质是始终不变的。

2. 按投资作用划分

按投资作用划分,工程项目可分为生产性建设项目和非生产性建设项目。

1)生产性建设项目

生产性建设项目是指直接用于物质生产或直接为物质资料生产服务的工程项目。其主要包括:

(1)工业建设项目,包括工业、国防和能源建设项目。

(2)农业建设项目,包括农、林、牧、渔、水利建设项目。

(3)基础设施建设项目,包括交通、邮电、通信建设项目,地质普查、勘探建设项目等。

(4)商业建设项目,包括商业、饮食、仓储、综合技术服务事业的建设项目。

2）非生产性建设项目

非生产性建设项目是指用于满足人民物质生活和文化、福利需要的建设及非物质资料生产部门的建设项目。其主要包括：

（1）办公用房，如国家各级党政机关、社会团体、企业管理机关的办公用房。

（2）居住建筑，如住宅、公寓、别墅等。

（3）公共建筑，如科技、教育、文化艺术、广播电视、卫生、博览、体育、社会福利事业、公共事业、咨询服务、宗教、金融和保险业等建设项目。

（4）其他工程项目，即不属于上述各类的其他非生产性建设项目。

3. 按项目规模划分

为适应对工程项目分级管理的需要，国家规定基本建设项目分为大型、中型、小型三类；更新改造项目分为限额以上和限额以下两类。不同等级标准的工程项目，国家规定的审批机关和报建程序也不尽相同。

4. 按项目的效益和市场需求划分

按项目的效益和市场需求划分为竞争性项目、基础性项目和公益性项目。

1）竞争性项目

竞争性项目主要是指投资效益比较高、竞争性比较强的一般性建设项目。其投资主体一般为企业，由企业自主决策、独自承担投资风险。

2）基础性项目

基础性项目主要是指具有自然垄断性、建设周期长、投资风险大而收益低的基础设施和需要政府重点扶持的一部分基础工业项目，以及直接增强国力的符合经济规模的支柱产业项目。政府应集中必要的财力、物力通过经济实体进行投资，同时，还应广泛吸收企业参与投资，有时还可吸收外商直接投资。

3）公益性项目

公益性项目主要包括科技、文教、卫生、体育和环保等设施，公、检、法等司法机关以及政府机关、社会团体办公设施，国防建设等。公益性项目的投资主要由政府用财政资金来安排。

5. 按项目的投资来源划分

按项目的投资来源划分为政府投资项目和非政府投资项目。

1）政府投资项目

政府投资项目是指为了适应和推动国民经济或区域经济的发展，满足社会的文化、生活需要，以及出于政治、国防等因素的考虑，由政府通过财政投资、发行国债或地方财政债券、利用外国政府捐赠款以及国家财政担保的国内外金融组织的贷款等方式独资或合资兴建的工程项目。政府投资项目在国外也称为公共工程。

按照其赢利性不同，政府投资项目又可分为经营性政府投资项目和非经营性政府投资项目。经营性政府投资项目应实行项目法人责任制，由项目法人对项目的策划、资金筹措、建设实施、生产经营、债务偿还和资产的保值增值，实行全过程负责，使项目的建设与建成后的运营实现“一条龙”管理。非经营性政府投资项目应推行“代建制”，即通过招标等方式，选择专业化的项目管理单位负责建设实施，严格控制项目投资、质量和工期，待工程竣工验收后再移交给使用单位，从而使项目的“投资、建设、监管、使用”实现四分离。

2）非政府投资项目

非政府投资项目是指企业、集体单位、外商和私人投资兴建的工程项目。这类项目一般均实行项目法人责任制，使项目的建设与建成后的运营实现“一条龙”管理。

三、建设项目的划分

我国每年都要进行大量的工程建设，为了准确地确定出每一个建设项目的全部建设费用，必须对整个基本建设工程进行科学的分析、研究，以及合理划分，以便计算出工程建设费用。因此，我们必须根据由大到小、从整体到局部的原则对工程建设项目进行多层次的分解和细化。计算工程造价时则是按照由小到大、从局部到整体的顺序先求出每一个基本构成要素的费用，然后逐层汇总计算出整个建设项目的工程造价。所以，基本建设项目按照基本建设管理和合理确定工程造价的需要，划分为建设项目、单项工程、单位工程、分部工程、分项工程5个层次。

（一）建设项目

建设项目一般是指具有设计任务书和总体规划、经济上实行独立核算、管理上具有独立组织形式的基本建设单位。如一座工厂、一所学校、一所医院等均为一个建设项目。

（二）单项工程

单项工程是指在一个工程项目中，具有独立的设计文件，竣工后能独立发挥生产能力或使用效益的一组配套齐全的工程项目。单项工程是建设项目的组成部分，一个建设项目可能就是一个单项工程，也可能包括若干个单项工程。生产性工程项目的单项工程一般是指独立生产的车间，它包括厂房建筑、设备的安装及设备、工具、器具、仪器的购置等。非生产性工程项目的单项工程可以是一所学校的教学楼、办公楼、图书馆等。

（三）单位工程

单位工程是单项工程的组成部分。单位工程是指具有独立设计文件，可以独立组织施工，但建成后一般不能独立发挥生产能力或使用效益的工程。如办公楼是一个单项工程，该办公楼的土建工程、室内给排水工程、室内电气照明工程等，均属于单位工程。

（四）分部工程

分部工程是单位工程的组成部分。分部工程是指在一个单位工程中，按工程部位及使用的材料和工种进一步划分的工程。如一般土建单位工程的土石方工程、桩基础工程、砌筑工程、脚手架工程、混凝土和钢筋混凝土工程、金属结构工程、构建运输及安装工程、楼地面工程、屋面工程、装饰工程等，均属于分部工程。

（五）分项工程

分项工程是分部工程的组成部分。分项工程是指在一个分部工程中，按不同的施工方法、不同的材料和规格，对分部工程进一步划分的用较为简单的施工过程就能完成，以适当的计量单位就可以计算其工程量的基本单元。如砌筑工程可划分为砖基础、内墙、外墙、空斗砖墙、砖柱等分项工程。

划分建设项目一般是分析它包含几个单项工程，然后按单项工程、单位工程、分部工程、分项工程的顺序逐步细分。一个工程建设项目费用的形成过程，是在确定项目划分的基础上进行的。具体计算工作由分项工程量的计算开始，并以其相应分项工程计价为依据。从分项工程开始，按分项工程、分部工程、单位工程、单项工程、建设项目的顺序计算，最后汇总形成整个建设项目的造价（如图 2-1 所示），这就是确定建设项目和建筑产品价格的基本原理。

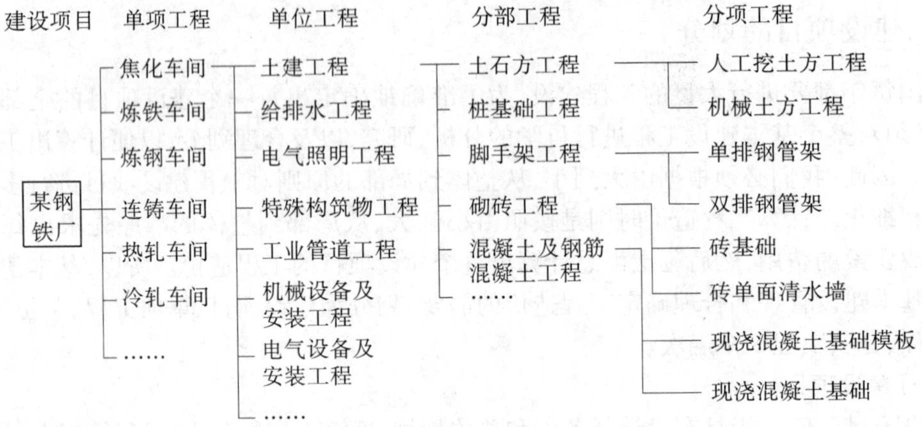

图 2-1　建设项目划分示意图

四、基本建设程序

基本建设程序是指基本建设在整个建设过程中各项工作必须遵循的先后次序。依据我国现行工程建设程序法规的规定，我国工程建设由 9 个环节组成，如图 2-2 所示。

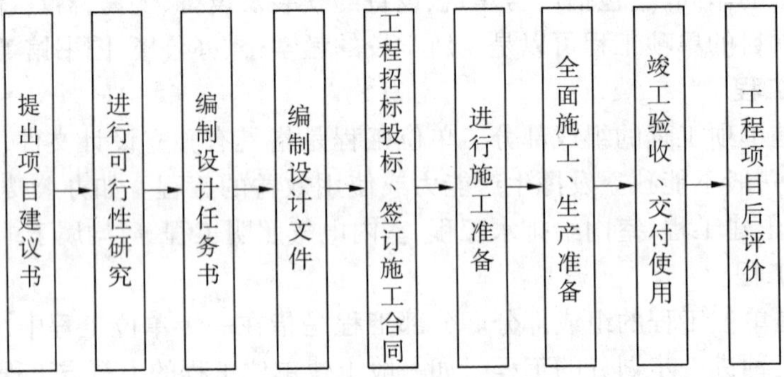

图 2-2　我国工程建设程序

（一）提出项目建议书

项目建议书是根据区域发展和行业发展规划的要求，结合与该项目相关的自然资源、生产力状况和市场预测等信息，经过调查分析，说明拟建项目建设的必要性、条件的可行性、获利的可能性，向国家和省、市、地区主管部门提出的立项建议书。

项目建议书的主要内容有：项目提出的依据和必要性，拟建设规模和建设地点的初步设想，资源情况、建设条件、协作关系、引进技术和设备等方面的初步分析，投资估算和资金筹措的设想，项目的进度安排，经济效果和投资效益的分析与初步估价等。

（二）进行可行性研究

有关部门根据国民经济发展规划及批准的项目建议书，运用多种科学研究方法（政治上、经济上、技术上等），对建设项目投资决策前进行技术经济论证，并得出可行与否的结论，即可行性研究报告。其主要任务是研究基本建设项目的必要性、可行性和合理性。

（三）编制设计任务书

设计任务书是工程建设项目编制设计文件的主要依据，由建设单位组织设计单位编制。设计任务书的编制依据是批准的项目建议书和可行性研究报告。大中型项目的设计任务书一般包括以下内容：建设目的和依据，建设规模；水文地质资料；资源综合利用和"三废"治理方案；建设地址和拆迁方案；人防及抗震方案；建设工期；投资控制额度；劳动定员数量；达到的技术及经济效益，包括投资回收年限等。

设计任务书必须经有关部门批准。

（四）编制设计文件

设计任务书批准后，设计文件一般由建设单位委托设计单位编制。一般建设项目设计分段进行，有三阶段设计和两阶段设计之分。

（1）三阶段设计：即初步设计（编制初步设计概算）、技术设计（编制修正概算）、施工图设计（编制施工图预算）。

（2）两阶段设计：即初步设计、施工图设计。

对于技术复杂且缺乏经验的项目，按三阶段设计。一般项目采用两阶段设计，有的小型项目可直接进行施工图设计。

（五）工程招标投标、签订施工合同

招标投标是市场经济中的一种竞争形式，对于缩短基本建设工期、确保工程质量、降低工程造价、提高投资经济效益等具有重要的作用。建设单位根据已批准的设计文件和概算书，对拟建项目实行公开招标或邀请招标，选定具有一定技术、经济实力和管理经验，能胜任承包任务、效率高、价格合理且信誉好的施工单位承揽招标工程任务。施工单位中标后，应与建设单位签订施工合同，确定承发包关系。

（六）进行施工准备

开工前，应做好施工前的各项准备工作。主要内容是：征地拆迁，技术准备，搞好"三通一平"；修建临时生产和生活设施；协调图纸和技术资料的供应；落实建筑材料、设备和施工机械；组织施工力量按时进场。

（七）全面施工、生产准备

施工准备就绪，需办理施工手续，取得当地建设主管部门颁发的施工许可证后方可正式施工。在施工前，施工单位要编制施工预算。为确保工程质量，必须严格按施工图纸、施工验收规范等要求进行施工，按照合理的施工顺序组织施工，加强经济核算。

在进行全面施工的同时，建设单位应当根据建设项目或主要单项工程生产技术特点，适时组成专门班子或机构，做好各项生产准备工作，以保证及时投产并尽快达到生产能力。如招收和培训必要的生产人员、组织生产管理机构和物资准备工作等。

（八）竣工验收、交付使用

建设项目按批准的设计文件所规定的内容建设完成后，便可以组织竣工验收，这是对建设项目的全面考核。验收合格后，施工单位应向建设单位办理竣工移交和竣工结算手续，交付建设单位使用。

（九）工程项目后评价

工程项目建设完成并投入生产或使用之后所进行的总结性评价，称为后评价。

后评价是对项目执行过程、项目的效益、作用和影响进行系统的客观的分析、总结与评价，确定项目目标达到的程度。由此得出经验教训，为将来新的项目决策提供指导与借鉴作用。

第二节　工程造价

一、建设项目总投资

建设项目总投资是指投资主体为获取预期收益，在选定的建设项目上投入所需的全部资金的经济行为。生产性建设项目总投资分为固定资产投资和流动资产（包括铺底流动资金）投资两部分。而非生产性建设项目总投资只有固定资产投资，不含上述流动资产投资。建设项目总投资中的固定资产投资总额就是建设项目工程造价。

二、固定资产投资与工程造价

（一）固定资产投资

固定资产投资是投资主体为了特定的目的，达到预期收益（效益）的资金垫付行为。在我国，固定资产投资包括基本建设投资、更新改造投资、房地产开发投资和其他固定资产投资四部分。其中，基本建设投资是用于新建、改建、扩建和重建项目的资金投入行为，是形成固定资产的主要手段，占全社会固定资产投资总额的50%～60%。更新改造投资是在保证固定资产简单再生产的基础上，采用先进科学技术改造原有技术，以实现内涵扩大再生产为主的资金投入行为，占全社会固定资产投资总额的20%～30%，是固定资产再生产的主要方式之一。房地产开发投资是房地产企业开发厂房、宾馆、写字楼、仓库和住宅等房屋设施及开发土地的资金投入行为，目前在全社会固定资产投资总额中已占到20%左右。其他固定资产投资是指按规定不纳入投资计划和使用专项资金进行基本建设和更新改造的资金投入行为，它在全社会固定资产总额中比例较小。

固定资产投资可分为静态投资部分和动态投资部分。静态投资部分由建筑安装工程费、设备及工器具购置费、工程建设其他费用和基本预备费组成。动态投资部分是指在建设期内，因建设期贷款利息、建设工程需缴纳的固定资产投资方向调节税和国家新批准的税费、汇率、利率变动及建设期价格变动引起的投资增加额，包括涨价预备费、建设期贷款利息和固定资产投资方向调节税。

固定资产投资作为经济社会活动的重要内容，是国民经济和企业经营的重要组成部分，具有与一般生产、流通领域诸多不同的特点。概括地讲，固定资产投资的特点有：资金占用多，一次投入的资金数额大，建设和回收周期长，投资形成的产品具有地点的固定性和产品的单件性，投资项目的管理比较复杂等。

（二）建设工程造价

建设工程造价是指建设工程项目预计开支或实际开支的全部固定资产投资费用，即是建设项目按照确定的建设内容、建设规模、建设标准、功能要求和使用要求等全部建成并验收合格交付使用所需的全部费用。从定义可以看出，建设项目的固定资产投资也就是建设项目的工程造价，二者在概念上是一致的，在量上是等同的。因此，我们在讨论固定资产投资时，经常使用工程造价这个概念。需要指出的是，在实际应用中，工程造价还有另一种含义，就是指工程价格，即建成一项工程，预计或实际在土地市场、设备市场、技术劳务市场以及承发包市场等交易活动中所形成的建筑安装工程的价格和建设工程的总价格。因此，工程造价有两种含义。

作为第一种含义，显然，这是从投资者——业主的角度来定义的。投资者选定一个投资项目，为了获得预期的效益，通过项目评估进行投资决策，然后进行勘察设计施工等活动过程中所支付的全部费用形成了固定资产和无形资产，所有这些开支就构成了工程造价。从这个意义上说，工程造价就是完成一个工程建设项目所需费用的总和。

作为第二种含义，显然是以商品经济和市场经济为前提的。它以工程这种特定的商品形式作为交易对象，通过招标投标或其他交易方式，在进行多次预估的基础上，最终由市场形成的价格。在这里，工程的范围和内涵既可以是涵盖范围很大的一个建设项目，也可以是一个单项工程，或者是整个建设过程中的某个阶段，如土地开发工程、建设安装工程、装饰工程等，或者是其中的某个组成部分。随着经济发展中技术的进步、分工的细化和市场的完善，工程建设中的中间产品也会越来越多，商品交换会更加频繁，工程造价的种类和形式也会更为丰富。

（三）建筑安装工程造价

建筑安装工程造价，亦称建筑安装工程价格，它是建筑工程造价的主要组成部分，是建设单位支付给施工单位的全部费用，是建筑安装工程产品作为商品进行交换所需的货币量。在建筑市场，建筑安装企业所生产的产品作为商品，既有使用价值，也有价值，与一般商品相同，它的价值也是由 $C+V=m$ 构成的。只是由于建筑安装产品所具有的技术经济特点，使其交易方式、计价方式、价格的构成因素，以至于付款方式都存在许多特点。

建筑安装工程产品不同于建设工程产品。在我国现行经济体制条件下，从产品生产单位来看，建筑安装工程产品是建筑安装施工企业的生产产品，而建筑工程产品则是以建筑安装施工企业为主与其他生产建设工程有关单位共同生产的产品。建筑安装工程产品属于建设工程产品的重要组成部分。对固定资产来说，建筑安装工程产品是固定资产生产的中间产品，而建设工程产品则是固定资产生产的最终产品。

建筑安装工程造价是比较典型的生产领域价格。从投资的角度看，它是建设项目投资中建筑安装工程投资，也是建设项目造价的组成部分。但这一点并不妨碍建筑业在国民经济中的支柱产业地位，也不影响建筑安装企业作为独立的商品生产者所承担的市场主体角色。在这里，投资者和承发包商之间是完全平等的买者和卖者之间的商品交换关系，建筑安装工程实际造价是双方共同认可的由市场形成的价格。

三、工程造价的特点和作用

建筑工程造价的特点是由工程建设的特殊性决定的。

(一)工程造价的大额性

能够发挥投资效用的任何一项工程,不仅实物形体庞大,而且造价高昂,动辄数百万、数千万、数亿、十几亿元人民币,特大型工程项目的造价可达百亿、千亿元人民币。工程造价的大额性事关有关各方面的重大经济利益,同时也会对宏观经济产生重大影响。这就决定了工程造价的特殊地位,也说明了造价管理的重要意义。

(二)工程造价的个别性、差异性

任何一项工程都有特定的用途、功能和规模,每项工程所处地区、地段都不相同,因此不同工程的内容和实物形态都具有差异性,这就决定了工程造价的个别性、差异性。

(三)工程造价的动态性

任何一项工程从决策到竣工交付使用,都有一个较长的建设时间。在预计工期内,许多影响工程造价的动态因素,如工程变更、设备材料价格、工资标准、费率、利率、汇率等,都有可能会发生变化。这种变化必然会影响到造价的变动。所以,工程造价在整个建设期处于不确定状态,直至竣工决算后才能最终确定工程的实际造价。

(四)工程造价的层次性

建设工程的层次性决定了工程造价的层次性。一个建设项目(如学校)往往是由多个单项工程(如教学楼、办公室、宿舍楼等)组成的。一个单项工程又是由若干个单位工程(如土建工程、给排水工程、电气安装工程等)组成的。与此相对应,工程造价也有3个层次,即项目总造价、单项工程造价和单位工程造价。

(五)工程造价的兼容性

工程造价的兼容性首先表现在它具有两种含义,其次表现在工程造价构成因素的广泛性和复杂性。在工程造价中,首先是成本因素非常复杂,其次为获得建设工程用地支出的费用、项目可行性研究和规划设计费用、与政府一定时期决策(特别是产业政策和税收政策)相关的费用占有相当的份额,再次是赢利的构成也较为复杂,资金成本比较大。

四、基本建设程序与工程造价文件的关系

基本建设项目是一种特殊产品,耗资巨大。其投资目标的实现是一个复杂的综合管理的系统过程,贯穿于基本建设项目实施的全过程。必须严格遵循基本建设的法规、制度和程序,按照概预算发生的各个阶段,使“编”、“管”结合,实行各实施阶段的全面管理与控制。

图2-3说明了基本建设程序、概预算编制与管理的总体过程,以及工程概预算与基本建设不可分割的关系。工程概预算的编制和管理是一切建设项目管理的重要内容之一,是实施建设工程造价管理、有效地节约建设投资、提高投资效益的最直接的重要手段和方法。在过去的一些项目建设中,常常出现投资高、质量差、经济效益低的问题,在造价管理中的反映是概算超估算、预算超概算、结算超预算(或简称“三超”现象)。应当指出,出现这种不良结果的影响是多方面的,然而,重编制、轻管理,特别是不注重动态的管理与控

制，是最关键、最基本的错误倾向和问题。

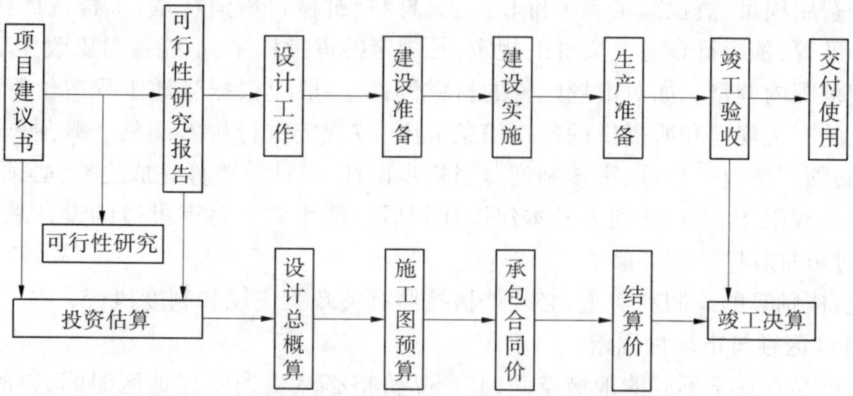

图 2-3　建设工程概预算与基本建设程序关系示意图

工程概预算的编制和管理，一开始就应该注重项目建议书和可行性研究阶段的投资估算，以及初步设计完成后编制的设计总概算。如果采用三阶段设计，即初步设计、技术设计、施工图设计，应编制相应的总概算、修正总概算和施工图预算。当采用两阶段设计时，则将初步设计与技术设计阶段合并，称为扩大的初步设计阶段。对应两阶段设计，工程概预算也相应简化为总概算和施工图预算两部分。随着建设项目规模、内容的不同，编制和管理过程也随之变化。如果某建设项目只有一个单项工程，甚至只是一个单位工程，则其工程总概预算的编制和管理过程便分别简化为单项工程概预算或单位工程的设计概算（又称设计预算）或施工图预算，或采用施工图预算或工程量清单计价方式计算的单位工程预算造价。

五、影响工程造价的因素

影响工程造价或建设项目投资的因素很多，主要因素有政策法规性因素、地区性与市场性因素、设计因素、施工因素和编制人员素质因素等五个方面。

（一）政策法规性因素

国家和地方政府主管部门对于基本建设项目的报批、审查、基本建设程序，以及其投资费用的构成、计取，从土地的购置直到工程建设完成后的竣工验收、交付使用和竣工决算等各项建设工作的开展，都有严格而明确的规定，具有强制的政策法规性。基本建设和建筑产品价格的确定属国家、企业和事业单位新增固定资产投资的经济范畴，在我国社会主义市场经济条件下，既有较强的计划性，又必须服从市场经济的价值规律，是计划性与市场性相结合条件下的投资经济活动。建设项目的确立，既要受到国家宏观经济和地方与行业经济发展的制约，受到国家产业政策、产业结构、投资方向、金融政策和技术经济政策的宏观控制，又要受到市场需求关系、市场设备、原材料等生产资料价格上涨因素的冲击，受到社会和市场环境的制约。

在基本建设项目的具体实施中，国家为了严格控制基本建设的投资规模，合理布局生产力和有效地利用国家有限资源，把严格管理基本建设程序和建立、健全统一的概预算管理制度作为合理确定建设工程造价，有效控制基本建设投资的重要手段。概预算的编制必须严格遵守国家和地方主管部门的有关政策、法规和制度，按规定的程序进行。确定的工程价格费用项目、概预算定额单价和人工、材料、机械台班消耗量，工程量计算规则、取费定额标准等，都应符合有关文件的规定，凡规定的审批程序，不能擅自更改变动，并且只能在规定范围内调整。如对市场购置的材料价差，一般应根据当地工程造价管理等政府主管部门的有关规定和所提供的价格信息范围，按规定进行价差调整。概预算的编制和实施，还必须严格遵守报批、审核制度。当初步设计、设计总概算完成之后，必须按照国家规定的审批权限，经审批并列入基本建设计划后方能生效。对审批过的设计总概算的限额，未经过审批程序不能突破。

总之，概预算的编制和实施，必须严格按照有关政策法规和制度执行。

（二）地区性与市场性因素

建筑产品存在于不同的地域空间，其产品价格必然受到所在地区时间、空间、自然条件和社会与市场环境的影响。建筑产品的价值是人工、材料、机具、资金和技术投入的结果。不同的区域和市场条件，对上述投入条件和工程造价的形成都会带来直接的影响，如当地的技术协作、物资供应、交通运输、市场价格和现场施工等建设条件，以及当地的定额水平，都将会反映到概预算价格之中。此外，由于地物、地貌、地质与水文地质条件的不同，也会给工程造价带来较大的影响，即使是同一设计图纸的建筑物或构筑物，也至少会在现场条件处理和基础工程费用上产生较大幅度的差异。

（三）设计因素

设计图纸是编制概预算的基本依据之一，也是在建设项目决策之后的实施全过程中影响建设投资的最关键性因素，且影响的投资差额巨大。特别是初步设计阶段，如对地理位置、占地面积、建设标准、建设规模、工艺设备水平，以及建筑结构选型和装饰标准等的确定，设计是否经济合理，都会给概预算造价带来很大的影响。一项优秀的设计可以节约大量投资。

（四）施工因素

就我国目前所采取的概预算编制方法而言，在节约投资方面，施工因素虽然没有设计因素的影响那样突出，但是施工组织设计（或施工方案）和施工技术措施等，也同施工图一样，是编制工程概预算的重要依据之一。它不仅对概预算的编制有较大的影响，而且通过加强施工阶段的工程造价管理（或投资控制），对控制概预算定额、保证建设项目预定目标的实现等都有着重要的现实意义。因此，工程建设的总体部署，加强科学的施工、生产管理，采用先进的施工技术，合理运用新的施工工艺，采用新技术、新材料，合理布置施工现场，减少运输总量等，对节约投资有着显著的作用。

（五）编制人员素质因素

工程概预算的编制和管理是一项十分复杂而细致的工作。对工作人员的要求是：有强烈的责任感，始终把节约投资、不断提高经济效益放在首位；政策观念强，知识面广，不但应具有建筑经济学、投资经济学、价格学、市场学等理论知识，而且要有较全面的专业理论与业务知识，如工程识图、建筑构造、建筑结构、建筑施工、建筑设备、建筑材料、建筑技术经济与建筑经济管理等理论知识以及相应的实际经验；必须充分熟悉有关概预算编制的政策、法规、制度、定额标准和与其相关的动态信息等。只有如此，才能准确无误地编制好工程概预算,防止“错、漏、冒”等问题的出现。

通过对影响工程造价因素的分析,说明建筑工程概预算的编制和管理具有与其他工业产品定价不同的特征,如政策法规性、计划与市场的统一性、单个产品定价与多次定价性和动态性等,对此必须有充分的认识。

第三节　工程计价

一、工程计价概念及其原理

(一)建设工程造价计价的概念

建设工程造价计价就是计算和确定建设项目的工程造价,简称工程计价,也称工程估价。具体是指工程造价人员在项目实施的各个阶段,根据各个阶段的不同要求,遵循计价原则和程序,采用科学的计价方法,对投资项目最可能实现的合理价格做出科学的计算,从而确定投资项目的工程造价,编制工程造价的经济文件。

由于工程造价具有大额性、个别性、差异性、动态性、层次性及兼容性等特点,所以工程计价的内容、方法及表现形式也就各不相同。业主或其委托的咨询单位编制的工程项目投资估算、设计概算、咨询单位编制的标底、承包商及分包商提出的报价,都是工程计价的不同表现形式。

(二)建设工程造价计价的基本原理——工程项目的分解与组合

由于建设工程项目的技术经济特点,如单件性、体积大、生产周期长、价值高以及交易在先、生产在后等,因此建设项目工程造价的形成过程与其他商品不同。

工程项目是单件性与多样性组成的集合体。每一个工程项目的建设都需要按业主的特定需要进行单独设计、单独施工,不能批量生产和按整个工程项目确定价格,只能采用特殊的计价程序和计价方法,即将整个项目分解,划分为可以按有关技术经济参数测算价格的基本单元子项或称分部、分项工程。这是既能够用较为简单的施工过程生产出来,又可以用适当的计量单位计算并便于测定或计算的工程的基本构造要素,也称为“假定的建筑安装产品”。工程造价计价的主要特点就是按工程分解结构进行,将这个工程分解至基本子项就能很容易地计算出基本子项的费用。一般来说,分解结构层次越多,基本子项也越细,计算也更精确。

任何一个建设项目都可以分解为一个或几个单项工程。单项工程是具有独立意义的,能够发挥功能要求的完整的建筑安装产品。任何一个单项工程都是由一个或几个单位工程组成的,要进一步分解。就建筑工程来说,包括的单位工程有:一般土建工程、给排水工程、暖卫工程、电气照明工程、室外环境与道路工程以及单独承包的建筑装饰工程等。单位工程若是细分,又是由许多结构构件、部件、成品与半成品等所组成,如单位工程中的一般土建墙体、楼地面、门窗、楼梯、屋面、内外装修等。这些组成部分是由不同的建筑安装工人,利用不同工具和使用不同材料完成的。从这个意义上来说,一般土建单位工程又可以按照施工顺序细分为土石方工程、砖石砌筑工程、混凝土及钢结构混凝土工程、木结构工程、楼地面工程等分部工程。

对于上述房屋建筑的一般土建工程分解成分部工程后，虽然每一部分都包括不同的结构和装修内容，但是从建筑工程估价的角度来看，还需要把分部工程按照不同的施工方法、不同的构造及不同的规格，加以更为细致的分解，划分为更为简单细小的部分。经过这样逐步分解到分项工程后，就可以得到基本构造要素了。找到适当的计量单位，找到其当时当地的单价，就可以采取一定的计价方法，进行分项分部组合汇总，计算出某工程的工程总造价。

工程造价的计算从分解到组合是和建设项目的组合性有关的。一个建设项目是一个工程综合体。这个综合体可以分解为许多有内在联系的独立和不能独立的工程，那么建设项目的工程造价计价过程就是一个逐步组合的过程。

二、工程计价的特征

工程造价的特点，决定了工程造价有如下的计价特征。

（一）计价的单价性

建设工程产品的个别性、差异性决定了每项工程都必须单独计算造价。

（二）计价的多次性

建设项目建设周期长、规模大、造价高，因此按建设程序要分阶段进行。相应地，也要在不同阶段多次计价，以保证工程造价计算的准确性和控制的有效性。多次性计价是一个逐步深化、细化和接近实际造价的过程。

1. 投资估算

投资估算是指在项目建议书和可行性研究阶段，根据投资估算指标、类似工程的造价资料、现行的设备材料价格并结合工程的实际情况，对拟建项目的投资进行预测和确定。投资估算是判断项目可行性、进行项目决策的主要依据之一。投资估算又是项目决策筹资和控制造价的主要依据。

2. 概算造价

概算造价是指在初步设计阶段，根据初步设计意图和有关概算定额或概算指标等，通过编制工程概算文件，预先测算和限定工程造价。概算造价与投资估算造价相比，准确性有所提高，但应在投资估算造价控制之内，并且是控制拟建项目投资的最高限额。概算造价可分为建设项目概算总造价、单项工程概算综合造价和单位工程概算造价三个层次。

3. 修正概算造价

修正概算造价是指当采用三阶段设计时，在技术设计阶段，随着对初步设计的深化，在建设规模、结构性质、设备类型等方面可能要进行必要的修改和变动，因此初步设计概算随之需要做必要的修正和调整。但一般情况下，修正概算造价不能超过概算造价。

4. 预算造价

预算造价又称施工图预算，它是指在施工图设计阶段，根据施工图纸以及各种计价依据和有关规定计算的工程预期造价。它比概算造价或修正概算造价更为详尽和准确，但不能超过设计概算造价。

5. 合同价

合同价是指在工程招标投标阶段，在签订总承包合同、建筑安装工程施工承包合同、设备材料采购合同时，由发包方和承包方共同协商一致作为双方结算基础的工程合同价格。合同价属于市场价格的性质，它是由承发包双方根据市场行情共同议定和认可的成交价格，但它并不等同于最终决算的实际工程造价。

6. 结算价

结算价是指在合同实施阶段，以合同价为基础，同时考虑影响工程造价的设备与材料价差、工程变更等因素，按合同规定的调价范围和调价方法对合同价进行必要的修正和调整后确定的价格。结算价是该单项工程实际造价。

7. 实际造价

实际造价是指在竣工验收阶段，根据工程建设过程中实际发生的全部费用，通过编制竣工决算，最终确定的建设项目实际工程造价。

（三）计价的组合性

工程造价的计算是分部组合而成的，这一特征和建设项目的组合性有关。一个建设项目是一个工程综合体。这个综合体可以分解为许多有内在联系的独立和不能独立的工程。从计价和工程管理的角度来看，分部分项工程还可以分解。由此可以看出，建设项目的这种组合性决定了计价的过程是一个逐步组合的过程。这一特征在计算概算造价和预算造价时尤为明显，同时也反映到合同价和结算价中。其计价程序是：分部分项工程费用→单位工程造价→单项工程造价→建设项目总造价。

（四）方法的多样性

工程造价的多次性计价有不同的计价依据，对造价的精确度要求也不相同，这就决定了计价方法有多样性的特征。如计算概预算造价的方法有单价法和实物法等，计算投资估算的方法有设备系数法、生产能力指数估算法等。不同的方法利弊不同，适用条件也不同，计价时要根据具体情况加以选择。

（五）依据的复杂性

由于影响造价的因素多，所以计价依据的种类也多，主要可以分为以下 7 类：

(1)计算设备和工程量的依据。

(2)计算人工、材料、机械等实物消耗量的依据。

(3)计算工程单价的依据。

(4)计算设备单价的依据。

(5)计算其他费用的依据。

(6)政府规定的税、费依据。

(7)物价指数和工程造价指数依据。

依据的复杂性不仅使计算过程复杂，而且要求计价人员熟悉各类依据，并加以正确应用。

三、工程计价的基本方法与模式

（一）工程计价的基本方法

工程计价的形式和方法有多种，各不相同，但工程计价的基本过程和原理是相同的。如果仅从工程费用计算角度分析，工程计价的顺序是：分部分项工程费用→单位工程造价→单项工程造价→建设项目总造价。

影响工程造价的主要因素是两个,即基本构造要素的单位价格和基本构造要素的实物工程数量,可用下列基本计算式表达:

$$工程造价 = \sum(实物工程数量 \times 单位价格) \quad (2\text{-}1)$$

基本子项的单位价格高,工程造价就高;基本子项的实物工程数量越大,工程造价也就越大。

在进行工程造价计价时,实物工程量的计量单位是由单位价格的计量单位决定的。如果单位价格计量单位的对象取得较大,得到的工程估算就较粗,反之则工程估算较细较准确。基本子项的工程实物量可以通过工程量计算规则和设计图纸计算而得到,它可以直接反映工程项目的规模和内容。

对基本子项的单位价格分析有以下两种形式。

1. 直接费单价

如果分部分项工程单位价格仅考虑人工、材料、机械资源要素的消耗量和价格形式,即

$$单位价格 = \sum(分部分项工程单位资源要素消耗量 \times 资源要素的价格) \quad (2\text{-}2)$$

则该单位价格是直接费单价。分部分项工程单价资源要素消耗量的数据经过长期的收集、整理和积累形成了工程建设定额,它是工程造价计价的重要依据。它与劳动生产率、社会生产力水平、技术和管理水平密切相关。业主方工程造价计价的定额反映的是社会平均生产力水平,而工程项目承包方进行计价的定额反映的是该企业技术与管理水平的企业定额。资源要素的价格是影响工程造价的关键因素。在市场经济体制下,工程计价时采用的资源要素的价格应该是市场价格。

2. 综合单价

如果在单位价格中还考虑直接费以外的其他一切费用,则构成的是综合单价。不同的单价形式形成不同的计价方式。

1)直接费单价——定额计价方法

直接费单价只包括人工费、材料费和机械台班使用费,它是分部分项工程的不完全价格。我国现行有两种计价方式:一种是单位估价法,另一种是实物估价法。单位估价法是运用定额单价计算的,即首先计算工程量,然后查定额单价(基价),与相对应的分部分项工程量相乘,得出各分项工程的人工费、材料费、机械费,再将各分项工程的上述费用相加,得出分部分项工程的直接工程费。实物估算法,它首先是计算工程量,然后套用基础定额,计算人工、材料和机械台班消耗量,将所有分部分项工程资源消耗量进行归类汇总,再根据当时、当地的人工、材料、机械单价,计算并汇总人工费、材料费、机械使用费,得出分部分项工程直接工程费。在此基础上再计算措施费,进而计算工程直接费、间接费、利润和税金,将直接费与上述费用相加,即可得出单位工程造价,然后依次汇总直到计算出工程总造价。

2)综合单价法——工程量清单计价法

综合单价法是指分部分项工程量的单价既包括直接工程费、间接费、利润和税金,也

包括合同约定的所有工料价格变化风险等一切费用，它是一种完全价格形式。工程量清单计价法是一种国际上通行的工程造价计价方式，所采用的就是分部分项工程的完全单价。按照我国《建筑工程施工发包与承包计价管理办法》(建设部第107号令)的规定，综合单价是由分部分项工程的直接费、间接费、利润和税金组成的，而直接费是以人工、材料、机械的消耗量及相应价格确定的。

综合单价的产生是使用工程量清单计价方法的关键。投标报价中使用的综合单价应由企业编制的企业定额产生。由于在每个分项工程上确定利润和税金比较困难，故可以编制含有直接费和间接费的综合单价，在求出单位工程总的直接费和间接费后，再统一计算单位工程的利润和税金，汇总得出单位工程的造价。最后依次汇总，直到计算出工程总造价。

(二)工程计价的模式

1. 建设工程定额计价模式

建设工程定额计价是我国长期以来在工程价格行程中采用的计价模式，是国家通过颁布统一的估价指标、概算定额、预算定额和相应的费用定额，对建筑产品价格有计划地进行管理的一种方式。在计价中以定额为依据，按定额规定的分部分项子目，逐项计算工程量，套用定额单价(或单位估价表)确定直接费，然后按规定取费标准确定构成工程价格的其他费用和利税，获得建筑安装工程造价。建设工程概预算书就是根据不同设计阶段设计图纸和国家规定的定额、指标及各项费用取费标准等资料，预先计算新建、扩建、改建工程的投资额的技术经济文件。由建设工程概预算书所确定的每一个建设项目、单项工程或单位工程的建设费用，实质上就是相应工程的计划价格。

长期以来，我国发承包计价以工程概预算定额为主要依据。这是因为工程概预算定额是我国几十年计价实践的总结，具有一定的科学性和实践性，所以用这种方法计算和确定工程造价过程简单、快速、比较准确，也有利于工程造价管理部门的管理。但预算定额是按照计划经济的要求制定、发布、贯彻执行的，定额中工、料、机的消耗量是根据“社会平均水平”综合测定的，费用标准是根据不同地区平均测算的，因此企业采用这种模式报价时就会表现为平均主义，企业不能结合项目具体情况、自身技术优势、管理水平和材料采购渠道、价格进行自主报价，不能充分调动企业加强管理的积极性，也不能充分体现公平竞争的基本原则。

2. 工程量清单计价模式

工程量清单计价模式是建设工程招标投标中，按照国家统一的工程量清单计价规范，招标人或其委托的有资质的咨询机构编制反映工程实体消耗和措施消耗的工程量清单，并作为招标文件的一部分提供给投标人，由投标人依据工程量清单，根据各种渠道所获得的工程造价信息和经验数据，结合企业定额自主报价的计价方式。

我国现行建设行政主管部门发布的工程预算定额消耗量和有关费用及相应价格是按照社会平均水平编制的，以此为依据形成的工程造价基本上属于社会平均价格。这种平均价格可作为市场竞争的参考价格，但不能充分反映参与竞争企业的实际消耗和技术管理水平，在一定程度上限制了企业的公平竞争。采用工程量清单计价，能够反映出承建企业的工程个别成本，有利于企业自主报价和公平竞争。同时，实行工程量清单计价，将工程量清单作为招标文件和合同文件的重要组成部分，对于规范招标人计价行为，在技术上避免招标弄虚作假和暗箱操作及保证工程款的支付结算都起到了重要作用。

目前，我国建设工程造价实行“双轨制”计价管理办法，即定额计价和工程量清单计价方法同时实行。工程量清单计价作为一种市场价格的形成机制，主要在工程招标投标和结算阶段使用。

小　结

本章主要讲述了基本建设的概念及其分类、建设项目的划分、基本建设程序、工程造价相关概念和工程计价概念及模式等，现就其基本要点归纳如下：

(1)基本建设。包括基本建设的概念及其分类，建设项目的划分，基本建设程序。

(2)工程造价。包括工程造价的定义，工程造价的特点。

(3)工程计价。包括工程计价的概念，工程计价的特征，工程计价的基本方法与模式。

复习思考题

2-1　什么是基本建设？基本建设是如何分类的？

2-2　建设项目是如何划分的？基本建设程序有哪些？

2-3　什么是工程造价？工程造价有哪些特点？

2-4　什么是工程计价？工程计价有哪些特征？

第三章　工程定额

第一节　施工定额

一、施工定额的概念及作用

(一)施工定额的概念

施工定额是指建筑安装工人在正常的施工条件下,为完成一定计量单位的某一施工过程或工序所需消耗的人工、材料和机械台班等的数量标准。

施工定额是直接用于建筑施工管理的定额,是由地区主管部门或企业根据全国统一劳动定额、材料消耗定额和机械台班使用定额结合地区特点而编制的一种定额。施工定额是编制施工预算、实行企业内部经济核算的依据。

(二)施工定额的作用

1. 施工定额是企业编制施工组织设计和施工作业计划的依据

在施工组织设计中,施工定额是确定工程的人工、材料及机械台班等资源需要量的基础,施工中实物工程量的计算、施工进度计划等也都要根据施工定额进行计算。

2. 施工定额是编制工程施工预算,加强企业成本管理和经济核算的依据

施工预算是施工单位用以确定单位工程人工、材料、机械和资金需要量的计划文件,它以施工定额为编制基础,既反映设计图纸的要求,也考虑在现实条件下可能采取的节约人工、材料和降低成本的各项具体措施。

3. 施工定额是施工队向工人班组签发施工任务单和限额领料单,考核工料消耗的依据

施工任务单上的工程计量单位、产量定额和计件单位,均需取自施工的劳动定额,工资结算也要根据劳动定额的完成情况计算。

限额领料单是施工队随施工任务单同时签发的领取材料的凭证,根据施工任务和材料定额填写。

4. 施工定额是计算工人劳动报酬的依据

施工定额是衡量工人劳动数量和质量的标准,是按劳分配的基础。

5. 施工定额有利于推广先进技术

施工定额水平应采用已成熟的先进的施工技术和经验,工人要达到和超过定额,就必须掌握和运用这些先进技术,注意改进工具和改进技术操作方法,注意原材料的节约,避免浪费。当施工定额明确要求采用某些较先进的施工工具和施工方法时,贯彻施工定额就意味着推广先进技术。

6. 施工定额是编制预算定额的基础

预算定额是在施工定额的基础上进行编制的。

二、施工定额表

施工定额表是指表示定额各项指标完整内容的统一表格。施工定额表的内容一般包括以下要素：

(1)工作内容说明。包括工作内容、质量要求和施工说明。

(2)劳动组合。包括工人小组成员的技术等级及人数。

(3)产品类型和定额计量单位。

(4)定额消耗指标。分别编制人工、材料和机械各项资源消耗的计量单位和消耗量。

(5)定额编号。由定额编号和序号组成。如人工挖土定额的同一定额编号可按挖深不同分为几个定额序号,模板劳动定额的同一定额编号可分为序号一安装和序号二拆除。

(6)必要时的附注。包括定额换算及其他说明。

例如:某地区砖基础的施工定额如表3-1所示。

表3-1　砖基础施工定额

工作内容:包括清理地槽、砌垛角、抹防潮层砂浆　　（单位:1 m^3）

定额编号	项目	人工(工日)				材料	
		综合	砌砖	运输	调制砂浆	标准砖(块)	砂浆(m^3)
4-1	大开挖后砌筑	0.906	0.336	0.473	0.097	520	0.25
4-2	条形基槽内砌筑	1.040	0.373	0.570	0.097	520	0.25

第二节　预算定额

一、预算定额的概念及作用

(一)预算定额的概念

预算定额是指在正常的施工条件下,完成一定计量单位合格的分项工程或结构构件的人工、材料、机械台班及其费用的消耗标准。

它是由国家或地方主管部门编制并颁发的,是国家允许施工单位及建设单位在完成某项工程任务中人工、材料、机械台班消耗的最高标准。在有效实施阶段内,预算定额是一种法令性指标。

(二)预算定额的作用

(1)预算定额是编制施工图预算、确定和控制建筑安装工程造价的依据。

(2)预算定额是对设计方案进行技术经济比较、技术经济分析的依据。

(3)预算定额是编制标底、投标报价的依据。

(4)预算定额是施工企业内部编制施工组织设计,确定劳动力、材料及施工机械台班使用量的依据,是企业进行经济活动分析和经济核算的依据。

(5)预算定额是编制概算定额和概算指标的基础。

二、预算定额的内容

(一)预算定额的种类

1. 按专业性质划分

按专业性质划分,预算定额有建筑工程预算定额、安装工程预算定额两大类。

(1)预算定额按适用对象又分为建筑工程预算定额、市政工程预算定额、铁路工程预算定额、公路工程预算定额、房屋修缮工程预算定额等。

(2)安装工程预算定额按适用对象又分为机械设备安装工程,电气设备安装工程,热力设备安装工程,炉窑砌筑工程,静置设备与工艺金属结构制作安装工程,工业管道工程,消防及安全防范设备安装工程,给排水、采暖、燃气工程,通风空调工程,自动化控制仪表安装工程,刷油、防腐蚀、绝热工程,通信设备及线路工程等定额。

2. 按管理权限和执行范围划分

按管理权限和执行范围划分,预算定额可分为全国统一定额,如《全国统一安装工程预算定额》;行业统一定额,如《铁路工程预算定额》;地区统一定额,如《陕西省建筑工程综合概预算定额》。

全国统一定额由国务院建设行政主管部门组织编制并批准发布,行业统一定额由国务院行业主管部门制定发布,地区统一定额由省、自治区、直辖市建设行政主管部门制定发布。

(二)预算定额的编制

1. 预算定额的编制原则

为了保证预算定额的质量,并易于掌握、方便使用,在编制工作中应遵循以下原则。

1)按社会平均确定预算定额水平的原则

预算定额是确定和控制建筑安装工程造价的依据。因此,它必须遵照价值规律的客观要求,即按生产过程中所消耗的社会必要劳动时间确定定额水平。所谓社会必要劳动时间,也就是在正常的施工条件和工艺条件下,在合理的施工组织及社会平均劳动熟练程度和劳动强度下,完成单位合格产品所需的劳动时间。预算定额体现平均水平。

预算定额的水平是以施工定额的水平为基础编制的,但是,预算定额绝不是简单地套用施工定额的水平。首先,预算定额中包含了更多的可变因素,需要保留合理的幅度差;其次,预算定额是平均水平,施工定额是平均先进水平,两者相比,预算定额水平要相对低一些。

2)简明、适用原则

简明,即预算定额在项目划分、选定计量单位及工程量计算规则时,应在保证定额各项指标相对准确的前提下进行综合,以使编制的定额项目少、内容全、简明扼要。比如,以常用的主要项目和价值大的项目为主,综合次要的和价值不大的项目,合并为近似项目。适用,即预算定额应严密准确,各项指标应具有一定的适用性,以适应复杂的工程情况的不同需要。

3)统一性和差别性相结合原则

所谓统一性,就是从培育全国统一市场、规范计价行为出发,计价定额的规划制定和组织实施由国务院建设行政主管部门归口管理,并负责全国统一定额的制定或修订,颁发有关工程造价管理的规章、制度、办法等。通过定额和工程造价的管理实现对建筑安装工程造价的宏观调控。

所谓差别性,就是在统一性的基础上,有关部门和省、自治区、直辖市可以在自己的管辖范围内,根据本部门和本地区的具体情况,制定部门和地区性定额,以适应我国幅员辽阔、地区部门间发展不平衡和差异较大的实际情况。

2. 预算定额的编制依据

(1)现行的设计规范、施工及验收规范、质量评定标准和安全操作规程。

(2)现行全国统一的劳动定额、材料消耗定额、机械台班使用定额及包括这些内容的施工定额。

(3)通用标准图集、定型设计图样及有代表性的设计图样和图集。

(4)成熟推广的新技术、新结构、新材料和先进经验资料。

(5)有关科学试验、技术测定和经验、统计分析资料。

(6)本地区现行的人工工资情况、材料预算价格和机械台班费标准。

3. 预算定额编制的方法

1)确定定额项目和内容

确定定额项目时,应便于计算工程所需的工料及费用,便于简化预算编制工作程序,便于进行技术经济分析和施工中统计、经济核算工作的开展。在编制预算定额时,根据编制预算定额的有关资料,参照施工定额分项项目,进一步综合预算定额的名称和工作内容,使编制的预算定额简明适用。同时,还要尽可能使施工定额和预算定额两者之间协调一致,并进行比较,以减少预算定额的编制工作量。

2)确定预算定额的计量单位

预算定额和施工定额的计量单位往往不同。施工定额的计量单位一般按工序或工作过程确定,而预算定额的计量单位主要是根据分部分项工程的形体和结构构件特征、实物量及变化规律来确定。预算定额的计量单位具有综合的性质,所选择的计量单位要根据工程量计算规则规定并确切反映定额项目所包含的工作内容。预算定额的计量单位按物理计量单位或自然计量单位确定。当物体有一定的厚度,而长度和宽度不定时,采用面积为计量单位,如墙面抹灰、楼地面等;当物体的长、宽、高均不定时,采用体积为计量单位,如砖基础、混凝土工程等;当物体断面形状大小固定时,采用延长米为计量单位,如木装饰条、管道、楼梯扶手等;当物体的体积或面积相同,但重量和价格差异大时,采用 t 或 kg 为计量单位,如金属构件制作、安装工程等;当物体形状不规则,难以量度时,采用自然单位根、套、个为计量单位。

预算定额中各项人工和机械一般按工日、台班计量,各种材料的计量单位应与产品计量单位一致。

预算定额中小数位数主要取决于定额的计算单位和精确度的要求。

3)确定定额消耗量指标

根据确定的分项工程及其子项目,结合选定的典型设计图样、典型的施工组织设计等资料,经过测算后综合取定工程量,并确定定额人工、材料和施工机械台班消耗量指标。定额指标乘以基价就是该分项工程的人工费、材料费和施工机械用费的单价。

4）编制定额说明和有关附录

编制定额总说明和册、章说明，对定额的编制原则、编制依据、适用范围、工作内容、使用方法、工程量计算规则及有关具体要求等作简要说明。同时，还要编制有关附录。这些也都是定额的组成部分。

5）预算定额水平的测算

定额编制完毕后，应进行定额水平测算，分析定额水平提高或降低的原因，写出测算报告，作为审批定额的参考依据和进行定额交底的基础资料。测算包括单位水平测算和定额总水平测算，测算方法与施工定额测算方法基本相同。

（三）预算定额消耗指标的确定

1. 确定人工消耗量

1）人工消耗量指标的组成

预算定额中的人工消耗量（定额人工工日）是指完成某一计量单位的分项工程或结构构件所需的各种用工量总和。定额人工工日不分工种和技术等级一律以综合工日表示。其内容包括基本用工、超运距用工、辅助用工、人工幅度差等。

2）人工消耗量指标的计算

预算定额项目用工数量的计算是在劳动定额相应子目的人工工日基础上，经过综合，加上人工幅度差计算出来的。基本计算公式如下：

$$\text{基本用工工日数量} = \sum(\text{工序工程量} \times \text{时间定额}) \tag{3-1}$$

$$\text{超运距用工数量} = \sum(\text{超运距材料数量} \times \text{时间定额}) \tag{3-2}$$

$$\text{超运距} = \text{预算定额取定的运距} - \text{劳动定额规定的运距} \tag{3-3}$$

$$\text{辅助用工数量} = \sum(\text{加工材料数量} \times \text{时间定额}) \tag{3-4}$$

$$\text{人工幅度差} = (\text{基本用工} + \text{超运距用工} + \text{辅助用工}) \times \text{人工幅度差系数} \tag{3-5}$$

式中，国家现行规定的人工幅度差系数一般为10%～15%。

2. 确定材料消耗量

1）材料划分

完成单位合格产品所必须消耗的材料按用途划分为以下四种：

（1）主要材料。是指直接构成工程实体的材料，其中包括成品、半成品的材料。

（2）辅助材料。是指构成工程实体除主要材料外的其他材料，如垫木、钉子、钢丝等。

（3）周转性材料。是指脚手架、模板等多次周转使用的，不构成工程实体的摊销性材料。

（4）其他材料。是指用量较少、难以计量的零星用料，如棉纱、生料带等。

2）材料消耗量的主要计算方法

（1）凡有标准规格的材料，按规范要求计算定额计量单位耗用量，如砖、防水卷材、块料面层等。

（2）凡有设计图样标注尺寸及下料要求的，按设计图样尺寸计算材料净用量，如门窗制作用材料等。

（3）换算法。各种胶结料、涂料等材料的配合比用料可以根据要求条件换算，得出材料用量。

(4)测定法。包括实验室试验法和现场观察法。如各种强度等级的混凝土及砌筑砂浆配合比的耗用原材料数量由试验法确定。对新材料、新结构,若不能用其他方法计算定额耗用量,可用现场观察法来确定。

3)主要材料消耗量的确定

该部分内容详见第四章。

4)周转性材料消耗量的确定

该部分内容详见第四章。

5)其他材料消耗量的确定

一般按工艺测算并在定额项目材料计算表内列出名称、数量,并依编制期价格以占主要材料消耗量的比率计算,列在定额材料栏下。

3. 确定施工机械台班消耗量

在按照施工定额计算机械台班的消耗时,应考虑在合理的施工组织设计条件下机械的停歇时间因素,另外增加一定的机械幅度差。

机械幅度差是根据施工定额的施工机械台班消耗量编制预算定额时,对施工定额规定的范围内没有包括而又必须增加的机械台班消耗量,一般以百分率表示。其因素大致有:施工中施工机械转移工作位置及配套机械相互影响所造成的损失时间;施工初期条件限制所造成的工效差;工程结尾时工作量不饱满所损失的时间;临时停水、停电所发生的工作间歇时间;临时水电线路的转移而影响机械的工作间歇时间;工程质量检查影响机械工作的损失时间;配合机械施工的工人,在人工幅度差范围内的工作间歇而影响机械操作的时间。

$$预算定额台班 = 施工定额台班 \times (1 + 机械幅度差系数) \quad (3\text{-}6)$$

(四)预算定额基价的确定

建筑工程预算定额基价是以建筑工程预算定额规定的人工、材料和机械台班消耗量为依据,以货币形式表现的每一个定额分项工程的单位产品价格。它是以各省会城市的日工资标准、材料和施工机械台班预算价格为基准综合取定的。定额基价完全由完成该定额项目的人工费、材料费、机械费三部分组成。其公式表示为:

$$定额基价 = 人工费 + 材料费 + 机械费 \quad (3\text{-}7)$$

其中

$$人工费 = \sum(定额工日数 \times 相应等级日工资标准) \quad (3\text{-}8)$$

$$材料费 = \sum(定额材料消耗量 \times 相应材料预算价格) + 其他材料费 \quad (3\text{-}9)$$

$$机械费 = \sum(定额机械台班消耗量 \times 相应机械台班单价) \quad (3\text{-}10)$$

三、预算定额的应用

(一)使用定额手册的基本要求

1. 使用现行定额手册

不能使用已废止的旧定额手册,必须使用现行定额手册。

2. 使用“对口”定额手册

就建筑安装工程定额手册的使用来说,要做到以下“三对口”。

(1)使用的定额与工程专业“对口”,即干什么工程用什么工程定额,使用的定额手册必须与专业建设工程性质一致。如一般土建工程应使用建筑工程定额,其中,装饰项目的缺项可使用建筑装饰工程定额,住宅区道路的缺项可使用市政工程定额。一般给排水、电气、采暖工程应使用相应安装工程价目表。

(2)使用的定额与设计阶段“对口”。原则上属于哪个设计阶段,使用哪种相应的定额手册;否则,不相应时应按定额扩大系数进行换算调整。

(3)使用的定额与执行范围、管理体制“对口”。属于哪一级性质的工程,执行相应的全国的、专业的或地区的统一定额。

3.“吃透”所用定额手册的编制情况

除有条件的参加有关新定额手册的交底学习班外,主要是在使用定额手册前,事先认真学习定额手册编制说明(总说明和各章、节说明),全面掌握定额手册使用方法,重点熟记常用内容。如常用定额项目的工程量计算规则、适用条件、已经考虑和未考虑的因素,是否允许换算调整、换算调整的方法等,如果对定额手册学习和理解不透彻,就会造成错套、重套或漏套定额。

与一般生产定额比较,工程建设定额的特点是:项目繁多,规定细致,关系复杂,应用系数较多。为了掌握和正确应用定额与计算规则,最好的办法是做到有的放矢,通过实践来反复学习,反复运用,并要不怕复杂和困难,细致耐心而又精心地工作,在工作中逐步加深学习和运用,就能由生疏到熟练,进而达到使用正确和运用自如的程度。

4.坚持原则,正确执行定额

定额具有权威性,故执行定额就没有任意性。不得随意降低定额水平,更不能背离定额。凡属国家和地区颁发的统一定额,由定额管理单位负责解释,不得各取所需,任意理解或曲解,不经规定手续不得任意修改。

(二)查用定额的方法

查用定额又称套用定额,是指在定额手册中,按照工程设计图和施工组织设计的内容与要求,查找出需用的定额项目及其正确的资源消耗数量标准的全过程。具体方法步骤如下。

1.熟悉设计,明确待查工程项目

有效方法是根据工程设计图纸和施工组织设计,按照所用定额手册的编制说明、定额项目划分体系、工程量计算规则、有关定额子目的划分规定及其工作内容等,列出待查工程项目情况一览表,以便做到查用定额前心中有数。明确工程设计项目与待查定额项目在内容上哪些是一致的,哪些是不一致的,其差别是什么等,为正确查用定额提供资料。这是防止错套、重套、漏套定额的一项关键性准备工作。

2.“对号入座”,正确查、套定额项目

“对号入座”就是在定额手册中查找出完全符合或基本符合待查工程项目内容和设计施工条件的定额子目名称及其定额编号。方法分两步进行,先从定额手册中查找出适用定额项目所在页码,再从该页定额表中查找出适用定额子目及其编号。

3.细心核对,正确套用定额指标

需细心核对的有以下三项内容:①核对定额项目的工程内容和工作内容是否与待查

工程项目的设计施工内容相一致；②核对定额计量单位是否与待查工程计量单位相一致；③核对定额项目的适用条件是否与工程设计施工条件相一致。三个核对都是为了正确套用定额项目规定的消耗指标。三个核对是确定是否可以直接套用定额项目消耗指标的三个"窗口"。

(1)可以直接套用消耗指标的定额，是指三个核对完全一致、可以直接"对号入座"套用消耗指标的定额。当工程内容、工作内容和使用条件三个核对完全一致，仅工程计量单位的扩大倍数不一致时，应以定额计量单位为准来"对号入座"，也属可以直接套用消耗指标的定额。

在实际工作中，就一项建设工程使用的全部定额数目来说，大多数都属于可以直接套用消耗指标的定额，只有少数定额的消耗指标需要进行换算调整。

(2)需要换算调整消耗指标的定额，是指在工程内容、工作内容和适用条件三个核对中，凡有一项不一致，且定额规定允许对消耗指标进行换算调整的定额。这类定额需要经过按定额规定的方法换算调整后，才能求得正确适用的消耗指标。

(三)预算定额的换算

当施工图中的分项工程项目不能直接套用预算定额时，就产生了定额的换算。

1. 换算原则

为了保持定额的水平，在预算定额的说明中规定了有关换算原则，一般包括：

(1)定额的砂浆、混凝土强度等级，当设计与定额不同时，允许按定额附录的砂浆、混凝土配合比表换算，但配合比中的各种材料用量不得调整。

(2)定额中抹灰项目已考虑了常用厚度，各层砂浆的厚度一般不作调整。当设计有特殊要求时，定额中工、料可以按厚度比例换算。

(3)必须按预算定额中的各项规定换算定额。

2. 预算定额的换算类型

预算定额的换算类型有以下四种：

(1)砂浆换算：即砌筑砂浆换强度等级、抹灰砂浆换配合比及砂浆用量。

(2)混凝土换算：即构件混凝土、楼地面混凝土的强度等级、混凝土类型的换算。

(3)系数换算：按规定对定额中的人工费、材料费、机械费乘以各种系数的换算。

(4)其他换算：除上述三种情况外的定额换算。

3. 定额换算的基本思路

定额换算的基本思路是：根据选定的预算定额基价，按规定换入增加的费用，减去扣除的费用。即

$$\text{换算后的定额基价} = \text{原定额基价} + \text{换入的费用} - \text{换出的费用} \tag{3-11}$$

(四)定额换算应用举例

1. 砂浆换算

1)换算原因

当设计图纸要求的砌筑砂浆强度等级在预算定额中缺项时，就需要调整砂浆强度等级，求出新的定额基价。

2)换算特点

由于砂浆用量不变,所以人工费、机械费不变,只换算砂浆强度等级和调整砂浆材料费。

换算后定额基价 = 原定额基价 + 定额砂浆用量 ×(换入砂浆基价 − 换出砂浆基价)

(3-12)

2.构件混凝土换算

1)换算原因

当设计要求构件采用的混凝土强度等级在预算定额中没有相符合的项目时,就产生了混凝土强度等级或石子粒径的换算。

2)换算特点

由于混凝土用量不变,所以人工费、机械费不变,只换算混凝土强度等级或石子粒径。

3)换算公式

换算后定额基价 = 原定额基价 + 定额混凝土用量 ×(换入混凝土基价 − 换出混凝土基价)

(3-13)

【例3-1】 现浇C25钢筋混凝土矩形梁。

解:用式(3-12)进行换算。换算定额号:定−2(表3-2)、附−10、附−11(表3-3)。

表3-2 建筑工程预算定额(摘录)

工程内容:略

定额编号				定−1	定−2	定−3
定额单位				10 m^3	10 m^3	10 m^3
项目		单位	单价(元)	M5水泥砂浆砌砖基础	现浇C20钢筋混凝土矩形梁	C15混凝土地面垫层
基价		元		1 115.71	6 721.44	1 673.96
其中	人工费	元		149.16	879.12	258.72
	材料费	元		958.99	5 684.33	1 384.26
	机械费	元		7.56	157.99	30.98
人工	基本工	工日	12.00	10.32	52.20	13.46
	其他工	工日	12.00	2.11	21.06	8.10
	合计	工日	12.00	12.43	73.26	21.56
材料	木材	m^3	700.00		0.138	
	钢模板	kg	4.60		51.53	
	零星卡具	kg	5.40		23.20	
	钢支撑	kg	4.70		11.60	
	Φ10内钢筋	kg	3.10		471	
	Φ10外钢筋	kg	3.00		728	
	C20混凝土(5~40)	m^3	146.98		10.15	
	其他材料费	元			26.83	1.23
	水	m^3	0.60	2.31	13.52	15.38
机械	200 L砂浆搅拌机	台班	15.92	0.475		
	400 L混凝土搅拌机	台班	81.52		0.63	0.38
	2 t内塔吊	台班	170.61		0.625	

表 3-3　普通塑性混凝土配合比(摘录)　(单位:m^3)

定额编号			附 -9	附 -10	附 -11	附 -12	附 -13	附 -14
项目	单位	单价(元)	最大粒径:40 mm					
			C15	C20	C25	C30	C35	C40
基价	元		136.02	146.98	162.63	172.41	181.48	199.18
42.5 级水泥	kg	0.30	274	313				
42.5 级水泥	kg	0.35			313	343	370	
42.5 级水泥	kg	0.40						368
中砂	m^3	38.00	0.49	0.46	0.46	0.42	0.41	0.41
0.5~4 砾石	m^3	40.00	0.88	0.89	0.91	0.91	0.91	0.91

换算后定额基价 =6 721.44 +10.15 ×(162.63 -146.98)=6 880.29(元/(10 m^3))

换算后材料用量(每 10 m^3):42.5 级水泥:10.15 ×313 =3 176.95(kg)

中砂:10.15 ×0.46 =4.669(m^3)

5 ~40 砾石:10.15 ×0.91 =9.237(m^3)

3. 乘系数换算

乘系数换算是指在使用某些预算定额项目时,定额的一部分或全部乘以规定的系数。例如,某地区预算定额规定,砌弧形砖墙时,定额人工费乘以 1.10 系数;楼地面垫层用于基础垫层时,定额人工费乘以 1.20 系数。

【例 3-2】 C15 混凝土基础垫层。

解:根据题意按某地区预算定额规定,楼地面垫层定额用于基础垫层时,定额人工费乘以 1.20 系数。

换算定额编号:定 -2(表 3-2)。

换算后定额基价 = 原定额基价 + 定额人工费 ×(K -1)

=1 673.96 +258.72 ×(1.20 -1)=1 725.7(元/(10 m^3))

其中:人工费 =258.72 ×1.20 =310.46 元/(10 m^3)

4. 其他换算

其他换算是指不属于上述几种换算情况的定额基价换算。

第三节　概算定额、概算指标与投资估算指标

一、建筑工程概算定额

(一) 建筑工程概算定额的概念

概算定额也称扩大结构定额,全称是建筑安装工程概算定额。它是按一定计量单位

规定的，扩大分部分项工程或扩大结构部分的人工、材料和机械台班的消耗量标准与综合价格。

概算定额是在预算定额基础上的综合和扩大，是介于预算定额和概算指标之间的一种定额。它是在预算定额的基础上，根据施工顺序的衔接和互相关联性较大的原则，确定定额的划分。按常用主体结构工程列项，以主要工程内容为主，适当合并相关预算定额的分项内容，进行综合扩大，较之预算定额具有更为综合扩大的性质，所以又称为扩大结构定额。

建筑工程概算定额的主要特点如下：

(1)以分部工程或扩大构件为计价项目。

(2)按组成的各分项工程含量，运用现行预算定额或单位估价表，扩大综合核定其指标。

(3)口径统一、不留活口，计价项目较少，因此工程量计算及套价比较简便。

(4)概算定额作为编制概算的基础，法律效力不强。

(二)建筑工程概算定额的作用

(1)建筑工程概算定额是对设计方案进行技术经济分析比较的依据。

设计方案比较主要是对不同的建筑及结构方案的人工、材料和机械台班消耗量、材料用量、材料资源短缺程度等进行比较，弄清不同方案、人工材料和机械台班消耗量对工程造价的影响；材料用量对基础工程量和材料运输量的影响，以及由此而产生的对工程造价的影响；短缺材料用量及其供给的可能性，某些轻型材料和变废为利的材料应用所产生的环境效益和国民经济宏观效益等。其目的是选出经济合理的建筑设计方案，在满足功能和技术性能要求的条件下，降低造价和人工、材料消耗。概算定额按扩大建筑结构构件或扩大综合内容划分定额项目，对上述诸方面，均能提供直接的或间接的比较依据，从而有助于作出最佳的选择。

对于新结构和新材料的选择及推广，也需要借助于概算定额进行技术经济分析和比较，从经济角度考虑普遍采用的可能性和效益。

(2)建筑工程概算定额是初步设计阶段编制工程设计概算、技术设计阶段编制修正概算、施工图设计阶段编制施工图概算的主要依据。

概算项目的划分与初步设计的深度相一致，一般是以分部工程为对象。根据国家有关规定，按设计的不同阶段对拟建工程进行估价，编制工程概算和修正概算。这样，就需要与设计深度相适应的计价定额，概算定额正是适应了这种设计深度而编制的。

(3)建筑工程概算定额是招标、投标工程编制招标标底、投标报价及签订施工承包合同的依据。

(4)建筑工程概算定额是编制主要材料申请计划、设备清单的计算基础和施工备料的参考依据。

保证材料供应是建筑工程施工的先决条件。根据概算定额的材料消耗指标，计算工程用料的数量比较准确，并可以在施工图设计之前提出计划。

(5)建筑工程概算定额是拨付工程备料款、结算工程款和审定工程造价的依据。

(6)建筑工程概算定额是编制建设工程概算指标或估算指标的基础。

(三)建筑工程概算定额的编制依据和项目划分原则

1. 建筑工程概算定额的编制依据

(1)现行的有关设计标准、设计规范、通用图集、标准定型图集及施工验收规范、典型工程设计图等资料。

(2)现行的预算定额、施工定额。

(3)现行的概算定额。

(4)现行的定额工资标准、材料预算价格和机械台班单价等。

(5)有关的施工图预算或工程结算等资料。

2. 建筑工程概算定额项目划分的原则

建筑工程概算定额项目划分要贯彻简明适用的原则。在保证一定准确性的前提下,概算定额项目应在预算定额项目的基础上,进行适当的综合扩大。其定额项目划分的粗细程度,应适应初步设计的深度。总之,应使概算定额项目简明易懂、项目齐全、计算简单和准确可行。

(四)建筑工程概算定额的内容

建筑工程概算定额的主要内容包括总说明、建筑面积计算规则、册章节说明、概算定额项目表和附录、附件等。

1. 总说明

总说明主要是介绍概算定额的作用、编制依据、编制原则、适用范围、有关规定等内容。

2. 建筑面积计算规则

建筑面积计算规则规定了计算建筑面积的范围、计算方法,不计算建筑面积的范围等。建筑面积是分析建筑工程技术经济指标的重要数据,现行建筑面积的计算规则是由国家统一规定的。

3. 册章节说明

册章节说明(又称各章分部说明)主要是对该章定额运用、界限划分、工程量计算规则、调整换算规定等内容进行说明。

4. 概算定额项目表

概算定额项目表是概算定额的核心,它反映了一定计量单位扩大结构或构件扩大分项工程的概算单价,以及主要材料消耗量的标准。表 3-4 为 1996 年《××市建设工程概算定额》中第二章墙体工程中有关项目表。表头部分有工程内容,表中有项目计量单位、概算单价、主要工程量及主要材料用量等。

5. 附录、附件

附录、附件一般列在概算定额手册的后面,包括砂浆、混凝土配合比表,各种材料、机械台班造价表等有关资料,供定额换算、编制施工作业计划等使用。

表 3-4　砖墙、砌块墙及砖柱

工程内容:砖墙和砌块墙包括过梁、圈梁、钢筋混凝土加固带、加固筋、砖砌垃圾道、通风道、附墙烟囱等(女儿墙包括钢筋混凝土压顶,电梯井包括预埋铁件)

定额编号	项目				单位	概算单价(元)	其中(元)			人工(工日)	主要工程量	
							人工费	材料费	机械费		砌体(m^3)	现浇混凝土(工日)
2-1	红机砖	外墙	墙厚(mm)	240	m^2	60.15	9.39	49.99	0.77	0.44	0.227	0.012
2-2	红机砖	外墙	墙厚(mm)	365	m^2	91.08	14.24	75.67	0.17	0.66	0.345	0.018
2-3	红机砖	外墙	墙厚(mm)	490	m^2	121.99	19.09	101.35	1.55	0.88	0.463	0.024
2-4	红机砖	内墙	墙厚(mm)	115	m^2	23.92	5.12	18.54	0.26	0.24	0.106	
2-5	红机砖	内墙	墙厚(mm)	240	m^2	53.04	7.99	44.40	0.65	0.37	0.210	0.011
2-6	红机砖	内墙	墙厚(mm)	365	m^2	81.22	12.19	67.99	1.04	0.57	0.319	0.017

定额编号	项目				主要材料									其他材料费(元)
					01001	03002	02001	06003						
					钢筋(kg)	模板(m^3)	水泥(kg)	过梁(m^3)	红机砖(块)	白灰(kg)	砂子(kg)	石子(kg)	钢模费(元)	
2-1	红机砖	外墙	墙厚(mm)	240	2		15	0.006	116	5	105	15	1.08	0.22
2-2	红机砖	外墙	墙厚(mm)	365	3		23	0.009	176	7	160	23	1.62	0.34
2-3	红机砖	外墙	墙厚(mm)	490	4		31	0.012	236	10	214	31	2.15	0.45
2-4	红机砖	内墙	墙厚(mm)	115	1		4	0.002	57	2	38	14		0.06
2-5	红机砖	内墙	墙厚(mm)	240	2		14	0.005	107	4	97	22	0.99	0.20
2-6	红机砖	内墙	墙厚(mm)	365			21	0.008	163	7	148		1.53	0.31

二、建筑工程概算指标

(一)建筑工程概算指标的概念

概算指标是按一定计量单位规定的,比概算定额更加综合扩大的单位工程或单项工程等的人工、材料、机械台班的消耗量标准和造价指标。概算指标通常以 m、m^3、座、台、组等为计量单位,因而估算工程造价较为简单。

(二)建筑工程概算指标的作用

(1)作为编制初步设计概算的主要依据。

(2)作为基本建设计划工作的参考。

(3)作为设计机构和建设单位进行设计方案比较的参考。

(4)作为投资估算指标的编制依据。

(三)建筑工程概算指标的内容及表现形式

1. 建筑工程概算指标的内容

它包括总说明、经济指标、结构特征及适用范围、建筑物结构示意图等。

(1)总说明包括概算定额的编制依据、适用范围、指标的作用、工程量计算规则及其他有关规定。

(2)经济指标包括工程造价指标,人工、材料消耗指标。

(3)结构特征及适用范围可作为不同结构间换算的依据。

(4)建筑物结构示意图。

2. 建筑工程概算指标的表现形式

概算指标在表现方法上分综合指标与单项指标两种形式。综合指标是按照工业与民用建筑或按结构类型分类的一种概括性较大的指标,而单项指标是一种以典型的建筑物或构筑物为分析对象的概算指标。单项概算指标附有工程结构内容介绍,使用时,若在建项目与结构内容基本相符,其概算结果还是比较准确的。

(四)举例

(1)单项概算指标表示示例。表3-5～表3-8为某六层砖混内廊住宅楼的概算指标,包括构造内容及工程量指标、结构特征、经济指标和人工及主要材料消耗量指标。

(2)综合概算指标表示示例。表3-9为某省住宅建筑工程综合形式概算指标。

表3-5　构造内容及工程量指标

编号:内廊住宅-8　　　　每100 m^2 建筑面积

序号	构造内容		工程量 单位	工程量 数量	占单方造价(%)
一	土建				100
1	基础及埋深	毛石基础,深2 m	m^3	21.57	13.93
2	外墙	2B砖墙,清水墙勾缝,内抹灰刷白	m^3	24.48	15.73
3	内墙	1B、1.5B砖墙,抹灰刷白	m^3	22.35	13.92
4	柱及间距	预制柱	m^3	0.4	0.84
5	梁	预制梁	m^3	1.5	3.11
6	地面	碎砖垫层,水泥砂浆面层	m^2	12	0.67
7	楼面	120 mm预制空心板,水泥砂浆面层	m^2	61	16.10
8	门窗	木门窗	m^3	61.1	16.37
9	屋面	三毡四油卷材防水,水泥珍珠岩保温,空心板	m^2	21.67	8.11
10	脚手架	综合脚手架	m^3	100	2.38
11	其他	厕所、水池等零星工程			8.84
二	水、电				

表 3-6 结构特征

编号:内廊住宅 - 8

结构类别	砖混	层数	六	层高	2.8 m	檐高	17.7 m	建筑面积	3 303 m^2

表 3-7 经济指标

编号:内廊住宅 - 8　　　　每 100 m^2 建筑面积

造价分类		合计(元)	造价构成				
			其中(元)				
			直接费	间接费	计划利润	其他	税金
单方造价		38 380	22 186	5 684	1 930	7 466	1 114
其中	土建	32 132	18 567	4 761	1 617	6 254	933
	水暖	4 196	2 430	620	210	814	122
	照明	2 052	1 189	303	103	398	59

表 3-8 人工及主要材料消耗量指标

编号:内廊住宅 - 8　　　　每 100 m^2 建筑面积

序号	名称及规格	单位	数量	序号	名称及规格	单位	数量
一	土建			2	暖气片	m^2	21
1	人工	工日	451	3	钢管	t	0.17
2	钢筋	t	2.04	4	卫生器具	套	2.46
3	塑钢	t	0.06	5	通风设备	套	
4	水泥	t	15.4	6	水表	个	1.91
5	白灰	t	2	三	照明		
6	沥青	t	0.37	1	人工	工日	18
7	红砖	千块	32.1	2	电线	m	269
8	木材	m^3	3.41	3	钢(塑)管	t	(0.04)
9	砂	m^3	39	4	灯具	套	8.24
10	毛石	m^3	24	5	配电箱	套	0.72
11	砾(碎)石	m^3	19	6	电表	个	1.19
12	玻璃	m^2	29	7	电缆	m	
13	卷材	m^2	102	四	机械使用费	%	7.5
二	水暖			五	其他材料费	%	19.5
1	人工	工日	36				

表 3-9　住宅建筑工程综合形式概算指标

编号	工程名称	结构特征	适用范围（m^2）	造价比例（%/m^2）	其中（%/m^2）			方案指数（%）	主要材料消耗量（100 m^2）				
					土建	水暖	照明		水泥（t）	钢材（t）	木材（m^3）	红砖（千块）	玻璃（m^2）
住-1	二层住宅	混合	600	100	83.52	10.33	6.15	100.00	14.19	1.24	3.13	28.38	26
住-2	三层住宅	混合	1 080	100	84.23	9.89	5.88	104.47	14.30	18.4	3.30	30.40	29
住-3	四层住宅	混合	2 540	100	84.55	10.73	4.72	106.70	15.75	1.28	4.32	31.80	32
住-4	五层住宅	混合	2 000	100	84.80	9.07	6.13	113.97	14.50	1.48	3.93	30.10	40
住-5	六层住宅	混合	3 200	100	82.32	11.62	6.06	115.36	16.35	2.28	3.75	29.28	39
住-6	七层住宅	混合	2 600	100	83.41	10.40	6.19	112.85	16.15	1.75	3.71	28.71	36
住-7	七层住宅	轻板框架	3 400	100	87.18	8.70	4.12	122.07	16.60	3.01	4.63	5.58	30
住-8	七层住宅	轻板框架	7 000	100	85.81	9.77	4.42	120.11	17.83	3.03	2.61	9.64	29
住-9	七层住宅	轻板框架	3 700	100	88.33	7.78	3.89	122.07	14.60	2.45	3.81	8.17	29
住-10	六层住宅	内浇外砌	4 200	100	86.17	8.24	5.59	105.03	18.10	3.38	4.10	15.10	29

三、投资估算指标

（一）投资估算指标的概念

投资估算指标是以独立的建设项目、单项工程或单位工程为对象，综合项目全过程投资和建设中各类成本与费用，反映出其扩大的技术经济指标。

投资估算是编制和确定项目建议书与可行性研究报告投资估算的基础和依据。它既是定额的一种表现形式，但又不同于其他的计价定额。投资估算作为项目前期投资评估服务的一种扩大的技术经济指标，具有较强的综合性、概括性。

（二）投资估算指标的作用

（1）在编制项目建议书和可行性研究报告阶段，它是正确编制投资估算、合理确定项目投资额、进行正确的项目投资决策的重要基础。

（2）在投资决策阶段是计算建设项目主要材料需用量的基础。

（3）是编制固定资产长远规划投资额的参考依据。

（4）在项目实施阶段，是限额设计和控制工程造价的依据。

（三）投资估算指标的编制原则和方法

1. 投资估算指标的编制原则

投资估算指标属于建设前期进行投资估算的技术经济指标，它要求较全面地反映项目建设全部投资额，不仅要反映实施阶段的静态投资，而且必须反映建设期间和交付使用期内发生的动态投资额。因此,投资估算指标的编制工作除遵循一般定额的编制原则外,还必须坚持下列原则。

1)项目确定的可预见性

投资估算指标的确定应当考虑以后若干年编制项目建议书和可行性研究投资估算的需要。

2)坚持技术上先进可行、经济上合理的原则

投资估算指标的编制内容、典型工程的选取,必须符合国家的产业发展方向和技术经济政策。对建设项目的建设标准、工艺标准、建筑标准、占地标准、劳动定员标准等的确定,尽可能做到立足国情、立足发展、立足工程实际,坚持技术上先进可行和经济上低耗、合理,力争以较小的投入取得最大的效益。

3)坚持与项目建议书和可行性研究报告的编制深度相适应的原则

投资估算指标的分类、项目划分、项目内容、表现形式等要结合各专业实际,并且要与项目建议书和可行性研究报告的编制深度相适应。

4)要具有更大的综合性、概括性和全面性

投资估算指标的编制不仅要反映不同行业、不同项目和不同工程的特点,而且还要反映在项目建设和投产期间的静、动态投资额,因此要有比一般定额更大的综合性、概括性和全面性。

5)坚持能分能合、有粗有细、细算粗编的原则

投资估算指标既是国家进行项目投资控制与指导的一项重要经济指标,又是编制投资估算的重要依据。因此,要求它能分能合、有粗有细、细算粗编,既要能反映一个建设项目的全部投资及其构成,又要有组成建设项目投资的各个单项工程投资及具体分解指标,以使指标具有较强的实用性,扩大投资估算的覆盖面。

2.投资估算指标的编制方法

投资估算的编制是一项系统工程,它渗透的方面相当多,如产品规模、方案、工艺流程、设备选型、工程设计和技术经济等。因此,编制一开始就必须成立由专业人员和专家及相关领导参加的编制小组,制定一个包括编制原则、编制内容、指标的层次项目划分、表现形式、计量单位、计算、平衡、审查程序等内容的编制方案,具体指导编制工作。

投资估算指标编制工作一般可分为三个阶段进行。

1)调查收集和整理资料阶段

调查收集与编制内容有关的已经建成或正在建设的工程设计目标、施工文件、概算依据,这是编制投资估算指标的基础。资料收集得越多,越有利于提高指标的准确性、实用性与适应性。

2)平衡调整阶段

由于调查收集的资料来源不同,虽然经过前期的整理分析,但由于建设地点、条件、时间上带来的影响,特别是新工艺、新技术、新材料的不断出现,生产力水平的不断提高,需要对所收集的资料进行综合平衡的调整。

3)测算审查阶段

测算时根据新编的投资估算指标编制选定工程的投资估算,将它与选定工程的概预

算在同一价格条件下进行比较,检验其误差程度是否在允许偏差的范围内。若偏差过大,要找出原因,进行调整。在此多次调整的基础上组织相关人员进行全面审查定稿,并报相关部门审发。

(四)投资估算指标的内容

投资估算指标是确定和控制建设项目全过程各项投资支出的技术经济指标,其范围涉及建设前期、建设实施期和竣工验收交付使用期等各个阶段的费用支出。其内容因行业不同而各异,一般可分为建设项目综合指标、单项工程指标和单位工程指标三个层次。

1. 建设项目综合指标

建设项目综合指标是指按规定应列入建设项目投资的从立项筹建至竣工验收交付使用的全部投资额,包括固定资产投资和流动资产投资。

建设项目综合指标一般以项目综合生产能力单位投资表示,如元/t、元/kW,或以使用功能表示,如医院床位为元/床,或以建筑面积表示,如元/m^2。

2. 单项工程指标

单项工程指标是指按规定应列入能独立发挥生产能力或使用效益的单项工程内的全部投资额,包括建筑工程费、安装工程费、设备与生产工具购置费和其他费用。

单项工程指标一般以单项工程生产能力单位投资(如元/t)或其他单位表示,如变电站:元/kVA,锅炉房:元/蒸汽吨,供水站:元/m^3,办公室、仓库、宿舍、住宅等房屋,则区别不同结构形式,以元/m^2 表示。

3. 单位工程指标

单位工程指标是指按规定应列入能独立设计、组织单独施工的工程项目的费用,即建筑安装工程费用。

单位工程指标一般以如下方式表示:

(1)房屋:区别不同结构形式,以元/m^2 表示;

(2)道路:区别不同结构层、面层,以元/m^2 表示;

(3)水塔:区别不同结构、容积,以元/座表示;

(4)管道:区别不同材质、管材,以元/m 表示;

(5)烟囱:区别不同材质、高度,以元/座表示。

第四节　企业定额的用途和编制原则

一、企业定额的用途

企业定额作为企业内部生产管理的标准文件,是建筑施工企业生产经营活动的基础,是组织和指挥生产的有效工具,是企业进行编制工程投标报价的依据,是优化施工组织设计的依据,是企业成本核算、经济指标测算及考核的依据,是计算工人劳动报酬的依据,是专业分包计价的依据。

(一)企业定额在工程量清单计价中的作用

为适应我国建筑市场的发展,同时与国际建筑市场的接轨,2008 年,建设部发布了

《建设工程工程量清单计价规范》(GB 50500—2008)。《建设工程工程量清单计价规范》(GB 50500—2008)是建设工程在招标投标工作中,由招标人按照《建设工程工程量清单计价规范》(GB 50500—2008)中统一的工程量计算规则提供工程量清单,由投标人对各项工程量清单自主报价,经评审合理报价的企业为中标企业的工程造价计价模式。因此,工程量清单计价为企业在工程投标报价中进行自主报价提供了相对自由宽松的环境,在这种环境下,企业定额是企业投标时自主报价的基础和主要依据。

在确定工程投标报价时,第一,要根据企业定额,结合当地物价水平、劳动力价格水平、设备购置与租赁、施工组织方案、现场环境等因素计算出本企业拟完成投标工程的基础报价;第二,要根据企业的其他生产经营要素,测算管理费,并按相关规定计算相关规费、税金等;第三,要根据政府政策要求、招标文件中合同条件、发包方信誉及资金实力等客观条件确定在该工程上拟获得的利润,以及预计的工程风险和其他应考虑的因素,从而确定投标报价。按以上三个要点,投标企业依据企业定额进行各分项工程量清单的组价,汇总各工程量清单单价,形成投标报价。

(二)企业定额在合理低价中标中的作用

在工程招标投标活动中,招标单位采用合理低价中标法选择承包方占的比重很大。评标中规定:除承包方资信、施工方案满足招标要求外,工程投标报价将作为主要竞争内容,应选择合理低价的单位为中标单位。

企业在参加投标时,首先根据企业定额进行工程成本预测,通过优化施工组织设计和高效的管理,将竞争费用中的工程成本降到最低,从而确定工程最低成本价;其次依据测定的最低成本,结合企业内外部客观条件、所获得的利润等报出企业能够承受的合理最低价。以企业定额为基础参与低价中标的投标活动,可避免盲目降价导致报价低于工程成本继而中标后出现成本亏损现象的发生。

国外许多工程招标均采用合理低价法,企业定额也可作为企业参与国外工程项目投标报价的依据。

(三)企业定额在企业管理中的作用

施工企业项目成本管理是指施工企业对项目发生的实际成本通过预测、计划、核算、分析、考核等一系列活动,在满足工程质量和工期的条件下采取有效的措施,不断降低成本,达到成本控制的预期目标。目前,许多施工企业实行了项目经理责任制,因此企业定额就成为实现项目成本管理目标的基础和依据。

项目部责任标的实现,一方面是以企业定额为依据参加投标报价中标的工程,其工程造价已按企业定额确定,也就是固定价合同。因此,在确定收入的前提下,如何控制成本支出成为管理的重点。项目部应以企业定额为标准,将构成工程成本中人工、材料、机械和现场各项费用的支出,分别制订计划,按照作业计划下达施工任务书和限额领料单来组织与指挥施工队进行施工,对超企业定额用量的应及时对其采取措施进行控制。企业定额在项目管理中的应用,可以起到控制成本、降低费用开支的作用,同时也为企业加强项目核算和增加赢利创造了良好的条件。项目部责任标的实现,另一方面是采用企业定额投标的项目,企业定额在项目管理中除上述作用外,还是企业对项目进行责任目标下达、实施项目过程控制和项目终结考核兑现的依据。

在企业日常管理中，以企业定额为基础，通过对项目成本预测、过程控制和目标考核的实施，可以核算实际成本与计划成本的差额，分析原因，总结经验，不断促进和提升企业的总体管理水平。同时，这些管理办法的实施也对企业定额的修改和完善起着重要的作用。所以，企业应不断积累各种结构形式下成本要素的资料，逐步形成科学合理且能代表企业综合实力的企业定额体系。

从本质上讲，企业定额是企业综合实力和生产、工作效率的综合反映。企业综合效率的不断增长，依赖于企业营销与管理艺术和技术的不断进步，反过来又会推动企业定额水平的不断提高，形成良性循环，企业的综合实力也会不断地发展和进步。

(四)企业定额有利于建筑市场健康和谐发展

施工企业的经营活动应通过项目的承建，谋求质量、工期、信誉的最优化。唯有如此，企业才能走向良性循环发展的道路，建筑业也才能走向可持续发展的道路。企业定额的应用促使企业在市场竞争中按实际消耗水平报价，这就避免了施工企业为了在竞标中取胜，无节制地压价、降价，造成企业效率低下、生产亏损、发展滞后现象的发生，也避免了业主在招标中滋生腐败的行为。在我国现阶段建筑业计划经济向市场经济转变的时期，企业定额的编制和使用一定会对规范发包、承包行为，对建筑业的可持续发展，产生深远和重大的影响。

企业定额适应了我国工程造价管理体系和管理制度的变革，是实现工程造价管理改革最终目标不可或缺的重要环节。以各自的企业定额为基础按市场价格作出报价，能真实地反映出企业成本的差异，在施工企业之间形成实力的竞争，从而真正达到市场形成价格的目的。因此，可以说企业定额的编制和运用是我国工程造价领域改革关键而重要的一步。

二、企业定额的编制原则

施工企业编制企业定额，纵向应该根据企业实际情况，坚持既要结合历年定额水平，又要放眼企业今后的发展趋势；横向应该与国内外建筑市场相适应，按市场经济规律办事，应特别注意与《建设工程工程量清单计价规范》(GB 50500—2008)衔接。具体就施工企业编制企业定额而言，不但要与历史水平相比，还要与客观实际相比，要使本企业在正常经营管理的情况下，经过努力和改进，可以达到定额水平。

(一)先进性原则

我国现行《全国统一建筑工程基础定额》(GJD—101—95)的水平是以正常的施工条件，多数建筑施工企业的施工机械装备程度，合理的施工工期、施工工艺、劳动组织为基础编制的，它反映了社会平均消耗水平标准；而企业定额水平反映的是在一定的生产经营范围内，在特定的管理模式和正常的施工条件下，某一施工企业的项目管理部经合理组织、科学安排后，生产者经过努力能够达到和超过的水平，这种水平既要在技术上先进，又要在经济上合理可行，是一种可以鼓励中间、鞭策落后的定额水平，这种定额水平的制定将有利于企业降低人工、材料、机械的消耗，有利于提高企业管理水平和获取最大的利益，而且能够正确地反映比较先进的施工技术和施工管理水平，以促进新技术、新材料、新工艺在施工企业中的不断推广应用和施工管理的日益完善。同时，企业定额还应包括传统预算定额中包含的合理的幅度差等可变因素。其总体水平应超过或高于社会平均消耗水平。

（二）适用性原则

企业定额作为企业投标报价和工程项目成本管理的依据，在编制企业定额时，应根据企业的经营范围、管理水平、技术实力等合理地进行定额的选项及其内容的确定。在编制选项思路上，应与国家标准《建设工程工程量清单计价规范》（GB 50500—2008）中的项目编码、项目名称、计量单位等保持一致和衔接，这样既有利于满足清单模式下报价组价的需要，也有利于借助国家规范尽快建立自己的定额标准，更有利于企业个别成本与社会平均成本的比较分析。对影响工程造价的主要、常用的项目，在选项上应比传统预算定额详尽具体。如：钢筋混凝土工程中，可将混凝土浇筑按其运输方式不同分为卷扬机和塔吊；钢筋制作绑扎可按不同规格、材质分别列项等；对一些次要的、价值小的项目在确保定额通用性的同时尽量综合，便于以后定额的日常管理。适用性原则还体现在企业定额设置应简单明了、便于使用，同时满足项目劳动组织分工、项目成本核算和企业内部经济责任考核等方面的需求。

（三）量价分离原则

企业定额中形成工程实体的项目实行固定量、浮动价和规定费的动态管理计价方式。企业定额的消耗量在一定条件下是相对固定的，但不是绝对的永恒，企业发展的不同阶段企业定额中有不同的定额消耗量与之相适应，同时企业定额中的人工、材料、机械价格以当期市场价格计入；组织措施费根据企业内部有关费用的相关规定、具体施工组织设计及现场发生的相关费用进行确定；技术措施性费用项目（如脚手架、模板工程等）应以固定量、不计价的不完全价格形式表现，这类项目在具体工程项目中可根据工程的不同特点和具体施工方案，确定一次投入量和使用期进行计价。如：周转性材料租赁费 = 工程量 × 定额一次使用量 × 一次使用期 × 租赁单价。

（四）独立自主原则

施工企业作为具有独立法人的经济实体，应根据企业的实际情况，结合政府的价格政策和产业导向，根据企业的运行体制和管理环境等独立自主地确定定额水平，划分定额项目，补充新的定额子目。在推行工程量清单计价的环境下，应注意在计算规则、项目划分和计量单位等方面与国家相关规定保持衔接。

（五）快捷性原则

企业定额数据种类广、数据量大，在编制过程中应充分利用计算机技术的实时响应、存储量大、计算准确快捷等优势，完成原始数据资料的收集、整理、分析及后期数据的合成、更新等任务。实践证明，利用信息化技术建立完善的工程测算信息系统是企业定额编制工作准确快捷和顺利进行的有力保证。

（六）动态性原则

当前建筑市场新材料、新工艺层出不穷，施工机具及人工市场变化也日新月异，同时，企业作为独立的法人赢利实体，其自身的技术水平在逐步提高，生产工艺在不断改进，企业的管理水平也在不断提升。所以，企业定额应与企业实时的技术水平、管理水平和价格管理体系保持同步，应当随着企业的发展而不断得到补充和完善。

第五节　全国统一建筑工程基础定额简介

一、建筑工程基础定额的基本概念

(1)我国的建筑工程定额与概预算制度是新中国成立初从编制劳动消耗定额(即基础定额)开始的,并逐步建立、健全了消耗定额和概预算制度与管理体系。当时我国实施高度集权的计划经济体制,全国只有一个投资主体,国家既作为宏观调控主体,又作为微观投资主体,这两者是统一体。为了保障国有投资的节约和高效,当然要通过定额这一强硬的政策手段来进行调控。可以说,定额对我国经济发展和提高人民生活水平都发挥了不可估量的作用。从长远来看,定额仍旧是衡量效率的尺度和定价的基本依据,只是定额体系的内涵和定价主体会随着市场的不断完善而发生变化。建筑产品基础定额,对于工程承包商而言,在任何时刻都是不可缺少的,它是不断提高劳动生产效率、促进企业不断发展的有效手段和劳动生产管理制度。

(2)基础定额本质上应该是一种资源消耗量指标,也是社会和企业劳动与物质消耗及其发展水平的反映。它虽只含量不含价,但也必然涉及价的问题,其消耗量在一段时期内相对稳定,而价则会随市场条件和行情的变化而不断波动与调整。建筑工程基础定额是在现有的社会正常生产条件下,在社会平均劳动熟练程度、劳动强度和合理的劳动组合条件下,按施工工艺要求确定的分项工程(或施工工序)单位计量,达到产品质量合格标准时所需的人工、材料、施工机械台班消耗数量的最根本的限额标准。

《全国统一建筑工程基础定额》(GJD—101—95)说明中指出:建筑工程基础定额是完成规定计量单位分项工程计价的人工、材料、施工机械台班消耗标准;……是编制建筑工程(土建部分)地区单位估价表、确定工程造价的依据。

因此,基础定额是编制其他定额乃至工程造价的最基本的定额要素和依据。

(3)建筑工程基础定额的"基础性"是它的基本性质和特征,反映了在完成符合设计标准和施工验收规范规定的分项工程计量单位产品所消耗的活劳动和物化劳动的数量限度。这种数量限度,反映了建筑产品消费的客观规律,反映了一定时期社会生产力的发展水平,最终决定了建设工程的成本和造价。

建筑工程基础定额分为劳动消耗定额、材料消耗定额、机械台班消耗定额三种定额,是一种技术经济规范。从定额的运用范围来看,有不同层次和不同地域性的基础定额,即应分国家、地区(省、自治区、直辖市)和建筑安装企业。

二、建筑工程基础定额的作用

《全国统一建筑工程基础定额》(GJD—101—95)的主要作用:

(1)是统一全国建筑工程预算工程量规则、项目划分、计量单位的依据。

(2)是编制建筑工程(土木部分)地区单位估价表,确定工程造价,完成规定计量单位分项工程计价的人工、材料、施工机械台班消耗量的标准。

(3)是编制概算定额及投资估算指标的依据。

(4)是作为制定招标工程标底、企业定额和投标报价的基础。

(5)为考核设计、施工单位的经济效果制定了一个统一的标准尺度。

三、建筑工程基础定额的编制原则

(1)遵循社会主义市场经济规律原则。

(2)遵循社会平均消耗水平原则。

(3)满足不同施工生产工艺计价需要,既要覆盖面广又要简明适用的原则。

(4)逐步与国际通用规则接轨的原则。

四、建筑工程基础定额的编制依据

(1)国家现行规范、规程、质量评定标准。

(2)国家现行标准图集、通用图集及有关省、自治区、直辖市的标准图集的做法。

(3)1985年《全国建筑安装工程统一劳动定额》及1981年国家建委建筑工程预算定额修改稿。

(4)各部、省、自治区、直辖市提供的有关资料及现场实地调查资料。

五、建筑工程基础定额的构成

建筑工程基础定额是由人工工日消耗量、材料消耗量、施工机械台班消耗量三个部分标准构成的。它们的确定方法简述如下。

(一)人工工日消耗量的确定

定额中的人工工日消耗量是指在正常施工技术、生产组织条件下,完成规定计量单位分项工程所消耗的综合人工工日数量。定额人工工日不分工种、技术等级,一律以综合工日表示。内容包括基本用工、超运距用工、人工幅度差、辅助用工。其中,基本用工参照现行全国建筑安装工程统一劳动定额为基础计算,缺项部分参考地区现行定额及实际资料计算。凡依据劳动定额计算的,均按规定计入人工幅度差;根据施工实际需要计算的,未计入人工幅度差。

$$综合工日 = \sum(劳动定额基本用工 + 超运距用工 + 辅助用工) \times (1 + 人工幅度差) \quad (3\text{-}14)$$

机械土石方、桩基础、构件运输及安装工程,人工随机械产量计算的,人工幅度差按机械幅度差计算。现行劳动定额允许各省、自治区、直辖市调整的部分,本定额内未予考虑。

(二)材料消耗量的确定

定额中的材料消耗量是指在合理节约使用材料的条件下,完成规定计量单位分项工程必须消耗的一定品种和规格的材料、半成品、构配件等的数量标准。定额中的材料消耗量包括主要材料、辅助材料、零星材料等。凡能计量的材料、成品、半成品均按品种、规格逐一列出数量,并计入相应损耗,其内容和范围包括从工地仓库、现场集中堆放地点或现场加工地点至操作或安装地点的运输损耗、施工操作损耗、施工现场堆放损耗。混凝土、砌筑砂浆、抹灰砂浆及各种胶泥均按半成品消耗量,以体积表示。其配合比是按现行规范规定计算的。各省、自治区、直辖市可根据当地材料质量情况调整其配合比和材料用量。

施工措施性消耗部分、周转性材料按不同施工方法、不同材质分别列出一次使用量和一次摊销量。施工工具用具性消耗材料,归入建筑安装工程费用定额中的工具用具费。

（三）施工机械台班消耗量的确定

定额中的机械台班消耗量是指在正常施工条件下，完成规定计量单位分项工程中消耗的某类、某种型号的施工机械的台班数量。施工机械分别按机械的功能和容量，区别单机或主机配合辅助机械作业，包括机械台班幅度差，以台班量表示。定额中均已包括材料、成品、半成品从工地仓库、现场集中堆放地点或现场加工地点至操作安装地点的水平运输和垂直运输所需要的人工和机械消耗量。若发生再次搬运的，应在建筑安装工程费用定额中二次搬运费项下支出。预制钢筋混凝土构件和钢构件是按机械回转半径 15 m 以内运距考虑的，当超过 15 m 时，全国定额按构件 1 km 运输定额项目执行。

六、建筑工程基础定额的适用范围

（1）建筑工程基础定额适用于工业与民用建筑的新建、扩建、改建工程。新建工程是指原无基础、从无到有、平地开始建设的工程。对原单位进行扩建，其新增加固定资产超过原有固定资产原值 3 倍以上的，也作为新建工程。扩建工程是指现有企事业单位，为了扩大原有主要产品的生产能力和效益，在原有固定资产的基础上，兴建一些生产车间或扩大原有固定资产的生产能力。改建工程是指现有企事业单位，为了提高生产率，改进产品质量或改变产品的方向，对原有设施或工艺流程进行技术改造或更新的项目。

（2）建筑工程基础定额适用于海拔 2 000 m 以下、地震烈度 7 度以下的地区，当超过以上情况时，可结合高原地区的特殊情况和防震要求，由省、自治区、直辖市或国务院有关部门制定调整办法。海拔在 2 000 m 以下是指某点至大地水准面（我国取青岛黄海的平均海水面作为大地水准面）的铅垂距离在 2 000 m 以内。地震烈度是指某地区地面和各类过渡物遭受一次地震影响的强烈程度。地震烈度分为 1 ~ 12 度（可查阅当地设防烈度的资料）。

七、建筑工程基础定额的内容与表格形式

现以《全国统一建筑工程基础定额》（GJD—101—95）中的“混凝土及钢筋混凝土工程”中的“现浇混凝土基础”及“砌筑工程”中的“砌砖”为例，说明其定额表格形式（见表 3-10、表 3-11）。

表 3-10　现浇混凝土基础

工作内容：1. 混凝土水平运输。

2. 混凝土搅拌、捣固、养护。

（单位：10 m^3）

定额编号			5 − 392	5 − 393	5 − 394
项目		单位	人工挖土桩护井壁混凝土	带形基础	
				毛石混凝土	混凝土
人工	综合工日	工日	18.69	8.37	9.56
材料	现浇混凝土（C20）	m^3	10.15	8.63	10.15
	草袋子	m^2	2.30	2.39	2.52
	水	m^3	9.39	7.89	9.19
	毛石	m^3	—	2.72	—
机械	混凝土搅拌机（400 L）	台班	1.00	0.33	0.39
	混凝土振捣器（插入式）	台班	2.00	0.66	0.77
	机动翻斗车（1 t）	台班	—	0.66	0.78

表 3-11　砌砖

工作内容:1. 砖基础:调运砂浆,铺砂浆,运砖,清理基槽坑,砌砖等。砌砖包括窗台虎头砖、腰线、门窗套,安放木砖、铁件等。

2. 砖墙:调运砂浆,铺砂浆,运砖。

(单位:10 m^3)

定额编号			4-1	4-2	4-3	4-4
项目		单位	砖基础	单面清水砖墙		
				1/2 砖	3/4 砖	1 砖
人工	综合工日	工日	12.18	21.97	21.63	18.87
材料	水泥砂浆(M5)	m^3	2.36	—	—	—
	水泥砂浆(M10)	m^3	—	1.95	2.13	—
	水泥混合砂浆(M2.5)	m^3	—	—	—	2.25
	普通砖	千块	5.236	5.641	5.510	5.314
	水	m^3	1.05	1.13	1.10	1.06
机械	灰浆搅拌机(200 L)	台班	3.09	0.33	0.35	0.38

小　结

通过对本章内容的学习,应具备以下知识:

(1)掌握定额的性质和分类,了解定额的作用。

(2)掌握施工定额的概念和水平、劳动定额的制定和表示方法、材料消耗量的理论计算法、周转性材料摊销量的概念、机械台班消耗定额的表示方法。

(3)掌握预算定额的概念、作用和定额水平,熟悉预算定额中人工、材料、机械台班消耗量指标的确定方法。

(4)了解概算定额、概算指标和投资估算指标的相关知识。

(5)了解全国统一建筑工程基础定额。

复习思考题

3-1　建筑工程施工定额、预算定额、概算定额各是什么？其相互关系如何？

3-2　施工定额的组成和作用是什么？

3-3　劳动定额的概念及表现形式有哪些？

3-4　材料消耗定额的概念是什么？其组成如何？

3-5　周转性材料消耗量是如何确定的？

3-6　预算定额人工消耗量指标由哪几部分组成？

3-7　预算定额基价是怎样构成的？

3-8　材料预算价格是怎么组成的？机械台班单价是如何确定的？

第四章　工程计价依据

通过对本章内容的学习，了解工程计价依据的概念和种类，熟悉工程建设定额的分类及特点，掌握建筑安装工程人工、机械台班、材料定额消耗量的确定方法和建筑安装工程人工、材料、机械台班单价的确定方法，熟悉工程单价的概念与分类，掌握综合单价的计算。

第一节　概　述

一、工程计价依据的概念

（一）概念

所谓工程计价依据，是指用以计算建设工程造价的基础资料的总称。

（二）要求

由于影响建筑工程造价的因素很多，每一项工程的造价都要依据该工程的类别、用途、结构特征、所在地点、市场价格信息、国家相关政策等进行具体计算，因此就需要以确定上述各项因素相关的各种量化的定额或指标等作为计价的基础。计价依据除国家或地方法律规定的外，一般以合同形式加以确定。

工程计价依据必须满足以下要求：

（1）准确可靠，符合实际；

（2）可信度高，有权威性；

（3）数据化表达，便于计算；

（4）定性描述清晰，便于正确利用。

（三）作用

工程计价依据有以下作用：

（1）它是计算分析工程造价的重要依据；

（2）它是投资决策和工程决策的重要依据；

（3）它能够促进施工企业、生产企业技术进步，降低社会平均必要劳动量；

（4）它是政府对工程建设进行宏观调控、对资源配置进行预测和平衡的重要依据；

（5）工程计价依据，尤其是各类造价信息，是反映工程建设经济活动灵敏度的指示器。

二、工程计价依据的种类

工程计价依据分为工程建设定额（包括工程造价定额、造价指标、取费定额、工期定额、工程造价指数）、工程基础单价、工程量清单计价等。

（一）工程建设定额

定额，就是标准。无论哪一种定额都是衡量经济效果的尺度，这是定额的共性。而各种定额，因考核的对象和目的不同，又各自具有不同的特性，其内容和作用也不相同。

工程建设定额是固定资产再生产过程中的生产消耗定额。它是指在工程建设中，正常的施工条件下，消耗在单位合格产品上的人工、材料、机械、资金和工期的规定额度（标准）。这种定额是量的规定，反映在一定的社会生产力发展水平条件下，完成工程建设中的某项产品与各种生产消费之间特定的数量关系。

工程建设定额是一个综合概念，它是多种类、多层次单位产品生产消耗数量标准的总和，是根据国家一定时期的管理体制和管理制度，以及不同定额的用途和使用范围，由指定机构按照一定程序制定的一种技术经济定额。

1. 工程造价定额

工程造价定额是指完成指定的单项施工内容（工程）在人力、物力、财力、消耗方面所需的社会必要劳动量的标准，主要用来直接计算工程造价。用得较多的是预算定额和概算定额。

2. 造价指标

造价指标是指反映特定的单项工程或建设项目所需人力、物力和财力的综合的一般需要量，它属于参考性经济标准。一般常用的有概算指标、投资估算指标等。

3. 取费定额

取费定额一般以某个或多个自变量为计算基础，反映专项费用（因变量）社会必要劳动量的百分率或标准。较常见的有其他直接费定额、现场经费定额、间接费定额、工程建设其他费用定额、建筑安装工程利润率、国家规定的工程建设营业税税率、城市建设税税率、教育费附加费率、进口关税税率等。

4. 工期定额

工期定额是为各类工程规定的施工期限的定额天数，包括建设工期定额和施工工期定额。前者指建设项目或单项工程在建设过程中耗用的时间总量。后者是指单项工程或单位工程从开工到完工所经历的时间。

5. 工程造价指数

工程造价指数是说明不同时期工程造价的相对变化趋势和程度的指标。它是研究工程造价动态的一种重要工具，说明这一时期的工程造价比另一时期工程造价上升或下降的百分比，是工程造价动态结算的重要依据。

（二）工程基础单价

工程基础单价是指工程计价的基础价格，主要包括人工单价、材料预算单价、施工机械台班单价等。

（三）工程量清单计价

工程量清单计价是按照国家颁布的《建设工程工程量清单计价规范》（GB 50500—2008）规定，招标单位根据招标文件、施工图纸、施工现场条件等编制工程量清单，投标单位据此清单报价，并据此进行工程造价结算的计价方式。这是我国工程造价计价的新的模式，也是与国际惯例接轨的需要。

第二节 工程建设定额概述

一、工程建设定额的概念、产生与发展

（一）概念

定额是一种规定的额度，或称数量标准。工程建设定额是国家颁发的用于规定完成某一建筑产品所需消耗的人力、物力和财力的数量标准。定额是企业科学管理的产物，工程建设定额反映了在一定的社会生产力水平条件下，建设工程施工的管理和技术水平。

（二）产生与发展

定额产生于19世纪末资本主义国家企业管理科学的发展初期，其产生的原因是高速度的工业发展与低水平的劳动生产率之间的矛盾。

国际公认最早提出定额制度的是美国工程师泰勒，当时，美国正值工业的高速发展阶段，但同时由于工人的劳动生产率低下，造成机械的效率未能充分发挥。泰勒在这种情况下提出了工时定额，以提高工人的劳动生产率。为了减少工时消耗，泰勒研究改进生产工具与设备，并提出一整套科学管理的方法，这就是著名的"泰勒制"。"泰勒制"给资本主义国家企业管理带来了根本性变革，为提高劳动效率作出了显著的贡献。

虽然国际上认为是由美国工程师泰勒最早提出定额制度的，但实际上我国在很早以前就存在着定额制度，只不过未明确定额的形式而已。在我国古代工程中，一直都很重视工料消耗的计算，并形成了许多则例。这些则例可以看做工料定额的原始形态。我国在北宋时期就由李诫编写了《营造法式》，清代时工部编写了整套的《工程做法则例》。这些著作对工程的工料消耗量都做了较为详细的描述，可以认为是我国定额的前身。由于消耗量存在较为稳定的性质，因此这些著作中的很多消耗量标准在现今的《仿古建筑及园林定额》中仍具有重要的参考价值，这些著作也仍然是《仿古建筑及园林定额》的重要编制依据。

民国期间，由于国家一直处于混乱之中，定额在国民经济中未能发挥其重要作用。新中国成立后，第一个五年（1953～1957年）计划时期，我国开始兴起了大规模经济建设的高潮。国家颁布的典型文件有：《1954年建筑工程设计预算定额》、《民用建筑设计和预算编制暂行办法》、《工业与民用建筑预算暂行细则》、《建筑工程预算定额》（其中规定按成本计算的2.5%作为法定利润）。1955年由劳动部和建筑工程部联合编制的建筑业全国统一的劳动定额，共有定额项目4 964个。到1956年增加到8 998个。其中，定额水平比1955年提高了5.2%。1958年由于受到"左倾"思想的影响，撤销了一切定额机构，直到1962年，国家建筑工程部正式颁发了《全国建筑安装工程统一劳动定额》，开始逐步恢复定额制度。但1966年"文化大革命"开始后，概预算定额管理遭到严重破坏。概预算定额管理机构被撤销，预算人员改行，大量基础资料被销毁，定额被说成是"管、卡、压"的工具。"设计无概算，施工无预算，竣工无结算"的状况成为普遍现象。1967年，建筑工程部直属企业实行经费制度。工程完工后向建设单位实报实销，从而使施工企业变成了行政事业单位。这一制度实行了6年，于1973年1月1日被迫停止，恢复建设单位与施工单

位施工图预算、结算制度。1977 年,国家恢复重建造价管理机构。1978 年,国家计委、国家建委和财政部颁发《关于加强基本建设概、预、决算管理工作的几项规定》,强调了加强“三算”在基本建设管理中的作用和意义。1988 年,建设部成立标准定额司,各省市、各部委建立了定额管理站,全国颁布一系列推动概预算管理和定额管理发展的文件,以及大量的预算定额、概算定额、估算指标。1995 年,建设部又颁发了《全国统一建筑工程基础定额》(GJD—101—95),该基础定额是以保证工程质量为前提,完成按规定计量单位计量的分项工程的基本消耗量标准。在该基础定额中,按照“量、价分离,工程实体性消耗和措施性消耗分离”的原则来确定定额的表现形式。

二、工程建设定额的分类及作用

(一)工程建设定额的分类

建筑工程定额的分类方法很多,主要有以下几种。

1. 按定额的适用范围分类

定额按其适用范围可分为全国统一定额、地区统一定额、行业统一定额、企业定额和补充定额。

1)全国统一定额

全国统一定额是根据全国范围内社会平均劳动生产率的标准而制定的,在全国都具有参考价值。如《全国统一建筑工程基础定额》(GJD—101—95)、《全国建筑安装工程统一劳动定额》、《全国统一安装工程预算定额》(GYD 201 ~212—2000)等。

2)地区统一定额

我国幅员辽阔,人口众多,各地区的劳动生产率发展极不平衡。对于具体的地区而言,全国统一定额的针对性不强。因此,各地区在全国统一定额的基础上,制定了自己的地区统一定额。地区统一定额是在全国统一定额的基础上结合本地区的实际劳动生产率情况而制定的,在本地区的针对性很强,但只能在本地区内使用。

3)行业统一定额

行业统一定额是针对某些特殊行业,在其行业内部制定的针对本行业实行的定额。目前,煤炭、冶金、能源、化工、石油、邮电、铁道、电力、水利和交通等部门都有自己的行业定额。

4)企业定额

企业定额是一种由建筑安装企业内部编制、在本企业内部执行的定额。前面三种定额都反映的是一定范围内的社会劳动生产率的标准(群体标准),是公开的信息;而企业定额反映的是企业内部劳动生产率的标准(个体标准),属于商业秘密。企业定额在我国目前还处于萌芽状态,但在不久的将来,它将成为市场经济的主流定额。

5)补充定额

定额在一段时间内不易更改,但社会在不断发展变化,一些新技术、新工艺和新方法也在不断涌现,为了新技术、新工艺和新方法的出现再版定额是不现实的,那么这些新技术、新工艺和新方法又如何计价呢?这就需要做补充定额,以文件或小册子的形式发布,补充定额具有与正式定额同样的效力。

2. 按物质消耗的性质分类

定额按物质消耗的性质可分为人工消耗定额、材料消耗定额和机械台班消耗定额。

1) 人工消耗定额(劳动定额)

人工消耗定额表示在正常施工技术条件下,完成规定计量单位合格产品所必须消耗的活劳动数量标准。

2) 材料消耗定额

材料消耗定额表示在正常施工技术条件下,完成规定计量单位合格产品所必须消耗的材料数量标准。

3) 机械台班消耗定额

机械台班消耗定额表示在正常施工技术条件下,完成规定计量单位合格产品所必须消耗的施工机械台班数量标准。

3. 按编制程序和用途分类

定额按编制程序和用途可分为施工定额、预算定额、概算定额、概算指标和投资估算指标。

1) 施工定额

施工定额表示在正常施工技术条件下,以建筑工程的施工过程或工序为对象,完成规定计量单位合格产品所必须消耗的人工、材料和机械的数量标准。它由劳动定额、材料定额和机械台班定额三个相对独立的定额组成。施工定额是为施工生产服务的定额,是工程建设定额中分项最细、定额子目最多的一种定额,是工程建设定额中的基础性定额。施工定额中只有生产产品的消耗量标准而没有价格标准,反映的劳动生产率为社会平均先进水平。

施工定额主要用于编制施工预算和工程量清单报价,也是施工阶段签发施工任务书和限额领料单的重要依据。

2) 预算定额

预算定额表示在正常施工技术条件下,以建筑工程的分项工程为对象,完成规定计量单位合格产品所必须消耗的人工、材料和机械的数量和资金标准。与劳动定额不同,预算定额不仅有人工消耗量标准,还有材料消耗量标准、机械消耗量标准;与施工定额不同,预算定额不仅有人工、材料、机械的消耗量标准,还有价格标准。

预算定额是在施工图设计阶段及招标投标阶段控制工程造价、编制招标标底和投标报价的重要依据。

3) 概算定额

概算定额表示在正常施工技术条件下,以建筑工程的综合扩大分项工程为对象,完成规定计量单位合格产品所必须消耗的人工、材料和机械的数量与资金标准。与预算定额相似的是,概算定额也是既有消耗量标准,又有价格标准,但与预算定额不同的是,概算定额较为概括。

概算定额是在初步设计阶段编制设计概算的主要依据。

4) 概算指标

概算指标表示在正常施工技术条件下,以单项或单位建筑工程为对象,完成规定计量单位合格产品所必须消耗的人工、材料和机械的数量和资金标准。

概算指标是在初步设计阶段编制设计概算的主要依据，其主要作用是优化设计方案和控制建设投资。

5）投资估算指标

投资估算指标表示在正常施工技术条件下，以建设项目或单项、单位建筑工程为对象，完成规定计量单位合格产品所必须消耗的资金标准。

在建设项目决策阶段，投资估算指标是编制投资估算、进行投资预测、投资控制、投资效益分析的重要依据。

4. 按定额的作用分类

定额按其作用可分为生产性定额（如施工定额）和计价性定额（如预算定额）。

（二）工程建设定额的作用

工程建设定额作为生产经营领域定额的重要类型之一，除具备一般定额的功能外，还具有以下特定的作用。

1. 工程建设定额是确定工程造价的重要依据

建筑产品价格是工程项目产品价值的货币表现，是在建筑产品生产中社会必要劳动时间的货币名称。建筑产品的生产过程包含三个要素，即人的劳动、劳动对象和劳动资料。工程建设定额规定的就是完成一定计量单位的合格的假定建筑产品所必需的物化劳动和活劳动的消耗标准。根据建设工程的设计图纸和工程建设定额就可以计算出该工程的人工、材料、机械的消耗量，再结合相应的单价就可以得到该工程项目工程造价中的直接工程费，即工程的直接成本，而工程的直接成本是建筑产品价格中最为重要的组成部分。因此，工程建设定额是确定建筑产品价格的重要依据。

2. 有利于推进我国建设市场的发展与完善

（1）工程建设定额有利于建设市场公平竞争环境的形成。定额所提供的信息客观上能够反映建筑产品的供给和需求的相关信息，这些信息为市场上需求主体和供给主体之间的公平竞争、需求主体之间的公平竞争、供给主体之间的公平竞争提供了有利的条件。

（2）工程建设定额有利于建设市场主体行为的规范。对投资者而言，定额是投资决策的依据。投资者可以利用定额提供的信息有效地提高项目决策的科学性，优化其投资行为；对建筑施工企业而言，定额是价格决策的依据。施工企业只有在投标报价时，充分考虑定额的要求，做出正确的价格决策，才能取得市场竞争的优势。

（3）工程建设定额有利于完善建设市场的信息系统。工程建设定额是对大量市场信息的加工、处理和传递，同时也是对市场信息的反馈。信息作为市场体系中不可或缺的要素，其完备性、可靠性和灵敏度是市场成熟和市场效率的标志。定额作为我国建设市场信息系统的组成部分，是我国长期以来实行定额计价体系的结果，也是我国社会主义市场经济的特色之一。

三、工程建设定额的特点

（一）科学性

工程建设定额中的各类定额都是与现实的生产力发展水平相适应，通过在实际建设中测定、分析、综合和广泛收集相关信息和资料，结合定额理论的研究分析，运用科学方法制定的。因此，工程建设定额的科学性包括两重含义：一是指工程建设定额反映工程建设中生产消耗的客观规律，二是指工程建设定额管理在理论、方法和手段上有其科学理论基础和科学技术方法。

（二）系统性

工程建设定额是定额体系中相对独立的一部分，自成体系。它是由多种定额结合而成的有机的整体。虽然它的结构复杂，但层次鲜明，目标明确。

按照系统论的观点，工程建设本身就是庞大的实体系统。工程建设定额是为这个实体系统服务的。工程建设本身的多种类、多层次决定了以它为服务对象的工程建设定额的多种类、多层次。

（三）统一性

工程建设定额的统一性主要是由国家对经济发展的宏观调控职能决定的。只有确定了一定范围内的统一定额，才能实现工程建设的统一规划、组织、调节、控制，从而使国民经济可以按照既定的目标发展。

工程建设定额的统一性按照其影响力和执行范围，可分为全国统一定额、地区统一定额和行业统一定额等；从定额的制定、颁布和贯彻使用来看，定额有统一的程序、统一的原则、统一的要求和统一的用途。

（四）指导性

随着我国建设市场的成熟和规范，工程建设定额的指令性不断弱化。但企业自主报价和市场定价的计价机制不能等同于放任不管。政府宏观调控工程建设中的计价行为同样需要进行规范、指导。依据工程建设定额，政府可以规范建设市场的交易行为，也可以为具体建设产品的定价起到参考作用，还可以作为政府投资项目定价和造价控制的重要依据。在许多企业的企业定额尚未建立的情况下，统一颁布的工程建设定额还可以为企业定额的编制起到参照和指导性作用。

（五）稳定性和时效性

工程建设定额是一定时期技术发展和管理水平的反映，因而在一段时间内都表现出稳定的状态。保持定额的稳定性是有效贯彻定额所必须的保证。

但是工程建设定额的稳定性是相对的。当定额不能适应生产力发展水平、不能客观反映建设生产的社会平均水平时，定额原有的作用就会逐步减弱乃至出现消极作用，需要重新编制或修订。

第三节　建筑安装工程人工、机械台班、材料定额消耗量确定方法

一、确定人工定额消耗量的基本方法

（一）概念

人工消耗定额又称劳动定额，它是在正常的施工技术组织条件下，完成单位合格产品

所必须消耗的劳动量的标准。这个标准是国家和企业对工人在单位时间内完成产品的数量和质量的综合要求。

（二）表现形式

人工消耗定额的表现形式分为时间定额和产量定额两种，这两种表现形式互为倒数关系。

1. 时间定额

时间定额也称工时定额，是指参加施工的工人在正常生产技术组织条件下，采用科学合理的施工方法，生产单位合格产品所必须消耗的时间的数量标准。时间数量标准中包括准备时间、作业时间和结束时间（也包括个人生理需要时间）。1 名工人正常工作 8 h 为 1 工日。时间定额的表现形式为

$$时间定额 = 1/每工日产量 \tag{4-1}$$

或

$$时间定额 = 班组成员工日数总和/班组每工日总产量 \tag{4-2}$$

时间定额的常用单位有工日/m^3、工日/m^2、工日/m、工日/t 等。

2. 产量定额

产量定额是指参加施工的工人在正常生产技术组织条件下，采用科学合理的施工方法，在单位时间内生产合格产品的数量标准。产量定额的表现形式为

$$产量定额 = 1/单位产品时间定额 \tag{4-3}$$

或

$$产量定额 = 产品数量/消耗总工日数 \tag{4-4}$$

产量定额的常用单位有 m^3/工日、m^2/工日、m /工日、t/工日等。

（三）编制方法

人工消耗定额的编制方法一般有经验估计法、统计分析法、技术测定法和比较类推法。

1. 经验估计法

根据下述经验公式确定要编制的劳动定额数值

$$D = \frac{a + 4m + b}{6} \tag{4-5}$$

式中 a——最先进的值；

m——最大可能的值；

b——最保守值。

经验估计法的优点是简便易行，工作量小；缺点是精确度差。此法一般适用于测定产品批量小、精确度要求不高的定额数据。

2. 统计分析法

统计分析法是指根据已有的生产工序或相似产品工序的工时消耗统计资料，经过整理加工得到新产品工序定额数据的方法。

统计分析法的优点是简便易行，数据准确可靠；缺点是与当前的实际情况仍有差距。此法只适用于产品稳定、统计资料完整的施工工序定额数据测定。

3. 技术测定法(工时测定法)

技术测定法是指采用现场秒表实地观测记录,并对记录进行整理、分析、研究,确定产品或工序定额数据的方法。技术测定法是编制劳动定额时采用的主要方法。

在取得现场资料后,一般采用下列计算公式编制劳动定额:

$$N = \frac{N_{基} \times 100}{100 - (N_{辅} + N_{准} + N_{息} + N_{断})} \tag{4-6}$$

式中 N——单位产品时间定额;

$N_{基}$——完成单位产品的基本工作时间;

$N_{辅}$——辅助工作时间占全部定额工作时间的百分比;

$N_{准}$——准备工作时间占全部定额工作时间的百分比;

$N_{息}$——休息时间占全部定额工作时间的百分比;

$N_{断}$——不可避免的中断时间占全部定额工作时间的百分比。

【例 4-1】 根据下列现场测定资料,计算抹 100 m^2 水泥砂浆地面的时间定额和产量定额。

基本工作时间:1 450 工分/(50 m^2);

辅助工作时间:占全部工作时间的3%;

准备与结束工作时间:占全部工作时间的2%;

不可避免的中断时间:占全部工作时间的2.5%;

休息时间:占全部工作时间的10%。

解: 抹 100 m^2 水泥砂浆地面的时间定额 $= \frac{1\,450 \times 100}{100-(3+2+2.5+10)} \div 50 \times 100$

$= \frac{145\,000}{100-17.5} \times \frac{100}{50} = \frac{145\,000}{82.5} \times 2$

$= 3\,515$(工分)$= 58.58$(工时)

$= 7.32$(工日)

抹水泥砂浆地面的时间定额 = 7.32(工日/(100 m^2))

抹水泥砂浆地面的产量定额 = 100/7.32 = 13.66(m^2/工日)

4. 比较类推法

比较类推法是指首先选择有代表性的典型项目,用技术测定法编制出时间消耗定额,然后根据测定的时间消耗定额用比较类推的方法编制出其他相同类型或相似类型项目时间消耗定额的一种方法。

比较类推法的优点是简便易行,具有一定的准确性;缺点是使用面小,使用范围受到限制。此法只适用于同类产品规格较多、批量较少的产品或工序定额数据测定。

(四)人工消耗量的编制

人工消耗量不分工种、不分技术等级,采用“综合工日”来表示用工量。人工综合工日消耗量由基本用工、辅助用工、超运距用工及人工幅度差用工的耗用量组成。

1. 基本用工量

基本用工量是指组成分项工程或结构构件中的各基本施工工序的用工量,按《全国

建筑安装工程统一劳动定额》或《全国建筑装饰工程统一劳动定额》中的相应时间定额计算的用工量。其计算公式为

$$基本用工量 = \sum (分项工程中各工序工程量 \times 相应时间定额) \tag{4-7}$$

2. 辅助用工量

辅助用工量是指对定额中某些消耗材料进行辅助加工等辅助工序的用工量。如现场筛砂、淋石灰膏等工序的用工量。其计算公式为

$$辅助用工量 = \sum (分项工程中各辅助工序工程量 \times 相应时间定额) \tag{4-8}$$

3. 超运距用工量

超运距用工量是指消耗量定额中规定的材料运距与《全国建筑安装工程统一劳动定额》或《全国建筑装饰工程统一劳动定额》中规定的材料运距之间出现运距差值时的运输用工量。计算公式为

$$超运距用工量 = \sum (分项工程中超运距材料量 \times 相应时间定额) \tag{4-9}$$

4. 人工幅度差用工量

人工幅度差用工量是指受现场各种因素影响而必须消耗的,但又无法使用劳动定额计算的用工量,一般采用系数法进行补贴计算,如工序交接、技术交底、安全教育、女工哺乳等难以预料的用工量。其计算公式为

$$人工幅度差用工量 = (基本用工量 + 辅助用工量 + 超运距用工量) \times 人工幅度差系数 \tag{4-10}$$

式中,人工幅度差系数一般取10% ~15%。

综上所述,可得

$$分项定额综合工日数量 = 基本用工量 + 辅助用工量 + 超运距用工量 + 人工幅度差用工量 \tag{4-11}$$

二、确定机械台班定额消耗量的基本方法

(一)概念

机械台班定额是指施工现场的施工机械,在一定生产技术组织条件下,均衡合理使用机械时,规定机械单位时间内完成合格产品的数量标准或机械生产单位合格产品必须消耗的台班数量标准。1台机械正常工作8 h为1台班。

(二)表现形式

机械台班定额分为单人使用单台机械和机械配合班组作业两种消耗定额,也有时间定额和产量定额(台班产量)两种表现形式。

1. 机械台班时间定额

机械台班时间定额是指在一定生产技术组织条件下,规定机械生产单位合格产品所必须消耗的台班数量标准。

$$机械台班时间定额 = 1/机械台班产量 \tag{4-12}$$

机械台班时间定额的常用单位有台班/m^3、台班/m^2、台班/m、台班/t等。

2. 机械台班产量定额

机械台班产量定额是指在一定生产技术组织条件下，规定机械单位时间内(台班)生产合格产品的数量标准。

$$机械台班产量定额 = 1/机械台班时间定额 \tag{4-13}$$

机械台班产量定额的常用单位有 m^3/台班、m^2/台班、m/台班、t/台班等。

机械台班时间定额与机械台班产量定额是互为倒数的关系。

(三)编制方法

机械台班定额在生产实践中主要采用技术测定法进行编制。

1. 拟定正常施工条件

机械操作与人工操作相比，劳动生产率在更大程度上受施工条件的影响，所以需要更好地拟定正常的施工条件。

拟定机械工作正常的施工条件，主要是拟定工作地点的合理组织和拟定合理的工人编制。

2. 确定机械纯工作 1 h 的正常生产率

确定机械正常生产率必须先确定机械纯工作 1 h 的正常劳动生产率。只有先取得机械纯工作 1 h 的正常生产率，才能根据机械利用系数计算出施工机械台班定额。

3. 确定施工机械的正常利用系数

机械的正常利用系数是指机械在工作班内工作时间的利用率。

4. 计算机械台班定额

计算机械台班定额是编制机械台班定额的最后一个环节。

在确定机械的正常工作条件、机械纯工作 1 h 的正常生产率和机械的正常利用系数后，就可以确定机械台班的定额消耗指标。计算公式如下

$$施工机械台班产量定额 = 机械纯工作1\ h的正常生产率 \times 工作班延续时间 \times 机械的正常利用系数 \tag{4-14}$$

(四)机械台班消耗量的编制

施工机械台班消耗量又称机械台班使用量，计量单位是台班。它是指在合理使用机械和合理施工组织条件下，完成单位合格产品所必须消耗的机械台班数量的标准。机械幅度差是指全国统一劳动定额规定范围内没有包括而实际中必须增加的机械台班消耗量。机械幅度差系数为：土方机械 25%，打桩机械 33%，吊装机械 30%。砂浆、混凝土搅拌机由于按小组配用，以小组产量计算机械台班产量，不另增加机械幅度差。其他分部工程中如钢筋、木材、水磨石加工等各项专用机械的幅度差为 10%。

$$定额机械台班消耗量 = 劳动定额机械台班消耗量 \times (1 + 机械幅度差) \tag{4-15}$$

三、确定材料定额消耗量的基本方法

(一)概念

材料消耗定额是指在一定生产技术组织条件下，在合理使用材料的原则下，生产单位合格产品所必须消耗的建筑材料(原材料、半成品、制品、预制品、燃料等)的数量标准。在一般的工业与民用建筑中，材料费用常占整个工程造价的 60% ~70%，因此能否降低

成本在很大程度上取决于建筑材料的使用是否合理。

（二）表现形式

根据材料消耗的情况，可将建筑材料分为实体性消耗材料和周转性消耗材料。

1. 实体性消耗材料

实体性消耗材料也称为非周转性材料，是指在建筑工程施工中，一次性消耗并直接构成工程实体的材料，如水泥、钢筋、砂石等。

材料消耗定额包括直接用于建筑和安装工程上的材料、不可避免产生的施工废料和不可避免的材料施工操作损耗。其中，直接用于建筑和安装工程上的材料消耗称为材料消耗净用量，不可避免的施工废料和材料施工操作损耗称为材料损耗量。

$$\text{材料消耗量} = \text{材料净用量} + \text{材料损耗量} \tag{4-16}$$

$$\text{材料损耗率} = \frac{\text{材料损耗量}}{\text{材料净用量}} \times 100\% \tag{4-17}$$

$$\text{材料消耗量} = \text{材料净用量} \times (1 + \text{材料损耗率}) \tag{4-18}$$

2. 周转性消耗材料

周转性消耗材料指不能直接构成建筑安装工程的实体，但是完成建筑安装工程合格产品所必需的工具性材料。如在工程中常用的模板、脚手架等。这些材料在施工中随着使用次数的增加而逐渐被耗用完，故称为周转性消耗材料。周转性消耗材料在定额中按照多次使用、分次摊销的方法计算。

周转性消耗材料消耗定额一般考虑下列四个因素：

（1）一次使用量。指周转性材料一次使用的投入量。

（2）损耗率。也称补损率，是指周转性材料使用一次后为了修补难以避免的损耗所需要的材料量占一次使用量的百分数，它随着周转次数的增多而加大，一般用平均损耗率表示。

（3）周转次数。指周转材料可以重复使用的次数，可用统计法或观测法确定。

（4）摊销量。指周转性材料每使用一次应分摊在单位产品上的消耗数量，即定额规定的平均一次消耗量。

（三）编制方法

材料消耗定额的编制方法有观测法、试验法、统计法和理论计算法。

1. 观测法

观测法是指在施工现场按一定程序，在合理使用材料的条件下，对施工中实际完成的建筑产品数量与所消耗的各种材料数量，进行现场观察测定的方法。

观测对象的选择是观测法的首要任务，要选择具有代表性的典型工程项目。其施工技术、组织和产品质量都要符合技术规范的要求。材料的品种、规格型号、质量等也应符合设计要求。生产出来的产品检验要合格。所有这些均是观测法所必备的前提条件，并以选择平均先进水平为原则。

观测法通常用于确定材料的损耗量。通过现场的观察，获得必要的现场资料，测定出哪些损耗是施工中不可避免的材料损耗，应该计入定额内；哪些损耗在施工中是可以避免的损耗，不应计入定额内。通过分析、整理，最后得出合理的材料损耗量，制定材料消耗定额。

2. 试验法

试验法是指专业材料试验人员在实验室里，通过专门的仪器和设备，确定材料消耗定额的一种方法。它适用于在实验室条件下，测定混凝土、沥青、砂浆、油漆涂料等材料的消耗定额。有些材料是不适合在实验室里进行消耗定额的确定的。

由于实验室工作条件与施工现场的施工条件存在着一定的差别，施工中的某些因素对材料消耗量的影响不一定能充分考虑到，因此在最终确定材料耗用量时要进行具体分析，用观测法进行校核修正。

3. 统计法

统计法是指在施工现场中，对分部分项工程拨出的材料数量、完成建筑产品的数量、竣工后剩余材料的数量等统计资料，进行整理、分析和计算而制定材料消耗定额的方法。这种方法主要是根据施工工地的工程任务单、限额领料单等有关记录取得所需的资料，因此往往难以区分在施工过程中哪些是合理的损耗，哪些是不合理的损耗，这样得出的材料消耗量准确性也就不高。同时，原始的统计资料数据反映的是过去的劳动生产率水平，与现在劳动生产率发展水平有一定的差距。确定的材料消耗定额不具备平均先进水平。所以，要用其他几种方法进行校核修正。

4. 理论计算法

理论计算法是根据设计图纸、施工规范和材料规格，运用一定的理论计算公式制定材料消耗定额的方法。

这种方法适用于按件、块计算的现成制品材料。如砖石砌体里的砖石、装饰工程中的镶贴材料等。其方法比较简单，计算出的材料用量比较准确。理论计算法一般只能算出单位产品的材料净用量。材料的损耗量仍要在现场通过实测取得，根据国家有关部门颁布的材料、成品、半成品损耗率计算出来。材料的净用量和损耗量之和即为材料消耗定额。

第四节　建筑安装工程人工、材料、机械台班单价确定方法

基础单价，包括人工工日单价、材料预算价格和施工机械台班单价三项内容，它们是其他类型的工程单价的计算基础。基础单价是编制单位估价表、确定工程单价的价格资料。正确确定基础单价，对于正确确定工程单价，进而正确确定工程造价非常重要。

基础单价可以分为某地区统一的基础单价和某工程专用的基础单价。某地区统一的基础单价用于编制地区统一单位估价表，确定地区统一的工程单价。某工程专用的基础单价用于编制个别工程单位估价表，确定该工程专用的工程单价。本节主要讨论地区统一的基础单价。

一、人工工日单价的组成和确定方法

(一) 人工工日单价的组成

人工工日单价是指一个建筑安装生产工人完成一个工作日的工作后应当获得的全部

人工费用，它基本上反映的是建筑安装生产工人的工资水平和一个工人在一个工作日中可以得到的报酬。合理确定人工工日单价是正确计算人工费的前提和基础。

按照我国建设行政主管部门的统一规定，人工工日单价主要由以下几部分构成。

1.基本工资

基本工资主要是指生产工人的岗位工资、技能工资和年功工资（即工龄工资，按工作人员的工作年限确定）。

2.工资性补贴

工资性补贴是指为了补偿工人额外的或特殊的劳动消耗及为了保证工人的工资水平不受特殊条件影响，而以补贴形式支付给工人的劳动报酬，包括按规定标准发放的物价补贴，煤、燃气补贴，交通费补贴，住房补贴，流动施工津贴等。

3.辅助工资

辅助工资是指生产工人年有效施工天数以外非作业天数的工资，包括职工学习、培训期间的工资，调动工作、探亲、休假期间的工资，因气候影响的停工工资，女工哺乳期间的工资，病假在六个月以内的工资及产、婚、丧假期间的工资等。

4.生产工人劳动保护费

生产工人劳动保护费主要是指按规定标准发放的用于生产工人劳动保护方面的费用，具体包括劳动保护用品的购置费及修理费、徒工服装补贴、防暑降温费、保健费等。

5.职工福利费

职工福利费是指按规定标准计提的用于工人福利开支的费用。

（二）影响人工工日单价的因素

（1）社会平均工资水平。建筑安装工人人工工日单价必然与社会平均工资水平趋同。社会平均工资水平取决于经济发展水平。由于我国改革开放以来经济迅速增长，社会平均工资也有大幅度增长，从而使得人工工日单价也有大幅度提高。

（2）生活消费指数。生活消费指数的提高会影响人工工日单价的提高，以减少生活水平的下降，或维持原来的生活水平。生活消费指数的变动取决于物价的变动，尤其取决于生活消费品物价的变动。

（3）人工工日单价的组成内容。将住房消费、养老保险、医疗保险、失业保险等列入人工工日单价，使人工工日单价提高。

（4）劳动力市场供需变化。劳动力市场如果需求大于供给，人工工日单价就会提高；如果供给大于需求，市场竞争激烈，人工工日单价就会下降。

（5）政府推行的社会保障和福利政策。

（三）人工工日单价的使用

人工工日单价主要用于计算定额人工费。在编制单位估价表时，将定额规定的人工消耗量和本地区的人工工日单价相乘，即可得到定额基价中的人工费。

人工工日单价也可以用于定额基价的换算。当定额规定用工量可以进行换算时，应该将允许换算的这部分用工量和人工工日单价相乘求出允许调整的人工费，再按规定的换算办法进行定额基价的换算。

人工工日单价还可以用来进行工程造价的调整。当人工费标准发生变化而单位估价表没有重新修订时,可以按现行的人工工日单价进行人工费差异的调整。调整时可以按单位工程的总用工量和每个工日的人工费差异相乘来计算,也可以按单位工程的定额直接工程费(或其中的定额人工费)的一定百分比来计算。

人工工日单价还可以用来进行工程价款的结算。当某工程在施工过程中使用了计日工时,可以按使用的计日工的用工量和人工工日单价相乘来计算使用这部分用工应付的费用。

二、材料预算价格的组成和确定方法

(一)材料预算价格概述

材料预算价格是指材料(包括原材料、辅助材料、构配件、半成品、零件等)从来源地运到工地仓库或施工现场存放材料地点后出库的综合平均价格。材料预算价格是确定定额材料费的价格资料。

按照材料预算价格的适用范围,有地区材料预算价格和专项工程材料预算价格之分。同一种类的材料,由于材料来源地、运输方式、运输距离的不同,其材料预算价格也不相同。各地区一般是以一个中心城市为对象,采用加权平均的方法,制定地区统一的材料预算价格,供该地区内的所有工程使用。专项工程材料预算价格则是以某项工程(通常是大中型重点工程)为编制对象,专供该工程项目使用。

由于措施性材料的消耗列入规费的计算范围内,因此以下介绍的是实体性材料预算价格的确定。

(二)材料预算价格的组成及其确定

按国家建设行政主管部门的统一规定,材料预算价格由材料基价以及检验试验费组成。即

$$材料预算价格 = 材料基价 + 检验试验费 \tag{4-19}$$

1. 材料基价

材料基价由材料原价(或供应价格)、材料运杂费、运输损耗费、采购及保管费构成。

(1)材料原价(或供应价格),是指材料的出厂价格,进口材料抵岸价或销售部门的批发牌价和市场采购价格(或信息价)。根据材料的供应方式,如果由生产厂家直接供应,材料原价等于材料供应价;如果是由物资供销部门供应,则材料供应价需要在材料原价的基础上增加计算供销部门手续费。

在确定材料原价时,凡同一种材料供应来源地、交货地、供货单位、生产厂家不同,且有几种价格(原价),则根据不同来源地供货数量比例,采取加权平均的方法确定其综合原价。

$$材料加权平均原价 = \frac{K_1C_1 + K_2C_2 + \cdots + K_nC_n}{K_1 + K_2 + \cdots + K_n} \tag{4-20}$$

式中 K_1、K_2、…、K_n——不同供应地点的供应量或不同使用地点的需要量;

C_1、C_2、…、C_n——不同供应地点的原价。

如果还需要计算供销部门手续费,则供销部门手续费按费率计算,其费率由各地物资供销部门确定,一般为1%～3%。

$$供销部门手续费 = 材料原价 \times 供销部门手续费率 \times 经仓比重 \tag{4-21}$$

所谓经仓比重,是指通过专门的物资部门或供销部门购买的材料占该项材料总量的比重。

$$材料供应价 = 材料原价 + 供销部门手续费$$

(2)材料运杂费,是指材料自来源地运至工地仓库或指定堆放地点所发生的全部费用。它包含外埠中转运输过程中所发生的一切费用和过境、过桥费用,也包括调车和驳船费、装卸费、运输费及附加工作费等。

材料运杂费的取费标准应根据材料的来源地、运输里程、运输方法,并根据国家有关部门或地方政府交通运输管理部门规定的运价标准分别计算。一般建筑材料的运输流程如图4-1所示。

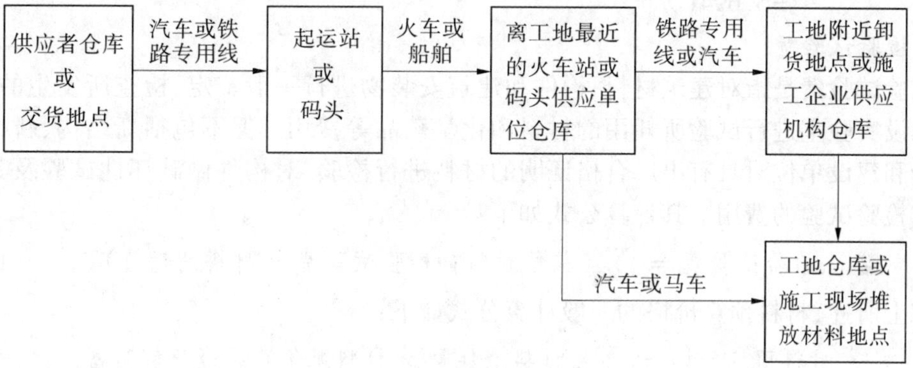

图4-1 材料运输流程示意

当同一品种的材料有若干个来源地时,应采用加权平均的方法计算材料运杂费。

$$加权平均运杂费 = \frac{K_1T_1 + K_2T_2 + \cdots + K_nT_n}{K_1 + K_2 + \cdots + K_n} \tag{4-22}$$

式中 K_1、K_2、…、K_n——不同供应地点的供应量或不同使用地点的需要量;

T_1、T_2、…、T_n——不同运距的运费。

在材料运输中,需要考虑材料包装费。所谓材料包装费,是指为了保护材料、方便运输,对材料进行包装而发生的费用。如果材料包装费已经计入原价之中,在编制材料价格时,不得另行计算。如果材料包装费未计入材料原价,则应计算包装费,列入材料价格中,例如,为便于运输而进行的整箱包装。

(3)运输损耗费,是指材料在运输装卸过程中不可避免的损耗。运输损耗一般以运输损耗率表示,即

$$运输损耗率 = \frac{运输损耗费}{材料原价 + 运杂费} \tag{4-23}$$

(4)采购及保管费,是指组织采购、供应和保管材料过程中所需要的各项费用,包括采购费、仓储费、工地保管费、仓储损耗。

材料采购及保管费是在上述三种费用的基础上乘以相应的材料采购及保管费率计算的。通常以采购及保管费率表示,即

$$\text{采购及保管费率} = \frac{\text{采购及保管费}}{\text{材料原价} + \text{材料运杂费} + \text{运输损耗费}} \tag{4-24}$$

综合上述四种费用的计算，材料基价的计算公式如下：

$$\text{材料基价} = [(\text{供应价格} + \text{材料运杂费}) \times (1 + \text{运输损耗率})] \times (1 + \text{采购及保管费率}) \tag{4-25}$$

【例 4-2】 根据《建筑安装工程费用项目组成》(建标[2003]206号)文件的规定，已知某材料供应价格为50 000元，运杂费为5 000元，采购及保管费率为1.5%，运输损耗率为2%，计算该材料的基价。

解：材料基价 = [(供应价格 + 材料运杂费) ×(1 + 运输损耗率)] ×(1 + 采购及保管费率)

$= [(50\ 000 + 5\ 000) \times (1 + 2\%)] \times (1 + 1.5\%)$

$= 5.694$(万元)

2. 检验试验费

检验试验费是指对建筑材料、构件和建筑安装物进行一般鉴定、检查所发生的费用，包括自设实验室进行试验所耗用的材料和化学药品等费用。但不包括新结构、新材料的试验费和建设单位对具有出厂合格证明的材料进行检验，对构件做破坏性试验及其他特殊要求检验试验的费用。其计算公式如下：

$$\text{检验试验费} = \sum(\text{单位材料量检验试验费} \times \text{材料消耗量}) \tag{4-26}$$

综上所述，材料预算价格的一般计算公式如下：

$$\text{材料预算价格} = \sum(\text{材料消耗量} \times \text{材料基价}) + \text{检验试验费} \tag{4-27}$$

【例 4-3】 某工程用强度等级为32.5的硅酸盐水泥，由于工期紧张，拟从甲、乙、丙三地进货，甲地水泥出厂价330元/t，运输费30元/t，进货100 t；乙地水泥出厂价340元/t，运输费25元/t，进货150 t；丙地水泥出厂价320元/t，运输费35元/t，进货250 t。已知采购及保管费率为2%，运输损耗费平均5元/t，水泥检验试验费2元/t，试确定该批水泥每吨的预算价格。

解：

$$\text{水泥平均原价} = \frac{330 \times 100 + 340 \times 150 + 320 \times 250}{100 + 150 + 250} = 328(\text{元/t})$$

$$\text{水泥平均运杂费} = \frac{30 \times 100 + 25 \times 150 + 35 \times 250}{100 + 150 + 250} = 31(\text{元/t})$$

水泥运输损耗费 = 5 元/t

水泥采购及保管费 = $(328 + 31 + 5) \times 2\% = 7.28$(元/t)

水泥检验试验费 = 2 元/t

水泥预算价格 = $328 + 31 + 5 + 7.28 + 2 = 373.28$(元/t)

(三)影响材料价格变动的主要因素

1. 市场供需变化

材料原价是材料价格中最基本的组成，市场供大于求，材料原价就会下降；反之，材料原价就会上涨，从而影响材料价格的涨落。

2. 材料生产成本的变动

材料的生产成本直接涉及材料价格的波动，生产成本上升，材料价格上涨；反之，材料价格下降。

3. 流通和运输因素

流通环节的多少、运输方式的选择、运输距离的长短和材料供应体制等也会影响材料的价格。

4. 国际市场行情

国际市场行情会对进口材料价格产生影响。

(四) 材料预算价格的使用

材料预算价格主要用来计算定额材料费。在编制单位估价表时,将定额规定的材料消耗量和本地区相应材料的预算价格相乘,即可得到定额基价中的材料费。

材料预算价格也可以用来进行定额基价的换算。当定额规定材料用量可以进行换算时,应该将允许换算的这部分材料用量和相应材料的材料预算价格相乘求出允许调整的材料费,再按规定的换算办法进行定额基价的换算。

材料预算价格同样可以用来进行工程预算造价的调整,在使用地区单位估价表编制施工图预算时,拟建工程的实际材料价格与地区材料预算价格会有差异。这时可以在地区材料预算价格基础上进行材料费差异的调整,调整时可以按单位工程的各种材料的材料总用量和单位材料的价格差异相乘来计算,也可以按单位工程的定额直接工程费(或其中的定额材料费)的一定百分比来计算。

材料预算价格同样可以用来进行工程价款的结算。当某工程的承包商在施工过程中使用了发包方提供的材料,可以按使用的各种材料的用量在地区材料价格的基础上计算使用这部分材料应付的费用。

三、施工机械台班单价的组成和确定方法

(一) 施工机械台班单价概述

施工机械台班单价即施工机械台班使用费,是指一台机械工作一个台班(8 h)所发生的机械使用费及机械安拆费和场外运费。施工机械台班使用费是确定定额机械费的价格资料。

在不同工程上使用的同一种类的施工机械,由于机械的来源地不同、使用周期不同、管理方式不同,其施工机械台班单价也不尽相同。目前,各地区在确定施工机械台班单价时,一般是在全国统一的施工机械台班使用费定额的基础上,根据本地区的人工工日单价、燃料动力价格等资料,制定地区统一的施工机械台班单价,用来编制地区单位估价表。

(二) 施工机械台班单价的组成及其编制

根据国家建设行政主管部门的统一规定,施工机械台班单价由台班折旧费、大修理费、经常修理费、安拆费及场外运费、人工费、燃料动力费、养路费及车船使用税等7项费用组成。

1. 折旧费

折旧费是指施工机械在规定的使用年限内,陆续收回其原值及购置资金的时间价值。台班折旧费是指一台机械工作一个台班应该分摊的折旧费。台班折旧费的计算与下列几个因素有关:

(1)机械预算价格。它是指机械的出厂价格(或到岸完税价格)加上机械从交货地点或口岸运至使用单位机械管理部门的全部运杂费,包括国产机械预算价格和进口机械预算价格:

$$国产机械预算价格 = 机械原值 + 供销部门手续费 + 一次运杂费 + 车辆购置税 \tag{4-28}$$

式中,供销部门手续费和一次运杂费可按机械原值的5%计算。

$$进口机械预算价格 = 到岸价格 + 关税 + 增值税 + 消费税 + 外贸部门手续费 + 国内一次运杂费 + 财务费 + 车辆购置税 \tag{4-29}$$

式中,关税、增值税、消费税及财务费应执行编制期国家有关规定,并参照实际发生的费用计算;外贸部分手续费和国内一次运杂费按到岸价格的6.5%计算;车辆购置税以到岸价格、关税和消费税之和作为计税价格。

(2)残值率。它是指施工机械报废时回收其残值占机械原值的百分比。根据《施工、房地产开发企业财务制度》(1993年1月11日财政部、中国人民建设银行颁布)的规定,残值率按照固定资产原值的2% ~5%确定。各类施工机械的残值率综合取定为:运输机械2%,特、大型机械3%,中、小型机械4%,掘进机械5%。

(3)时间价值系数。它是指购置施工机械的资金在施工生产过程中随着时间的推移而产生的单位增值。其计算公式如下:

$$时间价值系数 = 1 + 1/2 \times 年折现率 \times (折旧年限 + 1) \tag{4-30}$$

式中,折旧年限是指施工机械逐年计提固定资产折旧的期限,应当在财政部规定的折旧年限范围内确定;年折现率应按编制期银行年贷款利率确定。

(4)耐用总台班。它是指施工机械从开始投入使用到报废前使用的总台班数,应按施工机械的技术指标及寿命期等相关参数确定,其计算公式为

$$耐用总台班 = 折旧年限 \times 年工作台班 = 大修间隔台班 \times 大修周期 \tag{4-31}$$

式中,年工作台班是根据有关部门对各类主要机械最近三年的统计资料分析确定的;大修间隔台班是指机械自投入使用起至第一次大修或自上一次大修后投入使用起至下一次大修应达到的使用台班数;大修周期是指机械正常的施工作业条件下,将其寿命期(即耐用总台班)按规定的大修理次数划分为若干个周期,其计算公式为

$$大修周期 = 寿命期大修理次数 + 1 \tag{4-32}$$

综上所述,在确定了机械预算价格、残值率、时间价值系数和耐用总台班后,可以确定台班折旧费,即

$$台班折旧费 = \frac{机械预算价格 \times (1 - 残值率) \times 时间价值系数}{耐用总台班} \tag{4-33}$$

【例4-4】 某施工运输机械预算价格为100万元,时间价值系数为1.2,该机械大修间隔台班为500台班,大修周期为10,计算该运输机械的台班折旧费。

解:耐用总台班 = 大修间隔台班 × 大修周期 = 500 × 10 = 5 000(台班)

该机械是运输机械,残值率为2%

$$台班折旧费 = \frac{机械预算价格 \times (1 - 残值率) \times 时间价值系数}{耐用总台班}$$

$$=\frac{1\ 000\ 000\times(1-2\%)\times1.2}{5\ 000}=235.2(\text{元})$$

2. 大修理费

大修理费是指施工机械按规定的大修理间隔台班进行必要的大修理,以恢复其正常功能所需的费用。台班大修理费是指一台机械工作一个班应该分摊的大修理费。

台班大修理费取决于一次大修理费、大修理次数和耐用总台班数。

$$\text{台班大修理费}=\frac{\text{一次大修理费}\times\text{大修理次数}}{\text{耐用总台班数}} \tag{4-34}$$

其中,一次大修理费是指按机械设备规定的大修理范围和工作内容,进行一次全面修理所需消耗的工时、配件、辅助材料、油燃料以及送修运输等全部费用。寿命期大修理次数是指施工机械在其寿命期(耐用总台班)内规定的大修理次数。

3. 经常修理费

经常修理费是指施工机械除大修理外的各级保养和临时故障排除所需的费用。它包括为保障机械正常运转所需替换设备与随机配备工具、附具的摊销和维护费用,机械运转中日常保养所需润滑与擦拭的材料费用及机械停置期间的维护和保养费用等。台班经常修理费是指一台机械工作一个班应该分摊的经常修理费。

$$\text{台班经常修理费}=\frac{\sum(\text{各级保养一次费用}\times\text{寿命期各级保养次数})+\text{临时故障排除费}}{\text{耐用总台班}}+\text{替换设备摊销费}+\text{工具、附具台班摊销费}+\text{例保辅料费} \tag{4-35}$$

为简化计算,也可采用如下公式:

$$\text{台班经常修理费}=\text{台班大修费}\times K(\text{台班经常修理费系数}) \tag{4-36}$$

(1)各级保养(一次)费用分别指机械在各个使用周期内为保证机械处于完好状况,必须按规定的各级保养间隔周期、保养范围和内容进行的一、二、三级保养或定期保养所消耗的工时、配件、辅料、油燃料等费用。

(2)寿命期各级保养总次数分别指一、二、三级保养或定期保养在寿命期内各个使用周期中保养次数之和。

(3)机械临时故障排除费用、机械停置期间维护保养费是指机械除规定的大修理及各级保养外,临时故障所需费用以及机械在工作日以外的保养维护所需润滑擦拭材料费,可按各级保养(不包括例保辅料费)费用之和的3%计算。

(4)替换设备及工具、附具台班摊销费是指轮胎、电缆、蓄电池、运输皮带、钢丝绳、胶皮管、履带板等消耗性设备和按规定随机配备的全套工具、附具的台班摊销费用。

(5)例保辅料费是指机械日常保养所需润滑擦拭材料的费用。

4. 安拆费及场外运费

安拆费是指施工机械在现场进行安装与拆卸所需的人工、材料、机械和试运转费用以及机械辅助设施的折旧、搭设、拆除等费用。场外运费是指施工机械整体或分体自停放地点运至施工现场或由一施工地点运至另一施工地段的运输、装卸、辅助材料及架线等费用。台班安拆费及场外运费是指一台机械工作一个班应该分摊的安拆及场外运费。

台班安拆费及场外运费分别按不同机械型号、重量、外形、体积等分为计入台班单价、单独计算和不计算三种类型。

(1)对于在施工场地移动较为频繁的小型机械及部分中型机械,其安拆费及场外运费应计入台班单价。其计算公式为

$$\text{台班安拆费及场外运费}=\frac{\text{一次安拆费及场外运费}\times\text{年平均安拆次数}}{\text{年工作台班}} \tag{4-37}$$

其中,一次安拆费包括施工现场机械一次安装和拆卸所需的人工、材料、机械及试运转的全部费用;一次场外运费包括运输、装卸、辅助材料和架线等费用;年平均安拆次数应以《全国统一施工机械保养修理技术经济定额》为基础,由各地区(部门)结合具体情况确定;运输距离均应按25 km计算。

(2)对于移动有一定难度的特、大型(包括少数中型)机械,其安拆费及场外运费应单独计算。

单独计算的安拆费及场外运费除应计算安拆费、场外运费外,还应计算辅助设施(包括基础、底座、固定锚桩、行走轨道枕木等)的折旧、搭设和拆除等费用。

(3)对于不需要安装、拆卸且自身又能开行的机械和固定在车间不需安拆、拆卸和运输的机械,不计算安拆费及场外运费。

对于自升式塔式起重机安装、拆卸费用的超高起点及其增加费,各地区(部门)可根据具体情况确定。

5. 人工费

人工费是指机上司机(司炉)和其他操作人员的工作日人工费及上述人员在施工机械规定的年工作台班以外的人工费。台班人工费是指一台机械工作一个班应该支出的人工费。

$$\text{台班人工费}=\frac{\text{人工消耗量}\times(1+\text{年制度工作日}\times\text{年工作台班})\times\text{人工单价}}{\text{年工作台班}} \tag{4-38}$$

其中,年制度工作日、人工单价均应执行编制期国家有关规定。

6. 燃料动力费

燃料动力费是指施工机械在运转作业中所消耗的固体燃料(煤、木柴)、液体燃料(汽油、柴油)及水、电等费用。台班燃料动力费即是指一台机械工作一个班应该支出的燃料动力费。其计算公式为

$$\text{台班燃料动力费}=\sum(\text{燃料动力消耗量}\times\text{燃料动力单价}) \tag{4-39}$$

燃料动力消耗量以实测的消耗量为主,辅以现行定额消耗量和调查的消耗量。

7. 养路费及车船使用税

养路费及车船使用税是指施工机械按照国家规定和有关部门规定应缴纳的养路费、车船使用税及年检费等。台班养路费和车船使用税是指一台机械工作一个班应该分摊的养路费和车船使用税。

在施工机械台班单价中,根据费用的性质,前四项费用称为第一类费用,直接以金额表示,全国统一,各地区不能进行调整。第一类费用的特点是不论施工的特点和条件都需要支出,是一种比较固定的经常费用,因此也称为不变费用。后三项费用称为第二类费用,以实物量表示(养路费和车船使用税只列项目),各地区可以根据当地的价格资料计

算确定。第二类费用的特点是只有机械运转时才发生，且在不同地区、不同施工环境下发生的费用各不相同，因此也称为可变费用。

（三）施工机械台班单价的使用

施工机械台班使用费主要用来计算定额机械费。在编制单位估价表时，将预算定额规定的机械台班消耗量和本地区的施工机械台班使用费相乘，即可得到定额基价中的机械费。

施工机械台班使用费也可以用来进行定额基价的换算，当定额规定机械台班用量可以进行换算时，应该将允许换算的这部分机械台班用量和相应的施工机械台班使用费相乘求出允许调整的机械使用费，再按规定的换算办法进行定额基价的换算。

施工机械台班使用费还可以用来进行工程预算造价的调整。当机械费标准发生变化而单位估价表没有重新修订时，可以按现行的施工机械台班使用费进行机械费差异的调整。调整时可以按单位工程的各种机械的台班总用量和每个台班的机械使用费差异相乘计算，也可以按单位工程的定额直接工程费（或其中的定额机械费）的一定百分比计算。

施工机械台班使用费同样可以用来进行工程价款的结算。当某工程的承包商在施工过程中使用了发包方提供的施工机械时，可以按使用的各种机械的台班用量在地区施工机械台班使用费的基础上计算使用这部分机械应付的费用。

第五节　工程单价

一、工程单价的概念与分类

（一）工程单价的概念

工程单价是指单位假定建筑安装产品的不完全价格。通常是指建筑安装工程的预算单价和概算单价。工程单价与工程价值名称类似，但两者在概念上不等同，有本质的区别。

工程价值是指完整的建筑产品价值，如单位工程产品价值、单项工程产品价值。工程价值是建筑物或构筑物在真实意义上的全部价值，即全部成本加利润、税金。工程单价不是可以独立发挥建筑物或构筑物价值的价格，也不是单位假定建筑物或构筑物的完整价格，这种工程单价主要是指某一单位工程直接费中的直接工程费，即人工费、材料费和机械费的汇总。

工程单价是传统概预算编制制度中采用单位估价法编制工程概预算的重要文件，也是计算程序中的一个重要环节。我国建设工程概预算制度中长期采用单位估价法编制概预算，因为在价格比较稳定，或价格指数比较完整、准确的情况下，通过编制地区的统一工程单价，可以简化概预算编制工作。

（二）工程单价的分类

1. 按工程单价的适用对象划分

按工程单价的适用对象可分为建筑工程单价和安装工程单价。

2. 按工程单价的用途划分

按工程单价的用途可分为预算单价和概算单价。

(1)预算单价。预算单价是通过编制单位估价表和地区单位估价表及设备安装价目表所确定的单价,是编制施工图预算时与预算定额相匹配的预算单价。如单位估价表、单位估价汇总表和安装价目表中所列出的"预算价格"或"基价"。

(2)概算单价。概算单价是通过编制扩大的单位估价表即单位价值计算书所确定的单价,是编制设计概算时与概算定额相匹配的概算单价。

3. 按工程单价的适用范围划分

按工程单价的适用范围可分为地区单价和个别单价。

(1)地区单价。根据地区性定额和价格等资料编制,且在地区范围内使用的工程单价属地区单价。如地区单位估价表和汇总表所计算与列出的"预算单价"。

(2)个别单价。这是为适应个别工程编制概算或预算的需要而计算的工程单价。

4. 按工程单价的编制依据划分

按工程单价的编制依据可分为定额单价和补充单价。

(1)定额单价。这是指根据各种工程计价定额,如概算定额、预算定额等编制的工程单价。

(2)补充单价。当现行有关定额有缺项时,以补充定额为依据而编制的工程单价即是补充单价。

5. 按工程单价的综合程度划分

按工程单价的综合程度可分为工料单价和综合单价。

(1)工料单价。也称直接工程费单价,包括人工费、材料费和机械台班使用费,即建筑安装工程的直接工程费。如预算定额中的"基价"。

(2)综合单价。也称全费用单价,其内容包括直接工程费、间接费、利润和税金等。同时,还应考虑风险费用。

二、直接工程费单价的编制与单位估价表

(一)工程单价的编制

1. 工程单价的编制依据

(1)工程实物定额。编制预算单价或概算单价时,主要依据之一是预算定额或概算定额。首先,工程单价的分项是根据定额的分项划分的,所以工程单价的编号、名称、计量单位的确定均以相应的定额为依据。其次,确定分部分项工程的人工、材料和机械台班消耗的种类和数量,也是依据相应的定额。

(2)人工工日单价、材料价格和机械台班单价。工程单价除依据概预算定额确定分部分项工程的工、料、机的消耗数量,还必须依据上述三项"价"的因素,才能计算出分部分项工程的人工费、材料费和机械费,进而计算出工程单价。

(3)规费和间接费的取费标准。这是计算综合单价的必要依据。

2. 工程单价的编制方法

工程单价的编制过程,实质就是工、料、机的消耗量和工、料、机单价的结合过程。其

计算公式如下：

（1）分部分项工程直接工程费单价（基价）：

$$\text{分部分项工程直接工程费单价（基价）} = \text{分部分项工程人工费} + \text{分部分项工程材料费} + \text{分部分项工程机械使用费} \tag{4-40}$$

其中

$$\text{分部分项工程人工费} = \sum(\text{工日消耗量} \times \text{人工日工资单价}) \tag{4-41}$$

$$\text{分部分项工程材料费} = \sum(\text{材料消耗量} \times \text{材料基价}) + \text{检验试验费} \tag{4-42}$$

$$\text{分部分项工程机械使用费} = \sum(\text{施工机械台班消耗量} \times \text{机械台班单价}) \tag{4-43}$$

（2）分部分项工程综合费用单价：

$$\text{分部分项工程综合费用单价} = [\text{分部分项工程直接工程费（基价）} + \text{措施费}] \times (1 + \text{间接费费率}) \times (1 + \text{利润率}) \times (1 + \text{税率}) \tag{4-44}$$

（二）单位估价表

单位估价表又称工程预算单价表，是以货币形式确定定额计量单位分部分项工程或结构构件直接工程费的文件。它是根据预算定额所确定的人工、材料和机械台班消耗数量乘以人工工资单价、材料预算价格和机械台班预算价格汇总而成的。

因此，单位估价表的内容由两部分组成：一是相应预算定额规定的工、料、机数量，二是与上述三种“量”相适应的人工工日单价、材料预算价格和机械台班预算价格。

编制单位估价表就是把三种“量”与“价”分别结合起来，得出分项工程的人工费、材料费和施工机械台班使用费，三者汇总即为工程预算单价。

三、综合单价的编制

综合单价则是指综合考虑直接费、间接费及风险等费用和利润、税金的单价，它包括全费用单价的全部内容、利润、税金、有关调价及风险。

综合单价是指完成工程量清单中一个规定的计量单位项目所需的人工费、材料费、机械费、管理费和利润，并考虑风险，而工程量清单计价应包括按招标文件规定完成工程量清单所需的全部费用，包括分部分项工程费、措施项目费、其他项目费、规费、税金。

《建设工程工程量清单计价规范》（GB 50500—2008）中规定：工程量清单应采用综合单价计价，它不仅适用于分部分项工程量清单计价，也适用于措施项目清单和其他项目清单计价。

综合单价确定的依据包括：工程量清单，定额，施工图纸，施工组织设计（施工方案），现场地质及水文资料，投标人的安全、环保、文明措施方案，现行市场人工单价、材料单价、机械台班单价，全国及省、市统一消耗量定额、费用定额、单位估价表及企业定额，规范规定、法律条文及其他。

《建设工程工程量清单计价规范》（GB 50500—2008）中计算规则与所用的消耗量定额的单位或计算规则有可能不同，且规范的综合性很大，在确定综合单价之前，往往需要重新计算每一分项工程的工程量，然后计算分部分项工程的综合单价。

小　结

(1)所谓工程计价依据,是用以计算建设工程造价的基础资料的总称。工程计价依据分为工程建设定额、工程基础单价、工程量清单计价等。

(2)工程建设定额就是国家颁发的用于规定完成某一建筑产品所需消耗的人力、物力和财力的数量标准。建筑工程定额的分类方法:按适用范围可分为全国统一定额、地区统一定额、行业统一定额、企业定额和补充定额,按物质消耗的性质可分为人工消耗定额、材料消耗定额和机械消耗定额,按编制程序和用途可分为施工定额、预算定额、概算定额、概算指标和投资估算指标,按作用可分为生产性定额和计价性定额。工程建设定额的特点有科学性、系统性、统一性、指导性、稳定性和时效性。

(3)确定人工定额消耗量的基本方法有经验估计法、统计分析法、技术测定法和比较类推法。确定机械台班定额消耗量主要采用技术测定法。确定材料定额消耗量的基本方法有观测法、统计法、试验法和理论计算法。

(4)建筑安装工程人工工日单价一般由基本工资、工资性补贴、辅助工资、生产工人劳动保护费、职工福利费组成。材料预算价格由材料基价及检验试验费组成。施工机械台班单价由台班折旧费、大修理费、经常修理费、安拆费及场外运费、人工费、燃料动力费、养路费及车船使用税等7项费用组成。

(5)工程单价是指单位假定建筑安装产品的不完全价格。通常是指建筑安装工程的预算单价和概算单价。工程单价的分类方法:按适用对象可分为建筑工程单价和安装工程单价,按用途可分为预算单价和概算单价,按适用范围可分为地区单价和个别单价,按编制依据可分为定额单价和补充单价,按单价的综合程度可分为工料单价和综合单价。

复习思考题

4-1　什么是工程计价依据？工程计价依据有哪些？

4-2　什么是定额？列举几种建筑工程定额的分类方法。

4-3　确定人工定额消耗量的基本方法有哪些？确定机械台班定额消耗量的主要方法有哪些？确定材料定额消耗量的基本方法有哪些？

4-4　建筑安装工程人工工日单价由哪几部分组成？材料预算价格由哪几部分组成？施工机械台班单价由哪几部分组成？

4-5　什么是工程单价？列举几种工程单价的分类方法。

4-6　综合单价由哪几部分构成？

第五章 建筑安装工程造价构成

本章主要研究建筑安装工程造价的构成及建筑安装工程费的计算程序,在学习时须注意国家和地方对建筑安装工程费用项目组成规定的不同之处,建筑安装工程费用的构成和计算是本章的重点。建筑产品是商品,其价格构成包括直接费、间接费、利润和税金四部分,应全面掌握建筑工程各项费用的组成及其意义。

第一节 工程造价构成概述

工程造价是指建设工程的投资费用或建造费用。

建筑企业作为一个独立核算的社会物质生产部门,其最终生产成果是指可以交付使用的具有使用价值与价值的建筑物或构筑物,因此它同样具有商品生产的共同特点。建筑产品既然是商品,当然就必须遵守等价交换的原则。按照马克思再生产的原理,建筑工人在其施工过程中,在转移价值的同时,也要为社会创造一部分新的价值。因此,建筑产品的价值也应该由“$C+V+m$”组成才是完整的和合理的。其中,C 表示不变资本,V 表示可变资本,m 表示剩余价值。在上述基本原理的指导下,按照客观经济规律的要求,研究确定建筑产品价格是由哪些因素构成的科学,就是工程预算所要研究的对象,当建筑产品价格的构成因素由国家主管部门或授权机关确认以后,如何正确计算建筑产品的预算造价(即价格),就是工程预算所要完成的主要任务。

工程造价涉及范围极为广泛,在我国国民经济的发展中起到多方面的良好作用,如:工程造价是建设工程项目决策的重要依据,是制订投资计划和控制投资的重要工具,是合理分配利益和调整产业结构的重要手段,是评价投资效果的重要指标,也是筹集建设资金的重要依据。由于工程造价涉及我国国民经济的各个部门、各个行业,涉及社会再生产中的各个环节,同时也直接关系到人民群众居住条件的改善和生活水平的提高。因此,要进一步完善我国社会主义市场经济体制,加快传统观念的转变和旧价格体系的改革步伐,充分发挥工程造价的重要作用。

一、我国现行建设项目投资构成和工程造价的构成

建设项目总投资是指建设项目从拟建到竣工验收交付使用整个过程中,所投入的全部费用的总和。生产性建设项目总投资包括建设投资、建设期利息和流动资金三部分,非生产性建设项目总投资包括建设投资和建设期利息两部分。其中,建设投资和建设期利息之和对应于固定资产投资,固定资产投资与建设项目的工程造价在量上相等。

工程造价的主要构成部分是建设投资,根据国家发展和改革委员会与建设部以发改投资[2006]1325 号发布的《建设项目经济评价方法与参数(第三版)》的规定,建设投资

包括工程费用、工程建设其他费用和预备费三部分。工程费用是指直接构成固定资产实体的各种费用,可以分为建筑安装工程费和设备及工器具购置费;工程建设其他费用是指根据国家有关规定应在投资支付,并列入建设项目总造价或单项工程造价的费用;预备费是为了保证工程项目的顺利实施,避免在难以预料的情况下造成投资不足而预先安排的费用。

(一) 建设项目总投资

建设项目总投资组成见表 5-1。

表 5-1 建设项目总投资组成

<table>
<tr><td rowspan="22">建设项目总投资</td><td rowspan="21">固定资产投资——工程造价</td><td rowspan="20">建设投资</td><td rowspan="5">工程费用</td><td rowspan="4">建筑安装工程费</td><td>直接费</td><td rowspan="16">固定资产</td></tr>
<tr><td>间接费</td></tr>
<tr><td>利润</td></tr>
<tr><td>税金</td></tr>
<tr><td colspan="2">设备及工器具购置费</td></tr>
<tr><td rowspan="13">工程建设其他费用</td><td>建设管理费</td><td rowspan="11">固定资产其他费用</td></tr>
<tr><td>建设用地费</td></tr>
<tr><td>可行性研究费</td></tr>
<tr><td>研究试验费</td></tr>
<tr><td>勘察设计费</td></tr>
<tr><td>环境影响评价费</td></tr>
<tr><td>劳动安全卫生评价费</td></tr>
<tr><td>场地准备及临时设施费</td></tr>
<tr><td>引进技术和进口设备其他费</td></tr>
<tr><td>工程保险费</td></tr>
<tr><td>联合试运转费</td></tr>
<tr><td>特殊设备安全监督检验费</td></tr>
<tr><td>专利及专有技术使用费</td><td colspan="2">无形资产</td></tr>
<tr><td>生产准备及开办费</td><td colspan="2">其他资产</td></tr>
<tr><td rowspan="2">预备费</td><td colspan="3">基本预备费</td></tr>
<tr><td colspan="3">涨价预备费</td></tr>
<tr><td colspan="5">建设期利息</td></tr>
<tr><td colspan="6">流动资产投资——流动资金</td></tr>
</table>

(二) 建筑安装工程费

根据建标[2003]206 号文件《建筑安装工程费用项目组成》的规定,建筑安装工程费由直接费、间接费、利润、税金组成。此内容详见建筑安装工程费用。

(三)设备及工器具购置费

设备及工器具购置费是由设备购置费和工具、器具及生产家具购置费组成,是固定资产投资的构成部分。

1. 设备购置费

设备购置费是指为建设项目购置或自制的,达到固定资产标准的各种国产或进口设备、工具、器具的费用。它由设备原价和设备运杂费构成,即

$$设备购置费 = 设备原价或进口设备抵岸价 + 设备运杂费 \tag{5-1}$$

1)国产设备原价的构成及计算

国产设备原价一般指的是设备制造厂的交货价或订货合同价。国产设备原价分为国产标准设备原价和国产非标准设备原价。

(1)国产标准设备。是指按照主管部门颁布的标准图纸和技术要求,由生产厂批量生产的符合国家质量检测标准的设备。国产标准设备原价是指设备制造厂的交货价,即出厂价。一般有两种形式,即带有备件的原价和不带有备件的原价,一般按带有备件的原价计算。

(2)国产非标准设备。是指国家尚无定型标准,各设备生产厂不可能采用批量生产,只能按一次订货,并根据具体的设备图纸制造的设备。国产非标准设备原价的计算方法有成本计算法、估价法、系列设备插入估价法、分部组合估价法、定额估价法。无论哪种计算方法,都应该使国产非标准设备计价的准确度接近实际出厂价,并要求计算方法简便。

2)进口设备原价的构成及计算

进口设备的原价是进口设备的抵岸价。抵岸价即抵达买方边境港口或边境车站,且缴完关税等税费后形成的价格。

(1)进口设备的交货方式。进口设备的交货方式分为内陆交货、目的地交货、装运港交货。

内陆交货即卖方在出口国内陆的某个地点完成交货任务。在交货地点,卖方及时提交合同规定的货物和有关凭证,并承担交货前的一切费用和风险;买方按时接受货物,付货款,承担接货后的一切费用和风险,并自行办理出口手续和装运出口。货物的所有权在交货后由卖方转移给买方。

目的地交货即卖方要在进口国的港口或内地交货。特点是买卖双方承担的责任、费用和风险是以目的地约定交货点为分界线,只有当卖方在交货点将货物移交于买方后才能收取货款,这种交货类别对卖方来说承担的风险较大。

装运港交货即卖方在出口国装运港完成交货任务。特点是卖方按照约定的时间在装运港交货,只要卖方把合同规定的货物装船后提供货运单据便完成交货任务,并可凭单据收回货款。

(2)装运港交货方式进口设备抵岸价的构成。我国进口设备采用最多的是装运港船上交货价(FOB),其抵岸价的构成如下:

$$\begin{aligned}进口设备抵岸价 = {} & 货价 + 国际运费 + 运输保险费 + 银行财务费 + 外贸手续费 + \\ & 关税 + 增值税 + 消费税 + 海关监管手续费 + 车辆购置附加费\end{aligned} \tag{5-2}$$

①货价。指装运港船上交货价，即离岸价(FOB)。设备货价分为原币货价和人民币货价，原币货价一般折算为美元表示，人民币货价按原币货价乘以外汇市场美元兑换人民币中间价确定。

$$货价(人民币货价) = 离岸价 \times 人民币外汇牌价 \tag{5-3}$$

②国际运费。即从装运港(站)到达我国抵达港(站)的运费。

$$国际运费 = 离岸价 \times 运费率 \tag{5-4}$$

③运输保险费。

$$运输保险费 = (离岸价 + 国际运费)/(1 - 保险费率) \times 保险费率 \tag{5-5}$$

保险费率按保险公司规定的进口货物保险费率计算。

④银行财务费。指中国银行手续费。

$$银行手续费 = 人民币货价 \times 银行财务费率 \tag{5-6}$$

银行财务费率一般为0.4% ~0.5%。

⑤外贸手续费。指按对外经济贸易部规定计取的费用。

$$外贸手续费 = 到岸价 \times 外贸手续费率 \tag{5-7}$$

外贸手续费率一般取1.5%。

$$到岸价 = 离岸价 + 国际运费 + 运输保险费 \tag{5-8}$$

⑥关税。

$$关税 = 到岸价 \times 进口关税税率 \tag{5-9}$$

进口关税税率按我国海关总署发布的进口关税税率计算。

⑦消费税。对部分进口高档产品征收的税种。

$$消费税 = (到岸价 + 关税) \times 消费税率 /(1 - 消费税率) \tag{5-10}$$

消费税率根据规定的税率计算。

⑧进口环节增值税。我国增值税暂行条例规定，进口应税产品均按组成计税价格和增值税税率直接计算应纳税额。

$$进口环节增值税额 = 组成计税价格 \times 增值税税率 \tag{5-11}$$

$$组成计税价格 = 关税完税价格 + 进口关税 + 消费税 \tag{5-12}$$

到岸价作为关税的计征基数时，通常又可称为关税完税价格。增值税税率根据规定的税率计算，目前基本税率为17%。

⑨车辆购置附加费。

$$车辆购置附加费 = (到岸价 + 关税 + 消费税 + 增值税) \times 进口车辆购置税率 \tag{5-13}$$

3)设备运杂费的构成与计算

(1)设备运杂费的构成。设备运杂费主要包括运费和装卸费、包装费、供销部门手续费、采购与仓库保管费。

(2)设备运杂费的计算。设备运杂费可按式(5-14)计算。

$$设备运杂费 = 设备原价 \times 设备运杂费率 \tag{5-14}$$

设备运杂费率按照各部门及省、区、市等的规定计取。

【例5-1】 某项目进口一批机械设备800 t，离岸价(FOB)为300万美元，人民币兑美元的汇率为6.8∶1。该批进口设备的国际运费为200美元/t，国内运杂费率3%，海上运输保险费率3‰，银行财务费率5‰，外贸手续费率1.5%，关税税率22%，增值税税率17%，消费税率10%。试对该批设备进行估价。

解： 进口设备购置费＝进口设备抵岸价＋进口设备国内运杂费

(1)进口设备抵岸价计算。

①进口设备FOB＝300×6.8＝2 040(万元，人民币，下同)

②国际运费＝800×200×6.8＝108.8(万元)

③运输保险费＝(2 040＋108.8)×0.3%/(1－0.3%)＝6.466(万元)

④到岸价CIF＝2 040 ＋108.8 ＋6.466 ＝2 155.266(万元)

⑤银行财务费＝2 040×0.5%＝10.20(万元)

⑥外贸手续费＝2 155.266×1.5%＝32.329(万元)

⑦关税＝2 155.266×22%＝474.159(万元)

⑧消费税＝(2 155.266＋474.159)×10%/(1－10%)＝292.158(万元)

⑨增值税＝(2 155.266＋474.159＋292.158)×17%＝496.669(万元)

进口设备抵岸价＝2 155.266＋10.20＋32.329＋474.159＋292.158＋496.669

＝3 460.781(万元)

(2)进口设备国内运杂费计算。

进口设备国内运杂费＝进口设备抵岸价×3%＝3 460.781×3%＝103.823(万元)

(3)设备到达建设现场的价格＝3 460.781＋103.823＝3 564.604(万元)

2.工器具及生产家具购置费

工器具及生产家具购置费是指新建项目或扩建项目初步设计规定的，保证初期正常生产必须购置的，但没有达到固定资产标准的设备、仪器、工卡模具、器具、生产家具和备品备件等的购置费用。

工器具及生产家具购置费 ＝ 设备购置费 × 定额费率 (5-15)

(四)工程建设其他费用

工程建设其他费用是指工程从筹建到竣工验收交付使用整个建设期间，为保证工程顺利完成发生的除建筑安装工程费用和设备、工器具购置费外的费用。其包括固定资产其他费用、无形资产费用和其他资产费用。

需要特别指出，工程建设其他费用项目是项目的建设投资中较常发生的费用项目，但并非每个项目都会发生这些费用项目，项目不发生的其他费用项目不计取。

1.固定资产其他费用

1)建设管理费

建设管理费是指工程从立项、筹建、建设、联合试运转、竣工验收交付使用及后评价等全过程管理所需的费用。

(1)建设管理费的内容。

①建设管理费：是指建设单位发生的管理性质的开支，包括工作人员的基本工资、工资性津贴、职工福利费、劳动保护费、劳动保险费、办公费、差旅交通费、工会经费、职工教育经费、固定资产使用费、工具用具使用费、技术图书资料费、必要的办公及生活用品购置

费、必要的通信设备及交通工具购置费、零星固定资产购置费、生产人员招募费、业务招待费、设计审查费、工程招标费、合同契约公证费、法律顾问费、咨询费、完工清理费、竣工验收费、印花税和其他管理性质的开支。

②工程监理费:是指建设单位委托工程监理单位实施工程监理的费用。此项费用应按国家发改委与建设部联合发布的《建设工程监理与相关服务收费管理规定》(发改价格[2007]670 号)计算。依法必须实行监理的建设工程施工阶段的监理收费实行政府指导价,其他建设工程施工阶段的监理收费和其他阶段的监理与相关服务收费实行市场调节价。

由于工程监理是受建设单位委托的工程建设技术服务,属建设管理范畴。监理费应根据委托的监理工作范围和监理深度在监理合同中商定。因此,工程监理费应从建设管理费中开支,所以在工程建设其他费用项目中不单独列项。

若建设管理采用工程总承包方式,其总包管理费由建设单位与总包单位根据总包工作范围在合同中商定,从建设管理费中支出。

改扩建项目的建设管理费率应比新建项目适当降低。

(2)建设管理费的计算。

$$建设管理费 = 工程费用(建筑安装工程费和设备工器具购置费) \times 建设管理费费率 \tag{5-16}$$

2)建设用地费

由于建筑物的固定性,必然要发生为获得建设用地而支付的费用,即土地使用费。它包括通过划拨方式取得土地使用权而支付的土地征用及迁移补偿费,或者通过土地使用权出让方式取得土地使用权而支付的土地使用权出让金。

(1)土地征用及迁移补偿费。依照《中华人民共和国土地管理法》等的规定,土地征用及迁移补偿费包括:土地补偿费,被征用土地上的房屋、水井、树木等附着物补偿费和青苗补偿费,安置补助费,缴纳的耕地占用税或城镇土地使用税,土地登记费及征地管理费等,征地动迁费,水利水电工程水库淹没处理补偿费。

①土地补偿费。土地补偿费为该耕地被征用前三年平均年产值的 6 ~ 10 倍。各省、自治区、直辖市的土地补偿费可以参照国家土地补偿费的标准规定。

②地上附着物补偿费和青苗补偿费。被征用土地上的房屋、水井、树木等附着物和青苗的补偿标准,由省、自治区、直辖市的人民政府制定。

③安置补助费。安置补助费按照需要安置的农业人口数计算。需要安置的农业人口数按照被征用的耕地数量除以征地前被征用单位平均每人占有耕地的数量计算。每一个需要安置的农业人口的安置补助费标准,为该耕地被征用前三年平均年产值的 4 ~ 6 倍。但是,每公顷被征用耕地的安置补助费,最高不得超过被征用前三年平均年产值的 15 倍。

④缴纳的耕地占用税或城镇土地使用税和土地登记费及征地管理费。县、市土地管理部门提取管理费的比率按征地工作量的大小,视不同情况而定。

⑤征地动迁费。征地动迁费包括土地上的房屋、附属构筑物、城市公共设施等拆除费、迁建补偿费,搬迁运输费,企业单位因搬迁造成的减产、停工损失补贴费,拆迁管理费等。

⑥水利水电工程水库淹没处理补偿费。水利水电工程水库淹没处理补偿费包括农村移民安置迁建费,城市迁建补偿费,库区工矿企业、交通、电力、通信、广播、管网、水利等的恢复、迁建补偿费,库底清理费,防护工程费,环境影响补偿费用等。

(2)土地使用权出让金。土地使用权出让金指建设项目通过土地使用权出让方式,取得有限期的土地使用权,依照《中华人民共和国城镇国有土地使用权出让和转让暂行条例》规定,支付的土地使用权出让金。

城市土地的出让和转让可采用协议、招标、公开拍卖等方式。

3)可行性研究费

(1)费用内容。可行性研究费是指在建设项目前期工作中,编制和评估项目建议书(或预可行性研究报告)、可行性研究报告所需的费用。

(2)计算方法。依据前期研究委托合同计列,或按照《国家计委关于印发〈建设项目前期工作咨询收费暂行规定〉的通知》(计投资[1999]1283号)的规定计算。

4)研究试验费

研究试验费是指为项目提供和验证设计参数、数据、资料所进行的必要的试验费用以及设计规定在施工中必须进行试验、验证所需的费用。其包括自行或委托其他部门研究试验所需人工费、材料费、试验设备及仪器使用费等。此项费用应按照研究试验内容和要求进行编制。

5)勘察设计费

(1)费用内容。勘察设计费是指为项目提供建议书、可行性研究报告及设计文件等所需的费用。包括:编制项目建议书、可行性研究报告及投资估算、工程咨询、评价以及为编制上述文件所进行的勘察、设计、研究试验等所需费用,委托勘察、设计单位进行初步设计、施工图设计及概预算编制所需费用,在规定范围内由建设单位自行完成勘察、设计工作所需费用。

(2)计算方法。依据勘察设计委托合同计列,或按照国家计委、建设部《关于发布〈工程勘察设计收费管理规定〉的通知》(计价格[2002]10号)的规定计算。

6)环境影响评价费

(1)费用内容。环境影响评价费是按照《中华人民共和国环境保护法》、《中华人民共和国环境影响评价法》等规定,为全面、详细评价本建设项目对环境可能产生的污染或造成的重大影响所需要的费用,包括编制环境影响报告书(含大纲)、环境影响报告表和评估环境影响报告书(含大纲)、评估环境影响报告表等所需的费用。

(2)计算方法。依据环境影响评价委托合同计列,或按照国家计委、国家环境保护总局《关于规范环境影响咨询收费有关问题的通知》(计价格[2002]125号)的规定计算。

7)劳动安全卫生评价费

(1)费用内容。劳动安全卫生评价费是指按照劳动部《建设项目(工程)劳动安全卫生监察规定》和《建设项目(工程)劳动安全卫生预评价管理办法》的规定,为预测和分析建设项目存在的职业危险、危害因素的种类和危险危害程度,并提出先进、科学、合理可行的劳动安全卫生技术和管理对策所需的费用。其包括编制建设项目劳动安全卫生预评价大纲和劳动安全卫生预评价报告书以及为编制上述文件所进行的工程分析与环境现状调查等所需费用。

(2)计算方法。依据劳动安全卫生预评价委托合同计列,或按照建设项目所在省(市、自治区)劳动行政部门规定的标准计算。

8)场地准备及临时设施费

(1)费用内容。场地准备费是指建设项目为达到工程开工条件所发生的场地平整和对建设场地余留的碍于施工建设的设施进行拆除清理的费用。

临时设施费是指为满足施工建设需要而供到场地的、未列入工程费用中的临时水、电、路、通信、气等工程费用和建设单位的现场临时建(构)筑物的搭设、维修、拆除、摊销或建设期间租赁费用,以及施工期间专用公路养护费、维修费。此费用不包括已列入建筑安装工程费用中的施工单位临时设施费用。

(2)计算方法。新建项目的临时设施费应根据实际工程量估算,或按工程费用的比例计算。改扩建项目一般只计拆除清理费。

$$场地准备及临时设施费 = 工程费用 \times 费率 + 拆除清理费 \tag{5-17}$$

发生拆除清理费时,可按新建同类工程造价或主材费、设备费的比例计算。凡可回收材料的拆除采用以料抵工方式,不再计算拆除清理费。

9)引进技术和进口设备其他费

引进技术和进口设备其他费包括出国人员费、国外工程技术人员来华费用、技术引进费、分期或延期付款利息、担保费以及进口设备检验鉴定费。

10)工程保险费

(1)费用内容。工程保险费是指建设项目在建设期间根据需要对建筑工程、安装工程及机器设备进行投保而发生的保险费用,包括建筑工程一切险和人身意外伤害险、引进设备国内安装保险等。

(2)计算方法。根据不同的工程类别,分别以其建筑、安装工程费乘以建筑、安装工程保险费率进行计算。民用建筑(住宅楼、综合性大楼、商场、旅馆、医院、学校)占建筑工程费的2‰~4‰,其他建筑(工业厂房、仓库、道路、码头、水坝、隧道、桥梁、管道等)占建筑工程费的3‰~6‰,安装工程(农业、工业、机械、电子、电器、纺织、矿山、石油、化学及钢铁工业、钢结构桥梁)占建筑工程费的3‰~6‰。

11)联合试运转费

(1)费用内容。联合试运转费是指新建项目或新增加生产能力的工程,在交付生产前按照批准的设计文件规定的工程质量标准和技术要求,进行整个生产线或装置的负荷联合试运转或局部联运试车所发生的费用净支出(试运转支出大于收入的差额部分费用)。试运转支出包括试运转所需原材料、燃料及动力消耗、低值易耗品、其他物料消耗、工具用具使用费、机械使用费、保险金、施工单位参加试运转人员工资,以及专家指导费等;试运转收入包括试运转期间的产品销售收入和其他收入。

(2)计算方法。不进行试运转或试运转收入大于费用支出的工程,不列此项费用。

当联合试运转收入小于试运转支出时,联合试运转费等于联合试运转的支出与联合试运转收入的差值。

联合试运转费不包括应由设备安装工程费用开支的调试及试车费用,以及在试运转中暴露出来的因施工原因或设备缺陷等发生的处理费用。

12)特殊设备安全监督检验费

(1)费用内容。特殊设备安全监督检验费是指在施工现场组装的锅炉及压力容器、压力管道、消防设备、燃气设备、电梯等特殊设备和设施,由安全监察部门按照有关安全监察条例和实施细则以及设计技术要求进行安全检验,应由建设项目支付的、向安全监察部门缴纳的费用。

(2)计算方法。此项费用按照建设项目所在省、自治区、直辖市安全监察部门的规定标准计算。无具体规定的,在编制投资估算和概算时可按受检设备现场安装费的比例估算。

2. 无形资产费用

无形资产费用是指直接形成无形资产的建设投资,主要是指专利及专有技术使用费。

1)费用内容

无形资产费包括国外设计及技术资料费,引进有效专利、专有技术使用费和技术保密费;国内有效专利、专有技术使用费;商标权、商誉和特许经营权费等;为项目配套的专用设施投资,包括专用铁路线、专用公路、专用通信设施、送变电站、地下管道、专用码头等。若由项目建设单位负责投资但产权不归属该单位的,应作无形资产处理。

2)计算方法

按专利使用许可协议和专有技术使用合同的规定计列,专有技术的界定应以省、部级鉴定批准为依据,项目投资中只计需在建设期支付的专利及专有技术使用费。协议或合同规定在生产期支付的使用费应在生产成本中核算,一次性支付的商标权、商誉及特许经营权费按协议或按合同规定计列。协议或合同规定在生产期支付的使用费应在生产成本中核算。

3. 其他资产费用

其他资产费用是指建设投资中除形成固定资产和无形资产外的部分,主要包括生产准备及开办费等。

1)费用内容

生产准备及开办费是指建设项目为保证正常生产(或营业、使用)而发生的人员培训费、提前进厂费和投产使用必备的生产办公、生活家具用具及工器具等购置费用,包括:

(1)人员培训费及提前进厂费。包括自行组织培训或委托其他单位培训的人员工资、工资性补贴、职工福利费、差旅交通费、劳动保护费、学习资料费等。

(2)为保证初期正常生产(或营业、使用)必需的第一套不够固定资产标准的生产工具、器具、用具购置费,但不包括备品备件费。

(3)为保证初期生产(或营业、使用)必需的生产办公、生活家具用具购置费。

2)计算方法

(1)新建项目按设计定员为基数计算,改扩建项目按新增设计定员为基数计算:

$$生产准备费 = 设计定员 \times 生产准备费指标(元/人) \tag{5-18}$$

(2)可采用综合的生产准备费指标进行计算,也可以按费用内容的分类指标计算。

（五）预备费

按我国现行规定，预备费包括基本预备费和涨价预备费两种。

1. 基本预备费

1）基本预备费内容

基本预备费是指针对在项目实施过程中可能发生难以预料的支出，需要事先预留的费用，又称工程建设不可预见费。主要指设计变更及施工过程中可能增加工程量的费用。包括：

（1）在批准的初步设计范围内，技术设计、施工图设计及施工过程中所增加的工程费用，设计变更、局部地基处理等增加的费用。

（2）一般自然灾害造成的损失和预防自然灾害所采取的措施费用。实行工程保险的工程项目费用应适当降低。

（3）竣工验收时为鉴定工程质量，对隐蔽工程进行必要的挖掘和修复费用。

2）基本预备费计算方法

基本预备费按"建筑安装工程费、设备及工器具购置费、工程建设其他费用"三者之和为计取基础，乘以基本预备费率进行计算。

基本预备费 =（建筑安装工程费 + 设备及工器具购置费 + 工程建设其他费用）× 基本预备费率 （5-19）

式中，基本预备费率应执行国家及有关部门规定。

2. 涨价预备费

1）涨价预备费内容

涨价预备费是指建设项目在建设期间，由于材料、人工、设备的价格等原因引起工程造价变化，而事先预留的费用，亦称为价格变动不可预见费。费用内容包括：人工、设备、材料、施工机械的价差费，建筑安装工程费及工程建设其他费用调整增加的费用，利率、汇率调整等增加的费用。

2）涨价预备费计算方法

涨价预备费一般根据国家规定的投资综合价格指数，以估算年份价格水平投资额为基数，采用复利方法计算。计算公式为

$$PF = \sum_{t=1}^{n} I_t[(1+f)^m(1+f)^{0.5}(1+f)^{t-1}-1] \quad (5\text{-}20)$$

式中 PF——涨价预备费；

n——建设期年份数；

f——年投资价格上涨率；

I_t——建设期第 t 年的投资计划额，包括建筑安装工程费、设备及工器具购置费、工程建设其他费用和基本预备费；

m——建设前期年限，从编制估算到开工建设，年。

【例 5-2】 某建设项目，建设期初预计建筑安装工程费和设备工器具购置费为 5 000 万元，工程建设其他费用为 4 000 万元。基本预备费率为 5%。项目建设期为 3 年，投资分年使用比例为：第一年 20%，第二年 60%，第三年 20%。建设期内预计年平均价格水

平上涨率为6%。试计算项目的预备费。

解:(1)基本预备费 =(5 000 +4 000)×5% =450(万元)

(2)涨价预备费。

投资计划总额 =5 000 +4 000 +450 =9 450(万元)

第一年投资额 =9 450 ×20% =1 890(万元)

第一年末涨价预备费:$PF_1 = I_1[(1+f)(1+f)^{0.5}-1] = 172.63$(万元)

第二年投资额 =9 450 ×60% =5 670(万元)

第二年末涨价预备费:$PF_2 = I_2[(1+f)(1+f)^{0.5}(1+f)-1] = 889.15$(万元)

第三年投资额 =9 450 ×20% =1 890(万元)

第三年末涨价预备费:$PF_3 = I_3[(1+f)(1+f)^{0.5}(1+f)^2-1] = 427.57$(万元)

涨价预备费 =172.63 +889.15 +427.57 =1 489.35(万元)

(3)预备费 =450 +1 489.35 =1 939.35(万元)

(六)建设期贷款利息

建设期贷款利息包括向国内银行和其他非银行金融机构贷款、出口信贷、外国政府贷款、国际商业银行贷款以及在境内外发行的债券等在建设期间内应偿还的借款利息。在计算建设期每一年的贷款利息时,当年年初结转的贷款本息按一年计算利息,而当年贷款额按半年计息,其计算公式为

$$q_j = (P_{j-1} + A_j) \times i \tag{5-21}$$

式中 q_j——建设期第 j 年应计利息;

P_{j-1}——建设期第 $j-1$ 年末累计贷款本金与利息之和;

A_j——建设期第 j 年贷款金额;

i——年利率。

国外贷款利息计算中,还应包括国外贷款银行根据贷款协议向贷款方以年利率的方式收取的手续费、管理费、承诺费,以及国内代理机构经国家主管部门批准的以年利率的方式向贷款单位收取的转贷费、担保费、管理费等。

【例5-3】 某新建项目,建设期为3年。第一年贷款500万元,第二年贷款700万元,第三年贷款300万元。贷款年利率为10%。计算建设期贷款利息。

解:各年贷款利息如下:

第一年:$(\frac{1}{2}\times 500)\times 10\% = 25$(万元)

第二年:$(500+25+\frac{1}{2}\times 700)\times 10\% = 87.5$(万元)

第三年:$(500+25+700+87.5+\frac{1}{2}\times 300)\times 10\% = 146.25$(万元)

建设期贷款利息 =25 +87.5 +146.25 =258.75(万元)

【例5-4】 某建设项目的建筑安装工程费构成为:建筑工程项目75 000万元,安装工程项目5 000万元。该项目设备及工器具购置费为30 000万元,工程建设其他费用500万元。基本预备费率10%。建设期价格上涨率为6%,建设期为2年,第一年投资使用比

例45%，第二年投资使用比例55%。第一年贷款5 000万元，第二年贷款4 800万元，贷款年利率12%。试求该项目总投资。

解：(1)建筑安装工程费 = 75 000 + 5 000 = 80 000(万元)

(2)设备及工器具购置费 = 30 000万元

(3)工程建设其他费用 = 500万元

(4)建筑安装工程费 + 设备及工器具购置费 + 工程建设其他费用 = 80 000 + 30 000 + 500 = 110 500(万元)

(5)预备费：

①基本预备费 = (4) × 10% = 11 050(万元)

②基本预备费与(4)合计：110 500 + 11 050 = 121 550(万元)

③涨价预备费：

第一年涨价预备费 $= 121\,550 \times 45\% \times [(1+f)(1+f)^{0.5} - 1] = 4\,995.89$(万元)

第二年涨价预备费 $= 121\,550 \times 55\% \times [(1+f)(1+f)^{0.5}(1+f) - 1] = 10\,483.61$(万元)

涨价预备费 = 4 995.89 + 10 483.61 = 15 479.50(万元)

④预备费 = 基本预备费 + 涨价预备费

= 11 050 + 15 479.50 = 26 529.50(万元)

(6)建设期贷款利息：

①第一年：(1/2 × 5 000) × 12% = 300(万元)

②第二年：(5 000 + 300 + 1/2 × 4 800) × 12% = 924(万元)

建设期贷款利息 = 300 + 924 = 1 224(万元)

(7)项目总投资 = (1) + (2) + (3) + (5) + (6)

= 80 000 + 30 000 + 500 + 26 529.50 + 1 224

= 138 253.50(万元)

二、建筑安装工程费用的内容及构成

(一)建筑工程费用内容

(1)各类房屋建筑工程和列入房屋建筑工程预算的供水、供暖、卫生、通风、煤气等设备费用及其装设、油饰工程的费用，列入建筑工程预算的各种管道、电力、电信和电缆导线敷设工程的费用。

(2)设备基础、支柱、工作台、烟囱、水塔、水池、灰塔等建筑工程以及各种炉窑的砌筑工程和金属结构工程的费用。

(3)为施工而进行的场地平整，工程和水文地质勘察，原有建筑物和障碍物的拆除以及施工临时用水、电、气、路和完工后的场地清理，环境绿化、美化等工作的费用。

(4)矿井开凿、井巷延伸、露天矿剥离，石油、天然气钻井，修建铁路、公路、桥梁、水库、堤坝、灌渠及防洪等工程的费用。

(二)安装工程费用内容

(1)生产、动力、起重、运输、传动和医疗、试验等各种需要安装的机械设备的装配费用，与设备相连的工作台、梯子、栏杆等设施的工程费用，附属于被安装设备的管线敷设工程费用，以及被安装设备的绝缘、防腐、保温、油漆等工作的材料费和安装费。

（2）为测定安装工程质量，对单台设备进行单机试运转、对系统设备进行系统联动、无负荷试运转等工作的调试费。

（三）我国现行建筑安装工程费用项目组成

根据建设部《关于印发〈建筑安装工程费用项目组成〉的通知》（建标［2003］206号），我国现行建筑安装工程费用项目的具体组成主要是四部分：直接费、间接费、利润和税金。其具体构成如图5-1所示。

- 建筑安装工程费
  - 直接费
    - 直接工程费
    - 措施费
  - 间接费
    - 规费
    - 企业管理费
  - 利润
  - 税金

图5-1　建筑安装工程费用的构成

第二节　建筑安装工程费用构成及计算

一、直接费

建筑安装工程直接费由直接工程费和措施费组成。

（一）直接工程费

直接工程费是指施工过程中耗费的构成工程实体的各项费用，包括人工费、材料费、施工机械使用费。

1.人工费

人工费是指直接从事建筑安装工程施工的生产工人开支的各项费用。构成人工费的基本要素有两个，即人工工日消耗量和人工日工资单价。

（1）人工工日消耗量。它是指在正常施工生产条件下，生产单位假定建筑安装产品（分部分项工程或结构构件）必须消耗的某种技术等级的人工工日数量。它是分项工程所综合的各个工序施工劳动定额，包括基本用工和其他用工。

（2）相应等级的日工资单价。它包括生产工人基本工资、工资性补贴、辅助工资、职工福利费及生产工人劳动保护费。

人工费的基本计算公式为

$$人工费 = \sum(工日消耗量 \times 日工资单价) \tag{5-22}$$

2.材料费

材料费是指施工过程中耗费的构成工程实体的原材料、辅助材料、构配件、零件、半成品的费用。构成材料费的基本要素是材料消耗量、材料基价和检验试验费。

1）材料消耗量

材料消耗量是指在合理使用材料的条件下，建筑安装产品（分部分项工程或结构构件）必须消耗的一定品种规格的原材料、辅助材料、构配件、零件、半成品等的数量标准。它包括材料净用量和材料不可避免的损耗量。

$$材料消耗量 = 材料净用量 + 材料损耗量 \tag{5-23}$$

$$材料损耗量 = 材料净用量 \times 材料损耗率 \tag{5-24}$$

2）材料基价

材料基价是指材料在购买、运输、保管过程中形成的价格，其内容包括材料原价（或供应价）、材料运杂费、运输损耗费、采购及保管费等。

（1）材料原价。或称供应价格。

（2）材料运杂费。是指材料自来源地运至工地仓库或指定堆放地点所发生的全部费用。

（3）运输损耗费。是指材料在运输装卸过程中不可避免的损耗的费用。

（4）采购及保管费。是指为组织采购、供应和保管材料过程中所需要的各项费用。它包括采购费、仓储费、工地保管费、仓储损耗。

3）检验试验费

检验试验费是指对建筑材料、构件和建筑安装物进行一般鉴定、检查所发生的费用，包括自设实验室进行试验所耗用的材料和化学药品等费用，不包括新结构、新材料的试验费和建设单位对具有出厂合格证明的材料进行检验，对构件做破坏性试验及其他特殊要求检验试验的费用。

材料费的基本计算公式为

$$材料费 = \sum（材料消耗量 \times 材料基价 + 检验试验费） \tag{5-25}$$

其中

$$\begin{cases} 材料基价 = [（供应价格 + 运杂费）\times（1 + 运输损耗率] \times [1 + 采购及保管费率] \\ 检验试验费 = \sum（单位材料量检验试验费 \times 材料消耗量） \end{cases} \tag{5-26}$$

3. 施工机械使用费

施工机械使用费是指施工机械作业所发生的机械使用费以及机械安拆费和场外运费。

施工机械使用费的基本计算公式为

$$施工机械使用费 = \sum（施工机械台班消耗量 \times 机械台班单价） \tag{5-27}$$

$$\begin{aligned} 机械台班单价 = {} & 台班折旧费 + 台班大修费 + 台班经常修理费 + 台班安拆费及场外运费 + \\ & 台班人工费 + 台班燃料费 + 台班养路费及车船使用税 \end{aligned} \tag{5-28}$$

（二）措施费

措施费是指实际施工中必须发生的施工准备和施工过程中技术、生活、安全、环境保护等方面的非工程实体项目的费用。所谓非工程实体项目，是指其费用的发生和金额的大小与使用时间、施工方法或两个以上工序相关，并且不形成最终的实体工程，如大型机械设备进出场及安拆、文明施工和安全防护、临时设施等。措施费项目的构成需考虑多种因素，除工程本身的因素外，还涉及水文、气象、环境、安全等因素。综合《建筑安装工程费用项目组成》、《建设工程工程量清单计价规范》(GB 50500—2008)以及《建筑工程安全防护、文明施工措施费用及使用管理规定》(建办[2005]89 号)的规定,措施项目费可以归纳为以下几项内容。

1.通用措施项目

通用措施项目是指各专业工程均可列的措施项目。

1)安全防护、文明施工费

安全防护、文明施工费是指按照国家现行的建筑施工安全、施工现场环境与卫生标准和有关规定,购置和更新施工安全防护用具及设施、改善安全生产条件和作业环境所需要的费用。

(1)环境保护费。是指施工现场为达到环保部门要求所需要的各项费用。

(2)文明施工费。是指施工现场文明施工所需要的各项费用。

(3)安全施工费。是指施工现场安全施工所需要的各项费用。

(4)临时设施费。是指施工企业为进行建筑工程施工所必须搭设的生活和生产用的临时建筑物、构筑物和其他临时设施费用等。

临时设施包括临时宿舍、文化福利及公用事业房屋与构筑物,仓库、办公室、加工厂以及规定范围内的道路、水、电、管线等临时设施和小型临时设施。

临时设施费用包括临时设施的搭设、维修、拆除费或摊销费。其由以下三部分组成:

(1)周转使用临时建筑(如活动房屋);

(2)一次性使用临时建筑(如简易建筑);

(3)其他临时设施(如临时管线)。

2)夜间施工费

夜间施工费是指为确保工期和工程质量,需要在夜间连续施工所发生的夜班补助费,夜间施工降效、夜间施工照明设备摊销及照明用电等费用。

3)二次搬运费

二次搬运费是指因施工场地狭小等特殊情况而发生的二次搬运费用。

4)冬、雨季施工增加费

冬、雨季施工增加费是指在冬、雨季施工期间,为了确保工程质量,采取保温、防雨措施所增加的材料费、人工费和设施费,以及因工效和机械作业效率降低所增加的费用。

5)大型机械设备进出场及安拆费

大型机械设备进出场及安拆费是指机械整体或分体自停放场地运至施工现场或由一个施工地点运至另一个施工地点,所发生的机械进出场运输及转移费用和机械在施工现场进行安装、拆卸所需的人工费、材料费、机械费、试运转费和安装所需的辅助设施的费用。

6)施工排水费

施工排水费是指为确保工程在正常条件下施工,采取各种排水措施所发生的费用。

7)施工降水费

施工降水费是指为确保工程在正常条件下施工,采取各种降水措施所发生的费用。

8）地上地下设施、建筑物的临时保护设施费

地上地下设施、建筑物的临时保护设施费是指为了保护施工现场的一些成品免受其他施工工序的破坏，而在施工现场搭设一些临时保护设施所发生的费用。

9）已完工程及设备保护费

已完工程及设备保护费是指竣工验收前，对已完工程及设备进行保护所需的费用。

2. 专业措施项目

根据《建设工程工程量清单计价规范》（GB 50500—2008）的规定，原《建筑安装工程费用项目组成》中列示的混凝土、钢筋混凝土模板及支架费被列为建筑工程的专业措施项目，脚手架费被列为建筑工程、装饰装修工程和市政工程的专业措施项目。

1）混凝土、钢筋混凝土模板及支架费

（1）费用内容。混凝土、钢筋混凝土模板及支架费是指混凝土施工过程中需要的各种钢模板、木模板、支架等的支、拆、运输费及模板、支架的摊销（或租赁）费。

（2）混凝土、钢筋混凝土模板及支架费的计算方法。模板及支架分自有和租赁两种，采取不同的计算方法。

①自有模板及支架费的计算。

$$\text{模板及支架费} = \text{模板摊销量} \times \text{模板价格} + \text{支、拆、运输费} \quad (5\text{-}29)$$

$$\text{模板摊销量} = \text{一次使用量} \times (1 + \text{施工损耗率}) \times [1 + (\text{周转次数} - 1) \times \text{补损率} / \text{周转次数} - (1 - \text{补损率}) \times 50\% / \text{周转次数}] \quad (5\text{-}30)$$

②租赁模板及支架费的计算。

$$\text{租赁费} = \text{模板使用量} \times \text{使用周期} \times \text{租赁价格} + \text{支、拆、运输费} \quad (5\text{-}31)$$

2）脚手架费

（1）费用内容。脚手架费是指施工需要的各种脚手架搭拆费、运输费及脚手架的摊销（或租赁）费。

（2）脚手架费的计算方法。脚手架同样分自有和租赁两种，采取不同的计算方法。

①自有脚手架费的计算。

$$\text{脚手架搭拆费} = \text{脚手架摊销量} \times \text{脚手架价格} + \text{搭、拆、运输费} \quad (5\text{-}32)$$

$$\text{脚手架摊销量} = \text{单位一次使用量} \times (1 - \text{残值率}) / (\text{耐用期} \times \text{一次使用期}) \quad (5\text{-}33)$$

②租赁脚手架费的计算。

$$\text{租赁费} = \text{脚手架每日租金} \times \text{搭设周期} + \text{搭、拆、运输费} \quad (5\text{-}34)$$

二、间接费

建筑安装工程间接费是指虽不直接由施工的工艺过程所引起，但却与工程的总体条件有关的，建筑安装企业为组织施工和进行经营管理，以及间接为建筑安装生产服务的各项费用。

（一）间接费的组成

间接费由规费、企业管理费组成。

1. 规费

规费是指政府和有关权力部门规定必须缴纳的费用，简称规费。主要包括以下几个方面。

1) 工程排污费

工程排污费是指施工现场按规定缴纳的工程排污费。

2) 工程定额测定费

工程定额测定费是指按规定支付给工程造价（定额）管理部门的定额测定费。

3) 社会保障费

(1) 养老保险费。是指企业按规定标准为职工缴纳的基本养老保险费。

(2) 失业保险费。是指企业按照国家规定标准为职工缴纳的失业保险费。

(3) 医疗保险费。是指企业按照规定标准为职工缴纳的基本医疗保险费。

4) 住房公积金

住房公积金是指企业按规定标准为职工缴纳的住房公积金。

5) 危险作业意外伤害保险

危险作业意外伤害保险是指按照建筑法规定，企业为从事危险作业的建筑安装施工人员支付的意外伤害保险费。

2. 企业管理费

企业管理费是指建筑安装企业组织施工生产和经营管理所需费用。内容包括以下几个方面。

1) 管理人员工资

管理人员工资是指管理人员的基本工资、工资性补贴、职工福利费、劳动保护费等。

2) 办公费

办公费是指企业管理办公用的文具、纸张、账表、印刷、邮电、书报、会议、水电、烧水和集体取暖（包括现场临时宿舍取暖）用煤等费用。

3) 差旅交通费

差旅交通费是指职工因公出差、调动工作的差旅费，住勤补助费，市内交通费和误餐补助费，职工探亲路费，劳动力招募费，职工离退休、退职一次性路费，工伤人员就医路费，工地转移费以及管理部门使用的交通工具的油料、燃料、养路费及牌照费。

4) 固定资产使用费

固定资产使用费是指管理和试验部门及附属生产单位使用的属于固定资产的房屋、设备仪器等的折旧、大修、维修或租赁费。

5) 工具用具使用费

工具用具使用费是指管理和试验等部门使用的不属于固定资产的生产工具、器具、家具、交通工具和检验、试验、测绘、消防用具等的购置、维修和摊销费。

6) 劳动保险费

劳动保险费是指由企业支付离退休职工的异地安家补助费、职工退职金、六个月以上的病假人员工资、职工死亡丧葬补助费、抚恤费、按规定支付给离休干部的各项经费。

7）工会经费

工会经费是指企业按职工工资总额计提的工会经费。

8）职工教育经费

职工教育经费是指企业为职工学习先进技术和提高文化水平，按职工工资总额计提的费用。

9）财产保险费

财产保险费是指施工管理用财产、车辆保险。

10）财务费

财务费是指企业为筹集资金而发生的各种费用。

11）税金

税金是指企业按规定缴纳的房产税、车船使用税、土地使用税、印花税等。

12）其他费用

其他费用包括技术转让费、技术开发费、业务招待费、绿化费、广告费、公证费、法律顾问费、审计费、咨询费等。

（二）间接费的计算方法

$$间接费 = 取费基数 \times 间接费费率 \tag{5-35}$$

1.间接费的取费基数

间接费的计算按取费基数的不同分为以下三种，分别是以直接费为计算基础，以人工费和机械费合计为计算基础，以及以人工费为计算基础。

2.间接费费率

$$间接费费率(\%) = 规费费率(\%) + 企业管理费费率(\%) \tag{5-36}$$

1）以直接费为计算基础

（1）规费费率计算公式为

$$规费费率(\%) = \frac{\sum(规费缴纳标准 \times 每万元发承包价计算基数)}{每万元发承包价中的人工费含量} \times 人工费占直接费的比例 \times 100\% \tag{5-37}$$

（2）企业管理费费率计算公式为

$$企业管理费费率(\%) = \frac{生产工人年平均管理费}{年有效施工天数 \times 人工单价} \times 人工费占直接费的比例 \times 100\% \tag{5-38}$$

2）以人工费和机械费合计为计算基础

（1）规费费率计算公式为

$$规费费率(\%) = \frac{\sum(规费缴纳标准 \times 每万元发承包价计算基数)}{每万元发承包价中的人工费含量和机械费含量} \times 100\% \tag{5-39}$$

（2）企业管理费费率计算公式为

$$企业管理费费率(\%)=\frac{生产工人年平均管理费}{年有效施工天数\times(人工单价+每一工日机械使用费)}\times 100\% \tag{5-40}$$

3)以人工费为计算基础

(1)规费费率计算公式为

$$规费费率(\%)=\frac{\sum 规费缴纳标准\times 每万元发承包价计算基数}{每万元发承包价中的人工费含量}\times 100\% \tag{5-41}$$

(2)企业管理费费率计算公式为

$$企业管理费费率(\%)=\frac{生产工人年平均管理费}{年有效施工天数\times 人工单价}\times 100\% \tag{5-42}$$

三、利润及税金

建筑安装工程费用中的利润及税金是建筑安装企业职工为社会劳动所创造的那部分价值在建筑安装工程造价中的体现。

(一)利润

利润是指施工企业完成所承包工程获得的赢利。利润的计算同样因计算基础的不同而不同。

(1)以直接费为计算基础时利润的计算方法。

$$利润=(直接费+间接费)\times 相应利润率(\%) \tag{5-43}$$

(2)以人工费和机械费为计算基础时利润的计算方法。

$$利润=直接费中的人工费和机械费合计\times 相应利润率(\%) \tag{5-44}$$

(3)以人工费为计算基础时利润的计算方法。

$$利润=直接费中的人工费合计\times 相应利润率(\%) \tag{5-45}$$

在建设产品的市场定价过程中,应根据市场的竞争状况适当确定利润水平。取定的利润水平过高可能会导致丧失一定的市场机会,取定的利润水平过低又会面临很大的市场风险。相对于相对固定的成本水平来说,利润率的选定体现了企业的定价政策,利润率的确定是否合理也反映出企业的市场成熟度。

(二)税金

建筑安装工程税金是指国家税法规定的应计入建筑安装工程费用的营业税、城市维护建设税及教育费附加。

1.营业税

营业税是按营业额乘以营业税税率确定的。其中建筑安装企业营业税税率为3%。计算公式为

$$应纳营业税=营业额\times 3\% \tag{5-46}$$

营业额是指从事建筑、安装、修缮、装饰及其他工程作业收取的全部收入,还包括建筑、修缮、装饰工程所用原材料及其他物资和动力的价款。当安装的设备的价值作为安装工程产值时,亦包括所安装设备的价款。但建筑安装工程总承包方将工程分包或转包给

他人的，其营业额中不包括付给分包或转包方的价款。营业税的纳税地点为应税劳务的发生地。

2. 城市维护建设税

城市维护建设税是为筹集城市维护和建设资金，稳定和扩大城市、乡镇维护建设的资金来源，而对有经营收入的单位和个人征收的一种税。城市维护建设税是按应纳营业税额乘以适用税率确定的，其计算公式为

$$\text{应纳城市维护建设税} = \text{应纳营业税额} \times \text{适用税率}(\%) \tag{5-47}$$

城市维护建设税的纳税地点所在地为市区的，其适用税率为营业税的7%；所在地为县镇的，其适用税率为营业税的5%；所在地为农村的，其适用税率为营业税的1%。城建税的纳税地点与营业税纳税地点相同。

3. 教育费附加

教育费附加是按应纳营业税额乘以3%确定，计算公式为

$$\text{应纳教育费附加} = \text{应纳营业税额} \times 3\% \tag{5-48}$$

建筑安装企业的教育费附加要与其营业税同时缴纳。即使举办有职工子弟学校的建筑安装企业，也应当先缴纳教育费附加，教育部门可根据企业的办学情况，酌情返还给办学单位，作为对办学经费的补助。

4. 税金的综合计算

在税金的实际计算过程中，通常是三种税金一并计算。又由于在计算税金时，往往已知条件是税前造价，即直接费、间接费、利润之和，因此税金的计算往往需要将税前造价先转化为含税营业额，再按相应的公式计算缴纳税金。为了简化计算，可以直接将三种税金合并为一个综合税率，按式(5-49)计算应纳税额

$$\text{税金} = (\text{直接费} + \text{间接费} + \text{利润}) \times \text{综合税率}(\%) \tag{5-49}$$

综合税率的计算因纳税地点的不同而不同。纳税地点在市区的，税率为3.413%；纳税地点在县城、镇的，税率为3.348%；纳税地点不在市区、县城、镇的，税率为3.222%。

第三节　建筑安装工程计价程序

根据建设部第107号令《建筑工程施工发包与承包计价管理办法》的规定，发包与承包价的计算方法分为工料单价法和综合单价法。

一、工料单价法

工料单价法是以分项工程量乘以单价后的合计为直接工程费，其中分项工程单价是人工、材料、机械的消耗量乘以相应价格合计而成的直接工程费单价，计算公式为

$$\begin{aligned}\text{分项工程工料单价} = {} & \text{工日消耗量} \times \text{日工资单价} + \text{材料消耗量} \times \text{材料预算单价} + \\ & \text{机械台班消耗量} \times \text{机械台班单价}\end{aligned} \tag{5-50}$$

$$\text{直接工程费} = \sum(\text{工程量} \times \text{分项工程工料单价}) \tag{5-51}$$

$$\text{工程发包、承包价} = \text{直接工程费} + \text{措施费} + \text{间接费} + \text{利润} + \text{税金} \tag{5-52}$$

工程发包、承包价的计算程序见表5-2～表5-4。

表 5-2　以直接费为计算基础的工料单价法

序号	费用项目	计算方法	序号	费用项目	计算方法
(1)	直接工程费	按预算表	(5)	利润	[(3)+(4)]×相应利润率
(2)	措施费	按规定标准计算	(6)	合计	(3)+(4)+(5)
(3)	小计	(1)+(2)	(7)	含税造价	(6)×(1+相应税率)
(4)	间接费	(3)×间接费率			

表 5-3　以人工费和机械费为计算基础的工料单价法

序号	费用项目	计算方法	序号	费用项目	计算方法
(1)	直接工程费	按预算表	(7)	间接费	(6)×相应费率
(2)	其中人工费和机械费	按预算表	(8)	利润	(6)×相应利润率
(3)	措施费	按规定标准计算	(9)	合计	(5)+(7)+(8)
(4)	其中人工费和机械费	(3)×间接费率	(10)	含税造价	(9)×(1+相应税率)
(5)	小计	(1)+(3)			
(6)	人工费、机械费小计	(2)+(4)			

表 5-4　以人工费为计算基础的工料单价法

序号	费用项目	计算方法	序号	费用项目	计算方法
(1)	直接工程费	按预算表	(6)	人工费小计	(2)+(4)
(2)	直接工程费中人工费	按预算表	(7)	间接费	(6)×相应费率
(3)	措施费	按规定标准计算	(8)	利润	(6)×相应利润率
(4)	措施费中人工费	按规定标准计算	(9)	合计	(5)+(7)+(8)
(5)	小计	(1)+(3)	(10)	含税造价	(6)×(1+相应税率)

二、综合单价法

综合单价法是以各分项工程综合单价乘以工程量得到该分项工程的合价后，汇总所有分项工程合价而形成工程总价的方法。综合单价法中的分项工程单价为全费用单价，全费用单价经综合计算后生成，其内容包括直接工程费、间接费、利润和税金（措施费也可按此方法生成全费用价格），即

$$\text{分项工程综合单价} = \text{分项工程直接工程费} + \text{分项工程间接费} + \text{分项工程利润} + \text{分项工程税金} \quad (5\text{-}53)$$

因而，利用综合单价法计算的工程发包、承包价的计算公式为

$$\text{工程发包、承包价} = \sum(\text{工程量} \times \text{分项工程综合单价}) \quad (5\text{-}54)$$

由于各分项工程中的人工费、材料费、机械含量的比例不同，各分项工程综合单价可根据其材料费占人工费、材料费、机械费合计的比例（以“C”代表该项比值）在以下三种计

算程序中选择一种计算。

(1)当 $C > C_0$(C_0 为本地区原费用定额测算所选的典型工程材料费占人工费、材料费和机械费合计的比例)时,可以人工费、材料费、机械费合计数为基数计算该分项工程的间接费和利润。分项工程综合单价计算如表 5-5 所示。

表 5-5　分项工程综合单价计算表 1

序号	费用项目	计算方法	序号	费用项目	计算方法
(1)	分项直接工程费	人工费+材料费+机械费	(4)	合计	(1)+(2)+(3)
(2)	间接费	(1)×相应费率	(5)	含税造价	(4)×(1+相应税率)
(3)	利润	[(1)+(2)]×相应利润率			

(2)当 $C < C_0$ 时,可以人工费和机械费合计数为基数计算该分项工程的间接费和利润。分项工程综合单价计算如表 5-6 所示。

表 5-6　分项工程综合单价计算表 2

序号	费用项目	计算方法	序号	费用项目	计算方法
(1)	分项直接工程费	人工费+材料费+机械费	(4)	利润	(2)×相应利润率
(2)	其中人工费和机械费	人工费+机械费	(5)	合计	(1)+(3)+(4)
(3)	间接费	(2)×相应费率	(6)	含税造价	(5)×(1+相应税率)

(3)当该分项工程的直接工程费仅为人工费,无材料费和机械费时,可以人工费为基数计算该分项工程的间接费和利润。分项工程综合单价计算如表 5-7 所示。

表 5-7　分项工程综合单价计算表 3

序号	费用项目	计算方法	序号	费用项目	计算方法
(1)	分项直接工程费	人工费+材料费+机械费	(4)	利润	(2)×相应利润率
(2)	直接工程费中人工费	人工费	(5)	合计	(1)+(3)+(4)
(3)	间接费	(2)×相应费率	(6)	含税造价	(5)×(1+相应税率)

第四节　费用定额

建设费用定额包括建筑安装工程费用定额和工程建设其他费用定额。

为适应建筑业和基本建设管理体制改革的需要,合理确定工程造价,明确划分工程建设费用项目,正确编制工程建设投资概预算,按照国家计委关于工程建设费用定额实行统一领导、分级管理的规定,由中央和省级有关主管部门分别统一编制工程建设费用定额。

一、建筑安装工程费用定额

建筑安装工程费用定额的基本编制形式是实物法,即仅规定建筑施工所需消耗的人工、材料、机械台班的数量限额标准。现行建筑安装工程概预算定额则是同时按实物单价法相应编制出建筑、安装工程单价。即工程概预算价值额度，属于建筑安装工程直接费性质。

建筑安装工程费用定额是指在建筑安装工程建设施工过程中，除直接费外，所发生的各项其他费用标准额或费率标准，包括其他直接费定额、现场经费定额和间接费定额等。

（一）间接费定额

1. 间接费定额的概念

间接费是指施工企业组织施工、经营活动所发生的企业管理费、财务费用和其他费用等间接成本。它是建筑安装工程造价的重要组成部分。

建筑安装工程间接费用定额是国家或其授权机关制定的计取间接费的标准。国家规定，一般工业与民用建筑工程，以及除规定由各主管部门制定、审批和管理外的全国统一安装工程间接费定额，均由各省、自治区、直辖市建设主管部门制定、审批和管理。

2. 间接费定额的作用

（1）间接费定额是确定工程概算和预算造价的依据。按照国家现行规定，建筑安装工程费用由工程直接费、间接费、计划利润和税金等四部分组成。其中的间接费，是依据建筑安装工程的直接费（或人工费）和间接费定额进行计算的。所以，间接费定额是影响工程造价的重要因素，是编制工程概预算、合理确定工程造价的必不可少的依据之一。

（2）间接费定额是建筑安装企业进行经济核算、提高经营管理水平的重要依据。间接费定额是计算间接费收入的基本依据，企业要想达到以收抵支、降低非生产性开支、增加赢利的目的，就必须在定额规定的范围内，加强经济核算，改善经营管理，提高劳动生产率，不断地降低工程成本。尤其应当指出，间接费与直接费的重要区别就在于，间接费的支出同企业的经营管理水平、行政机构的工作效率有着直接的关系。所以，制定一个合理的间接费费用定额，能够促进企业的经济核算，逐步改善企业的经营管理水平。

（二）其他直接费和现场经费定额

建筑安装工程费用中的工程直接费，由直接费、其他直接费和现场经费共 3 项费用组成。其中的其他直接费和现场经费，是依据建筑安装工程直接费（或人工费）和其他直接费定额、现场经费定额进行计算的。

1. 其他直接费定额

其他直接费是指直接费以外施工过程中发生的其他费用。其内容包括：冬、雨季施工增加费，夜间施工增加费，材料二次搬运费，仪器仪表使用费，生产工具使用费，检验试验费，特殊工种培训费，工程定位复测、工程点交、场地清理等费用，特殊地区施工增加费（是指铁路、公路、通信、输电、长距离输送管理等工程在原始森林、高原、沙漠等特殊地区施工增加的费用）等。

其他直接费定额采用费率形式制定。即将它所包含的上述各项费用综合在一起，制定出其他直接费占直接费或人工费（称为计算基础）的百分率（称为费率）。

2. 现场经费定额

现场经费是指为施工准备、组织施工生产和管理所需的费用。其包括临时设施费和现场管理费两部分。

现场经费定额也是采用费率形式制定的，其计算基础与其他直接费定额相同，只是费率大小不同。

二、工程建设其他费用定额

工程建设其他费用是指根据有关规定应在基本建设投资中支出的，并列入建设项目总概算或单项工程综合概算的，除建筑安装工程费和设备购置费外的基本建设工程其他费用。按国家现行规定，基本建设其他费用包括：土地征用及拆迁补偿费，土地使用权出让金，建设单位管理费，研究试验费，前期工作费，勘察设计费，办公及生活家具购置费，生活准备费，施工机构迁移费，联合试运转费，预备费，固定资产投资方向调节税，建设期投资贷款利息等 14 项费用。

工程建设其他费用定额的编制形式有费率和费额两种指标。

三、费用定额构成

费用定额由说明、费用内容、工程类别划分、各类工程取费标准、工程造价计算程序和有关规定及附录组成。

第五节 建筑安装工程工期定额

一、建筑安装工程工期定额的概念

建筑安装工程工期定额是指在一定的生产技术和自然条件下，完成某一单位工程或群体工程（如群体住宅、住宅小区）所需用的合理工期。它是依据国家建筑安装工程质量检验评定标准、施工及验收规范等有关规定，在正常施工条件下，合理地组织劳动，以施工企业技术装备和管理的平均水平为基础，结合各地区工期定额执行情况，在广泛调查研究的基础上编制而成的。

二、建筑安装工程工期定额的作用

建筑安装工程工期定额是编制招标文件的依据，是签订建筑安装工程施工合同、确定合理工期及施工索赔的基础，也是施工企业编制施工组织设计、确定投标工期、安排施工进度的参考。

三、建筑安装工程工期定额的综合知识

（一）定额组成

现行《全国统一建筑安装工程工期定额》由民用建筑工程工期定额、工业及其他建筑工程工期定额、专业工程工期定额三部分组成。民用建筑工程工期定额又由单项工程（包括 ±0.000 以下工程，±0.000 以上住宅工程、宾馆、饭店工程、综合楼工程、办公教学楼工程、医疗门诊楼工程、图书馆工程、影剧院、体育馆工程）和单位工程（包括 ±0.000 以下结构工程，±0.000 以上砖混结构、内浇外砌结构、内浇外挂结构、全现浇结构、现浇框架结构、预制框架结构、滑模结构、升板结构等）两部分工期定额组成。工业及其他建筑

工程工期定额主要由工业建筑工程(包括单层厂房工程、多层厂房工程、降压站工程、冷冻机房工程、冷库冷藏间工程、空压机房工程、变电室工程、开闭所工程、锅炉房工程)和其他建筑工程(包括地下汽车库工程、汽车库工程、仓库工程、独立地下工程、服务用房工程、停车场工程、园林庭院工程、构筑物工程等)两部分工期定额组成。专业工程工期定额主要由设备安装工程、机械施工工程工期定额组成。

(二)地区分类

由于我国幅员辽阔,各地气候条件差别较大,故将全国划分为Ⅰ、Ⅱ、Ⅲ类地区,分别制定工期定额。

Ⅰ类地区:上海、江苏、浙江、安徽、福建、江西、湖北、广东、广西、四川、贵州、云南、重庆、海南、湖南、台湾、香港、澳门。

Ⅱ类地区:北京、天津、河北、山西、山东、河南、陕西、甘肃、宁夏。

Ⅲ类地区:内蒙古、辽宁、吉林、黑龙江、西藏、青海、新疆。

同一省、自治区内由于气候条件不同,也可按工期定额地区类别划分原则,由省、自治区建设行政主管部门在本区域内再划分类区,报建设部批准后执行。

设备安装和机械施工工程不分地区类别,执行统一的工期定额。

(三)定额工期调整规定

(1)《全国统一建筑安装工程工期定额》是按各类地区情况综合考虑的,由于各地施工条件不同,允许各地有15%以内的定额水平调整幅度,各省、自治区、直辖市建设行政主管部门可按上述规定制定实施细则,报建设部备案。

(2)因重大设计变更或发包方原因造成停工,经承、发包双方确认后,可顺延工期。因承包方原因造成的停工,不得增加工期。

(3)施工技术规范或设计要求冬季不能施工而造成主导工序连续停工,经承、发包双方确认后,可顺延工期。

(4)凡定额中未包括的项目,各省、自治区、直辖市建设行政主管部门可制定补充工期定额,并报建设部备案。

各地应根据工程的具体情况,如工程所在地区、用途、结构形式,依据定额的使用说明正确套用定额。

小　结

本章主要讲述建设项目投资的概念,工程造价的构成、主要内容和编制方法,建筑安装工程费用的组成、含义及计算程序。

(1)建设项目总投资一般包括可研阶段的建设项目估算总投资和初设阶段的建设项目概算总投资。

(2)建设项目总投资的内容包括固定资产投资估算和铺底流动资金估算。固定资产投资估算包括建筑安装工程费用、设备购置费用、工器具和生产用具购置费用、工程建设其他费用、预备费用、建设期贷款利息等。

(3)建筑安装工程造价由直接费、间接费、利润和税金四部分组成。直接费由直接工程费和措施费组成。间接费由规费和企业管理费构成。利润指按规定应计入建筑工程造价的施工企业利润。税金指按国家税法规定应计入工程造价的各项税费。

(4)通过本章的学习,要了解建设项目总投资的构成,熟悉建设项目总投资的计算方法,掌握建筑安装工程费用的组成与计算。全面了解上述费用所包括的内容和计算方法,才能正确计取各项费用,合理确定工程造价。

(5)由于建筑安装工程费的费用标准与组成各地区略有差异,所以在学习本章内容时要结合本地区费用定额和有关规定,做到学以致用,达到正确计算工程造价的目的。

复习思考题

5-1 建设项目费用由哪几部分构成?

5-2 试说明以直接费、措施费中的“人工费＋机械费”为取费基数的工程,其建筑安装工程费的计价程序。

5-3 工程建设其他费用包括哪些费用?

5-4 某项目建设期为2年,第一年贷款100万元,第二年贷款200万元,贷款年利率为10%。计算建设期贷款利息。

5-5 根据建标[2003]206号文件的规定,建筑安装工程费用由哪几部分构成?

5-6 什么叫临时设施费?它包括哪些费用内容?如何计算?

5-7 企业管理费包括哪些费用?如何计算?

5-8 建设工程利润如何计算?

5-9 建设工程税金包括哪些内容?如何计算这项费用?

第六章 建筑工程工程量计算

本章主要介绍工程量计算的一般原则和方法,正确计算工程量的意义和步骤;建筑面积的计算规则,并具体介绍土石方工程,桩基基础工程,脚手架工程,砌筑工程,混凝土及钢筋混凝土工程,构件运输及安装工程,门窗及木结构工程,楼地面工程,屋面及防水工程,防腐、保温、隔热工程,装饰工程,金属结构制作工程,建筑工程垂直运输费和建筑物超高增加费的计算规则。

第一节 工程量计算的一般原则

一、正确计算工程量的意义

工程量是指按照事先约定的工程量计算规则计算出来的、以物理计量单位或自然计量单位表示的分部分项工程的数量。物理计量单位多采用长度 m、面积 m^2、体积 m^3、质量 t 或 kg,自然计量单位多采用个、只、套、台、座等。

工程量与实物量不同,其区别在于工程量是按照工程量计算规则计算所得的工程数量,而实物量是实际完成的工程数量。

工程量是确定工程造价的基础和重要组成部分,工程量的准确程度直接影响工程造价的准确程度。所以,工程量的计量对工程造价的准确度起着决定性的作用。

正确计算工程量,其意义主要表现在以下几个方面:

(1)工程计价以工程量为基本依据,因此工程量计算得准确与否,直接影响工程造价的准确性及工程建设的投资控制。

(2)工程量是施工企业编制施工作业计划,合理安排施工进度,组织现场劳动力、材料以及机械的重要依据。

(3)工程量是施工企业编制工程形象进度统计报表,向工程建设投资方结算工程价款的重要依据。

二、工程量计算的一般原则和方法及技巧

(一)工程量计算的一般原则和方法

在工程预算造价工作中,工程量计算是编制预算造价的原始数据,繁杂且量大。工程量计算的精度和快慢,都直接影响着预算造价的编制质量与速度。

1. 工程量计算依据

(1)经审定的施工图纸及图纸会审记录、设计说明。

(2)建筑工程预算定额。

(3)图纸中引用的标准图集。

(4)施工组织设计及施工现场情况。

2. 工程量计算原则

为了准确计算工程量,防止错算、漏算和重复计算,通常要遵循以下原则。

1)列项要正确

计算工程量时,按施工图列出的分项工程必须与预算定额(《建设工程工程量清单计价规范》)中相应分项工程一致。例如:水磨石楼地面分项工程,预算定额中含水泥白石子浆面层、素水泥浆及分带嵌条与不带嵌条,但不含水泥砂浆结合层,计算分项工程量时就应列面层及结合层二项。又如,水磨石楼梯面层,预算定额中已包含水泥砂浆结合层,计算时就不应再另列项目。

因此,在计算工程量时,除熟悉施工图纸及工程量计算规则外,还应掌握预算定额和《建设工程工程量清单计价规范》(GB 50500—2008)中每个分项工程的工作内容和范围,避免重复列项及漏项。

2)工程量计算规则要一致,避免错算

计算工程量,必须与本地区现行预算定额工程量计算规则相一致。例如,砖砌体工程中,$1\frac{1}{2}$砖墙的厚度,不管图示尺寸是360 mm还是370 mm,都应按预算定额规定的365 mm计算。只有计算规则一致,才能保证工程量计算得准确。

3)计量单位要一致

计算工程量时,所列出的各分项工程的计量单位,必须与所使用的预算定额中相应项目的计量单位相一致。

4)工程量计算要准确,精度要统一

在计算工程量时,对各分项工程计算尺寸的取定要准确。例如,在计算外墙砖砌体时,规定应按“中心线长”计算,如果按偏轴线计算,就增加(或减少)了工程量。计算底稿要整洁,数字要清楚,工程量计算精度要统一。工程量的计算结果,除钢材(以“t”为计量单位)、木材(以“m^3”为计量单位)按定额单位取小数点后三位外,其余项目一般以取小数点后二位为准;建筑面积以“m^2”为单位,一般取整数。

5)计算图纸要会审,避免根本错误

计算前要熟悉图纸和设计说明,检查图纸有无错误,所标尺寸在平面、立面、剖面和详图中是否吻合;图纸中要求的做法,图纸中的门窗统计表、构件统计表和钢筋表中的型号、数量和质量,是否与图纸相符;构件的标号及加工方法,材料的规格型号及强度等都应注意。若有疑问和矛盾,须及时通过图纸会审、设计答疑解决,以避免工程量计算依据的根本错误。

3. 工程量计算方法

1)计算工程量的一般顺序

计算顺序是一个重要问题。一幢建筑物的工程项目很多,若不按一定的顺序进行,极易漏算或重复计算。

(1)单位工程的计算顺序:①按施工顺序计算;②按定额项目顺序计算。

(2)分项工程的计算顺序:①按顺时针(或逆时针)方向计算工程量,即从平面图的一个角开始，按顺时针（或逆时针）方向逐项计算，环绕一周后又回到开始点为止。此种方法适用于计算外墙、外墙基础、外墙挖地槽、外墙装修、楼地面、天棚等的工程量。但是在计算基础和墙体时，要先外墙后内墙，分别计算。②按先横后竖、先上后下、先左后右的顺序计算。此种方法适用于计算内墙、内墙基础、内墙挖槽、内墙装饰、门窗过梁等的工程量。③按结构构件编号顺序计算工程量。这种方法适用于计算门窗、钢筋混凝土构件、打桩等的工程量。④按轴线编号顺序计算工程量。这种方法适用于计算内外墙挖基槽、内外墙基础、内外墙砌体、内外墙装饰等工程。

工程造价人员可以按照自己的习惯选择计算方法。

2）应用统筹法计算工程量

在一个单位工程分解的若干个分项工程中，这些分项工程既有各自的特点，又有内在的联系。例如，计算挖沟槽、基础垫层、基础砌筑、地圈梁等分项工程量时，都用到墙的长度，外墙要用外墙中心线，内墙要用内墙净长线。又如，平整场地、地面抹灰等与底层建筑面积有关。外墙抹灰、勒脚、散水、挑檐等要用到外墙外边线长度。这些“线”和“面”是许多分项工程量计算的基础。应用统筹法计算工程量，就是根据统筹学原理，在进行工程量计算时找出各分项工程自身的特点及其内在联系，运用统筹法合理安排工程量计算顺序，以达到简化计算，提高工作效率的目的。

这一方法的计算步骤是：

（1）基数计算。

基数是单位工程的工程量计算中反复多次运用的数据，提前把这些数据算出来，供各分项工程的工程量计算时查用。这些数据是“三线一面”。其“三线”是：外墙外边线总长 $L_{外}$，外墙中心线总长 $L_{中}$，内墙净长线 $L_{内}$；“一面”是指建筑施工图上所表示的底层建筑面积，用 S_1 来表示。

“三线一面”的主要用途如下：

外墙外边线总长 $L_{外}$，是用来计算外墙装饰工程、挑檐、散水、勒脚、平整场地等分项工程工程量的基本尺寸。

外墙中心线总长 $L_{中}$，是用来计算外墙、女儿墙、外墙条形基础、垫层、挖地槽、地梁及外墙圈梁等分项工程工程量的基本尺寸。还应注意的是，由于不同厚度墙体的定额单价不同，所以 $L_{中}$ 应按不同墙体厚度分别计算。

底层建筑面积 S_1，可以用来计算平整场地、地面面层、地面垫层、天棚、屋面等分项工程的工程量。

（2）按一定的计算顺序计算项目。

主要是做到尽可能使前面项目的计算结果能运用于后面的计算中，以减少重复计算。

（3）联系实际，灵活机动。

由于工程设计很不一致，对于那些不能用“线”和“面”基数计算的不规则的、较复杂的项目工程量的计算问题，要结合实际，灵活运用下列方法加以解决：

分段计算法。当基础断面尺寸、基础埋深不同时，可采取分段法计算工程量。

分层计算法。当遇多层建筑物，各楼层的建筑面积、墙厚、砂浆强度等级等不同时，可用分层计算法。

补加计算法。先把主要的比较方便计算的部分一次算出，然后加上多出的部分。如带有墙垛的外墙，可先计算出外墙体积，然后加上砖垛体积。

补减计算法。在一个分项工程中，如每层楼的地面面积相同，地面构造除一层门厅为水磨石面层外，其余均为水泥砂浆地面，可先按每层都是水泥砂浆地面计算各楼层的工程量，然后减去门厅的水磨石面层工程量。

用统筹法计算工程量大体上分为五个步骤，见图 6-1。

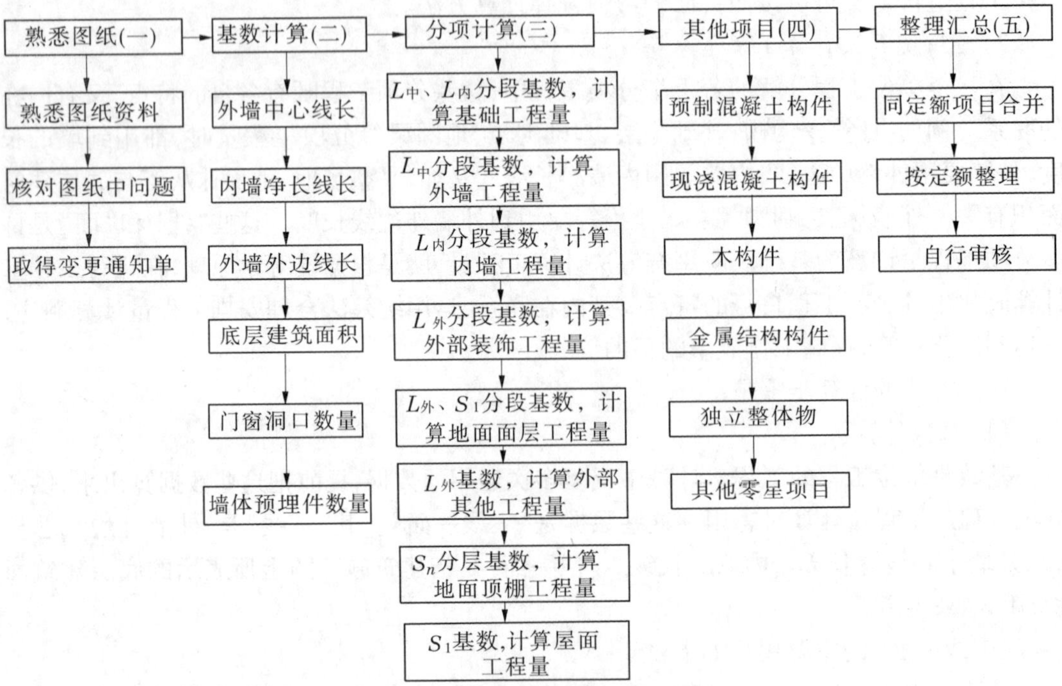

图 6-1　统筹法计算工程量步骤

(二)工程量计算的技巧

1. 熟悉施工图

1) 修正图纸

主要是按照图纸会审记录和设计变更通知单的内容修正全套施工图，这样可避免走"回头路"，造成重复劳动。

2) 粗略看图

了解工程的基本概况。如建筑物的层数、高度、层高、基础形式、结构形式和大约的建筑面积等。

了解工程所使用的材料以及采取的施工方法。如基础是砖、石基础还是钢筋混凝土基础，墙体是砌砖还是砌砌块，楼地面的做法等。

了解施工图中的梁表、柱表、混凝土构件统计表、门窗统计表，要对照施工图进行详细核对。一经核对，在计算相应工程量时就可直接利用。

了解施工图表示方法。

3)重点看图

重点看图时,需着重弄清的问题有:房屋室内外的高差,以便在计算基础和室内挖、填工程时利用这个数据;建筑物的层高、墙体、楼地面面层、门窗等相应工程内容是否因楼层或段落不同有所变化(包括尺寸、材料、做法、数量等变化),以便在有关工程量的计算时区别对待;工业建筑设备基础、地沟等平面布置的大概情况,以利于基础和楼地面工程量的计算;建筑物构配件如平台、阳台、雨篷和台阶等的设置情况,便于计算其工程量时明确所在部位。

2.合理安排工程量的计算顺序

按前面所述的几种工程量计算顺序进行。

3.灵活运用统筹法计算工程量

能够做到灵活运用统筹法计算工程量。

4.充分利用《工程量计算手册》和计算表格

利用预算《工程量计算手册》和计算表格,是加快预算编制的有力工具,应充分利用。通常,《工程量计算手册》是各地区编制的适用于本地区的预算工程量计算手册,这种手册是将本地区常用的定型构件、通用构配件和常用系数,按预算工程量的计算要求,经计算或整理汇总而成的。例如,等高式砖基础大放脚的折加高度表。

工程量计算表格,如常用来计算的项目有预制(现浇)混凝土构件统计计算表、金属结构工程量统计计算表、门窗(洞口)工程量统计计算表等。

三、工程量计算的步骤

(一)列出分项工程项目名称和工程量计算式

首先,按照一定的计算顺序和方法,列出单位工程施工图预算的分项工程项目名称;其次,按照工程量计算规则和计算单位(m、m^2、m^3、kg 等)列出工程量计算式,并注明数据来源。工程量计算式可以只列出一个算式,也可以分别列出算式,但都应当注明中间结果,以便后面使用。工程量计算通常采用计算表格形式,在工程量计算表格中列出计算式,以便进行审核。

(二)进行工程量计算

工程量计算式列出后,对所取数据复核,确认无误后再逐式计算。按前面所述的精度要求保留小数点的位数。

(三)调整计量单位

通常计算的工程量都是以 m、m^2、m^3 等为计量单位,但在预算定额中计量单位往往是 100 m、100 m^2、10 m^3 等。因此,还需把计算的工程量按预算定额中相应项目规定的计量单位进行调整,使计算工程量的计量单位与预算定额相应项目的计量单位一致,以便套用预算定额。

(四)自我检查复核

工程量计算完毕后,必须进行自我复核,检查其项目、算式、数据及小数点等有无错误和遗漏，以避免预算审查时返工重算。

第二节　建筑面积计算规则

一、概述

建筑面积也称为建筑展开面积，是指按照一定的计算规则，计算出的建筑物各层面积的总和。

建筑面积由建筑物的使用面积、辅助面积和结构面积组成。使用面积是指建筑物内各层平面布置中可直接为生产或生活使用的净面积，在民用建筑中，使用面积也称为居住面积。辅助面积是指建筑物各层平面布置中为辅助生产或生活所占净面积的总和，如公用走廊、楼梯间等面积。使用面积与辅助面积的总和称为有效面积。结构面积是指建筑物各层平面布置中的墙体、柱等结构所占面积的总和。

二、计算建筑面积的范围与规则

根据中华人民共和国建设部公告第 326 号，建设部和国家质量监督检验检疫总局联合发布的《建筑工程建筑面积计算规范》(GB/T 50353—2005)，对建筑面积计算的规定如下：

(1)单层建筑物的建筑面积，应按其外墙勒脚以上结构外围水平面积计算，如图 6-2 所示，并应符合下列规定：

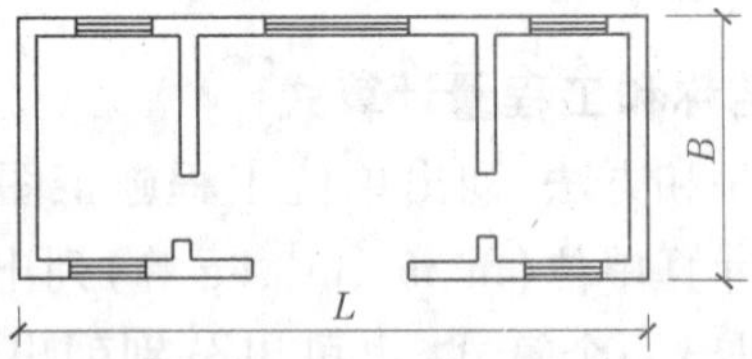

图6-2　单层建筑物建筑面积示意图

①单层建筑物高度在 2.20 m 及以上者应计算全面积，高度不足 2.20 m 者应计算1/2 面积。

②利用坡屋顶内空间时，顶板下表面至楼面的净高超过 2.10 m 的部位应计算全面积；净高在 1.20 m 至 2.10 m 的部位应计算 1/2 面积；净高不足 1.20 m 的部位不应计算面积。

《建筑工程建筑面积计算规范》(GB/T 50353—2005)规定建筑面积的计算是以勒脚以上外墙结构外边线计算，勒脚是墙根部很矮的一部分墙体加厚，不能代表整个外墙结构，因此要扣除勒脚墙体加厚的部分。

(2)单层建筑物内设有局部楼层者，局部楼层的二层及以上楼层，有围护结构的应按其围护结构外围水平面积计算，无围护结构的应按其结构底板水平面积计算。层高在 2.20 m 及以上者应计算全面积，层高不足 2.20 m 者应计算 1/2 面积。如图 6-3 所示。

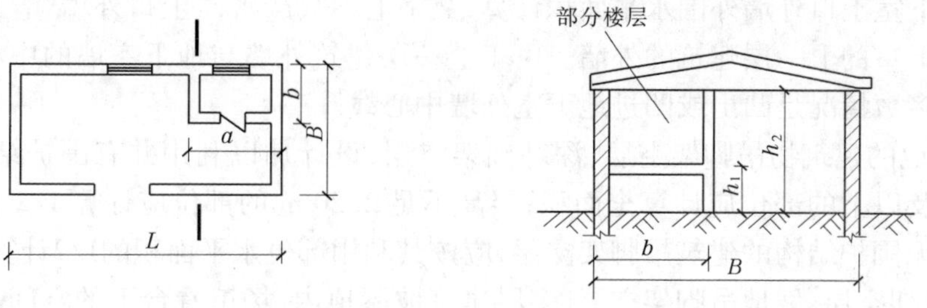

图 6-3　单层建筑物内设有局部楼层者建筑面积示意图

单层建筑物应按不同的高度确定其面积的计算。其高度是指室内地面标高至屋面板板面结构标高之间的垂直距离。遇有以屋面板找坡的平屋顶单层建筑物,其高度是指室内地面标高至屋面板最低处板面结构标高之间的垂直距离。

关于坡屋顶内空间如何计算建筑面积,参照《住宅设计规范》(GB 50096—1999)的有关规定,将坡屋顶的建筑按不同净高确定其面积的计算。净高是指楼面或地面至上部楼板底或吊顶底面之间的垂直距离。

(3)多层建筑物首层应按其外墙勒脚以上结构外围水平面积计算,二层及以上楼层应按其外墙结构外围水平面积计算。层高在 2.20 m 及以上者应计算全面积,层高不足 2.20 m 者应计算 1/2 面积。

多层建筑物的建筑面积计算应按不同的层高分别计算。层高是指上下两层楼面结构标高之间的垂直距离。建筑物最底层的层高,有基础底板的是指基础底板上表面结构标高至上层楼面的结构标高之间的垂直距离;没有基础底板的是指地面标高至上层楼面结构标高之间的垂直距离。最上一层的层高是指其楼面结构标高至屋面板板面结构标高之间的垂直距离,遇有以屋面板找坡的屋面,层高是指楼面结构标高至屋面板最低处板面结构标高之间的垂直距离。

(4)多层建筑坡屋顶内和场馆看台下,当设计加以利用时,净高超过 2.10 m 的部位应计算全面积,净高在 1.20 m 至 2.10 m 的部位应计算 1/2 面积;当设计不利用或室内净高不足 1.20 m 时不应计算面积。

多层建筑坡屋顶内和场馆看台下的空间应视为坡屋顶内的空间,设计加以利用时,应按其净高确定其面积的计算;设计不利用的空间,不应计算建筑面积。

(5)地下室、半地下室(车间、商店、车站、车库、仓库等),包括相应的有永久性顶盖的出入口,应按其外墙上口(不包括采光井、外墙防潮层及其保护墙)外边线所围水平面积计算。层高在 2.20 m 及以上者应计算全面积,层高不足 2.20 m 者应计算 1/2 面积。如图 6-4 所示。

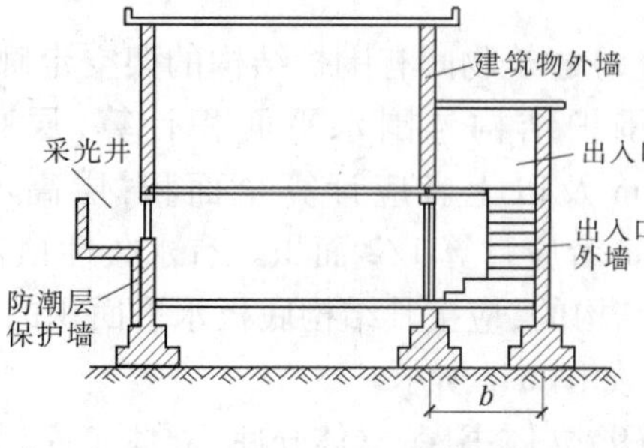

图 6-4　地下室建筑面积示意图

地下室、半地下室应以其外墙上口外边线所围水平面积计算。原计算规则规定按地下室、半地下室上口外墙外围水平面积计算，文字上不甚严密，“上口外墙”容易理解为地下室、半地下室的上一层建筑的外墙。由于上一层建筑外墙与地下室墙的中心线不一定完全重叠，多数情况是凸出或凹进地下室外墙中心线。

(6)坡地的建筑物吊脚架空层、深基础架空层，设计加以利用并有围护结构的，层高在2.20 m及以上的部位应计算全面积；层高不足2.20 m的部位应计算1/2面积。设计加以利用、无围护结构的建筑吊脚架空层，应按其利用部位水平面积的1/2计算；设计不利用的深基础架空层、坡地吊脚架空层、多层建筑坡屋顶内、场馆看台下的空间不应计算面积。如图6-5所示。

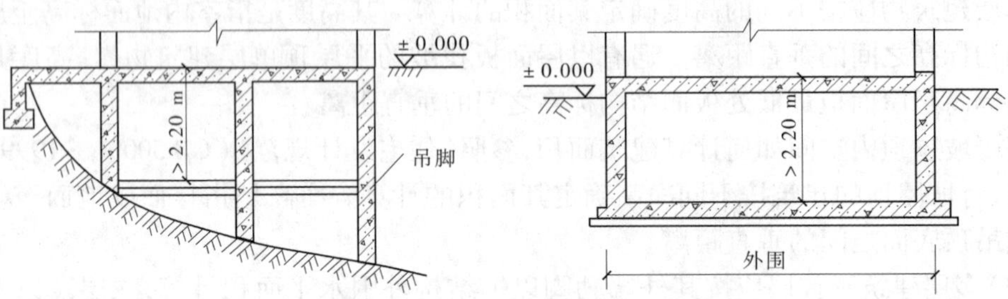

图6-5　坡地吊脚架空层、深基础架空层示意图

(7)建筑物的门厅、大厅按一层计算建筑面积。门厅、大厅内设有回廊时，应按其结构底板水平面积计算。回廊层高在2.20 m及以上者应计算全面积，层高不足2.20 m者应计算1/2面积。如图6-6所示。

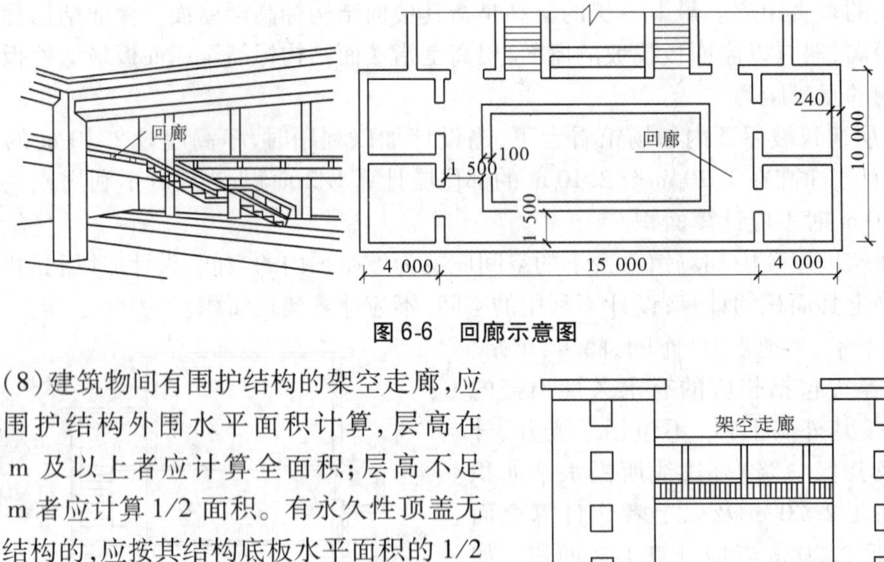

图6-6　回廊示意图

(8)建筑物间有围护结构的架空走廊，应按其围护结构外围水平面积计算，层高在2.20 m及以上者应计算全面积；层高不足2.20 m者应计算1/2面积。有永久性顶盖无围护结构的，应按其结构底板水平面积的1/2计算，如图6-7所示。

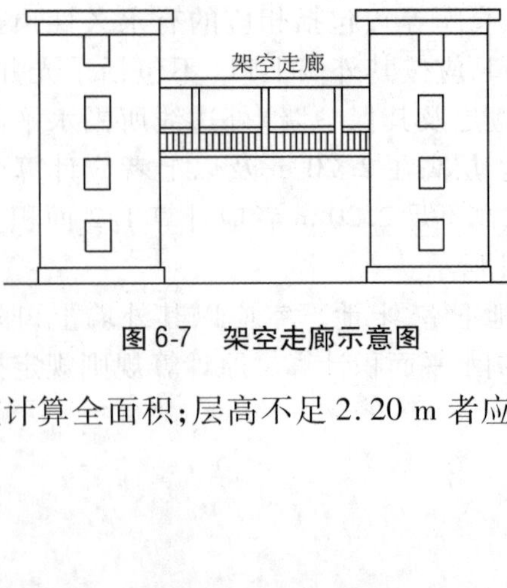

图6-7　架空走廊示意图

(9)立体书库、立体仓库、立体车库，无结构层的应按一层计算，有结构层的应按其结构层面积分别计算。层高在2.20 m及以上者应计算全面积；层高不足2.20 m者应计算

1/2 面积。

此处对原规定进行了修订,并增加了立体车库的面积计算。立体仓库、立体书库、立体车库不规定是否有围护结构,均按是否有结构层,应区分不同的层高确定建筑面积计算的范围,改变按书架层和货架层计算面积的规定。

(10)有围护结构的舞台灯光控制室,应按其围护结构外围水平面积计算。层高在 2.20 m 及以上者应计算全面积,层高不足 2.20 m 者应计算 1/2 面积。

(11)建筑物外有围护结构的落地橱窗、门斗、挑廊、走廊、檐廊,应按其围护结构外围水平面积计算。层高在 2.20 m 及以上者应计算全面积,层高不足 2.20 m 者应计算 1/2 面积。有永久性顶盖无围护结构的应按其结构底板水平面积的 1/2 计算。

(12)有永久性顶盖无围护结构的场馆看台应按其顶盖水平投影面积的 1/2 计算。

此处所称“场馆”实质上是指“场”(如足球场、网球场等)看台上有永久性顶盖部分。“馆”应是有永久性顶盖和围护结构的,应按单层或多层建筑相关规定计算面积。

(13)建筑物顶部有围护结构的楼梯间、水箱间、电梯机房等,层高在 2.20 m 及以上者应计算全面积,层高不足 2.20 m 者应计算 1/2 面积。

若遇建筑物屋顶的楼梯间是坡屋顶,应按坡屋顶的相关条文计算面积。

(14)设有围护结构不垂直于水平面而超出底板外沿的建筑物,应按其底板面的外围水平面积计算。层高在 2.20 m 及以上者应计算全面积,层高不足 2.20 m 者应计算 1/2 面积。

设有围护结构不垂直于水平面而超出底板外沿的建筑物是指向建筑物外倾斜的墙体,若遇有向建筑物内倾斜的墙体,应视为坡屋顶,应按坡屋顶有关条文计算面积。

(15)建筑物内的室内楼梯间、电梯井、观光电梯井、提物井、管道井、通风排气竖井、垃圾道、附墙烟囱应按建筑物的自然层计算。

室内楼梯间的面积计算,应按楼梯依附的建筑物的自然层数计算并在建筑物面积内。遇跃层建筑,其共用的室内楼梯应按自然层计算面积;上下两错层户室共用的室内楼梯,应选上一层的自然层计算面积。

(16)雨篷结构的外边线至外墙结构外边线的宽度超过 2.10 m 者,应按雨篷结构板的水平投影面积的 1/2 计算。

雨篷均以其宽度超过 2.10 m 或不超过 2.10 m 衡量,超过 2.10 m 者应按雨篷的结构板水平投影面积的 1/2 计算。有柱雨篷和无柱雨篷计算应一致。

(17)有永久性顶盖的室外楼梯,应按建筑物自然层的水平投影面积的 1/2 计算。

室外楼梯,最上层楼梯无永久性顶盖,或不能完全遮盖楼梯的雨篷,上层楼梯不计算面积,上层楼梯可视为下层楼梯的永久性顶盖,下层楼梯应计算面积。

(18)建筑物的阳台均应按其水平投影面积的 1/2 计算。

建筑物的阳台,不论是凹阳台、挑阳台、封闭阳台、不封闭阳台均按其水平投影面积的一半计算。如图 6-8 所示。

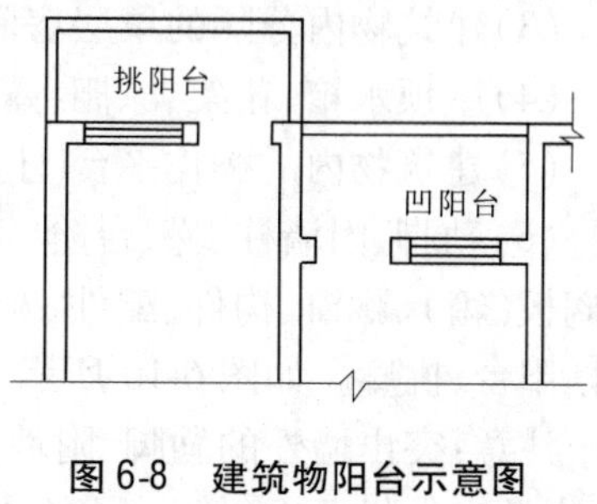

图 6-8 建筑物阳台示意图

(19)有永久性顶盖无围护结构的车棚、货棚、站台、加油站、收费站等,应按其顶盖水平投影面积的1/2计算。

车棚、货棚、站台、加油站、收费站等的面积计算。由于建筑技术的发展,出现许多新型结构,如柱不再是单纯的直立的柱,而出现正V形柱、倒V形柱等不同类型的柱,给面积计算带来许多争议,为此,我们不以柱来确定面积的计算,而依据顶盖的水平投影面积计算。在车棚、货棚、站台、加油站、收费站内设有有围护结构的管理室、休息室等,另按相关条款计算面积。

(20)高低联跨的建筑物,应以高跨结构外边线为界分别计算建筑面积;其高低跨内部连通时,其变形缝应计算在低跨面积内。如图6-9所示。

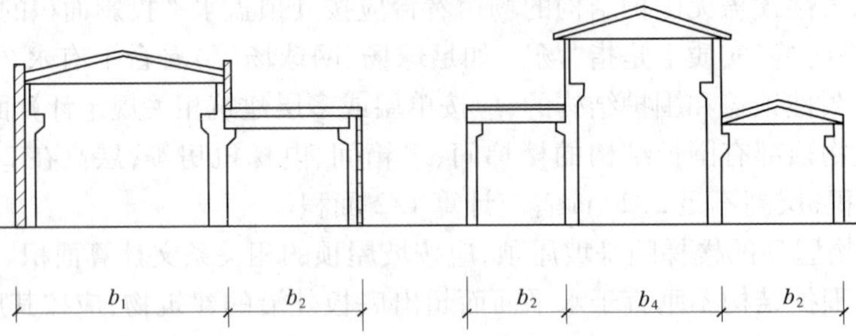

图6-9 高低联跨的建筑物示意图

(21)以幕墙作为围护结构的建筑物,应按幕墙外边线计算建筑面积。

(22)建筑物外墙外侧有保温隔热层的,应按保温隔热层外边线计算建筑面积。

(23)建筑物内的变形缝,应按其自然层合并在建筑物面积内计算。

《建筑工程建筑面积计算规范》(GB/T 50353—2005)所指建筑物内的变形缝是与建筑物相连通的变形缝,即暴露在建筑物内,在建筑物内可以看得见的变形缝。

三、不计算建筑面积的范围

根据中华人民共和国建设部公告第326号,建设部和国家质量监督检验检疫总局联合发布的《建筑工程建筑面积计算规范》(GB/T 50353—2005)规定,下列项目按照计量规则的规定不应计算面积:

(1)建筑物通道(骑楼、过街楼的底层)。

(2)建筑物内的设备管道夹层。

(3)建筑物内分隔的单层房间,舞台及后台悬挂幕布、布景的天桥、挑台等。

(4)屋顶水箱、花架、凉棚、露台、露天游泳池。

(5)建筑物内的操作平台、上料平台、安装箱和罐体的平台。

(6)勒脚、附墙柱、垛、台阶、墙面抹灰、装饰面、镶贴块料面层、装饰性幕墙、空调室外机搁板(箱)、飘窗、构件、配件、宽度在2.10 m及以内的雨篷以及与建筑物不相连通的装饰性阳台、挑廊。如图6-10所示。

注意:突出墙外的勒脚、附墙柱、垛、台阶、墙面抹灰、装饰面、镶贴块料面层、装饰性幕墙、空调室外机搁板(箱)、飘窗、构件、配件、宽度在2.10 m及以内的雨篷以及与建筑物

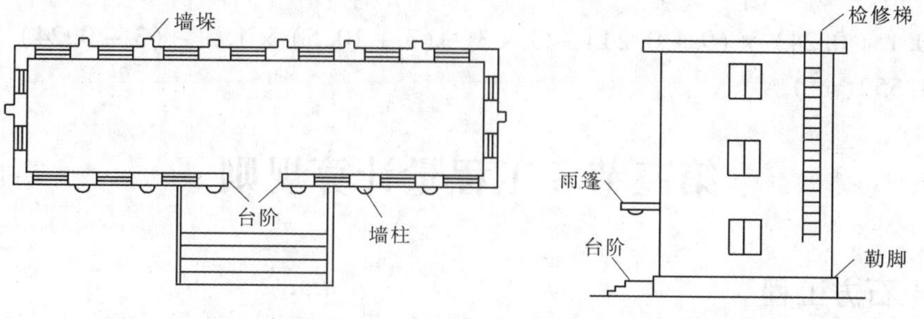

图 6-10　勒脚、附墙柱、垛、台阶、室外钢爬梯、雨篷示意图

内不相连通的装饰性阳台、挑廊等均不属于建筑结构，不应计算建筑面积。

(7)无永久性顶盖的架空走廊、室外楼梯和用于检修、消防等的室外钢楼梯、爬梯。

(8)自动扶梯、自动人行道。

注意：自动扶梯(斜步道滚梯)，除两端固定在楼层板或梁外，扶梯本身属于设备，为此扶梯不宜计算建筑面积。水平步道(滚梯)属于安装在楼板上的设备，不应单独计算建筑面积。

(9)独立烟囱、烟道、地沟、油(水)罐、气柜、水塔、贮油(水)池、贮仓、栈桥、地下人防通道、地铁隧道。

四、建筑面积计算实例

【例 6-1】　某单层建筑物外墙轴线尺寸如图 6-11 所示，墙厚均为 240 mm，轴线居中，试计算建筑面积。

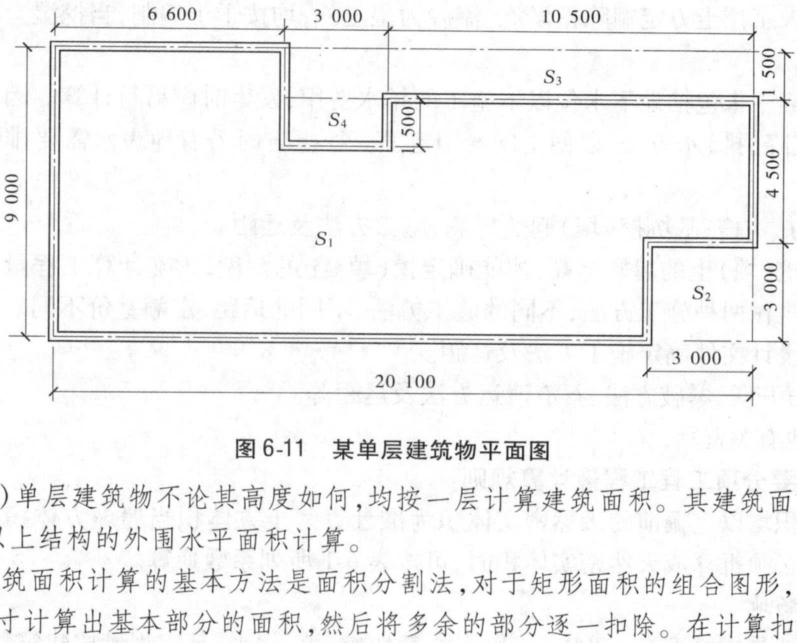

图 6-11　某单层建筑物平面图

解：(1)单层建筑物不论其高度如何，均按一层计算建筑面积。其建筑面积按建筑物外墙勒脚以上结构的外围水平面积计算。

(2)建筑面积计算的基本方法是面积分割法，对于矩形面积的组合图形，可先按最大的长、宽尺寸计算出基本部分的面积，然后将多余的部分逐一扣除。在计算扣除部分面积时，注意轴线尺寸的运用。

$$S = S_1 - S_2 - S_3 - S_4$$
$$= (20.1 + 0.24) \times (9 + 0.24) - 3 \times 3 - (3 + 10.5) \times 1.5 - (3 - 0.24) \times 1.5$$
$$= 154.552(m^2)$$

第三节　工程量计算规则

一、土石方工程

土石方工程包括平整场地、挖土、凿石、回填土、土石方运输等项目。

(一)资料准备

在计算土石方工程量时,应首先明确以下资料:

(1)土壤、岩石类别及其划分。

土壤、岩石的类别对工程量计算及套用定额项目单价有直接影响。在定额中,土壤共划分为一、二类土壤(普式Ⅰ、Ⅱ类)、三类土壤(普式Ⅲ类)、四类土壤(普式Ⅳ类),岩石划分为松石(普式Ⅴ类)、次坚石(普式Ⅵ—Ⅷ类)、普坚石(普式Ⅸ、Ⅹ类)、特坚石(普式(Ⅺ—Ⅻ类)。

(2)地下水位标高及排(降)水方法。

地下水位的标高应依据工程勘测资料确定,从而判断施工所挖的是干土还是湿土。干、湿土的划分应根据地质勘测资料规定的地下水位计算。当无规定时,应以地下常水位为准,常水位以上为干土,以下为湿土。当采用人工降低地下水位时,干、湿土的划分仍以常水位为准。

定额中人工挖土方定额除挖淤泥、流砂为湿土外,均按干土编制,当挖湿土时,人工乘以系数1.18。

由于定额中未包括地下水位以下施工的排水费用,发生时应另行计算。因此,若有地下水,需确定降(排)水方法,以便正确套用定额。挖土方时若有地表水需要排除,也应另行计算。

(3)土方、沟槽、基坑挖(填)起始标高、施工方法及运距。

确定了挖(填)土的起始标高,才能确定挖(填)土的深度,正确计算工程量。挖土、运土有人工和机械两种施工方法,不同的施工方法、不同的运距,定额基价不同。因此,应根据施工组织设计文件确定施工方法及运距。

(4)岩石开凿、爆破方法、石渣清运方法及运距等。

(5)其他有关资料。

(二)主要分项工程工程量计算规则

土方体积均以挖掘前的天然密实体积为准计算。土方体积当遇虚方体积、夯实体积和松填体积必须折算成天然密实体积时,可按表6-1所列系数换算。

1. 平整场地

平整场地是指厚度在 ±300 mm 以内的就地挖、填、找平,其工程量按建筑物底面外墙外边线每边各加2 m所围成的面积以 m^2 计算。按竖向布置进行大型挖土或回填土时,不得再计算平整场地的工程量。

表 6-1　土方体积折算

虚方体积	天然密实体积	夯实体积	松填体积
1.00	0.77	0.67	0.83
1.30	1.00	0.87	1.08
1.50	1.15	1.00	1.25
1.20	0.92	0.80	1.00

注：虚土是指未经填压自然形成的土，天然密实土是指未经扰动的自然土（天然土），夯实土是指按规范要求经过分层碾压、夯实的土，松填土是指挖出的自然土自然堆放未经夯实填在槽、坑中的土。

【例 6-2】 计算如图 6-12 所示平整场地工程量。

解：工程量 $=(15.24+4)\times(30.24+4)=658.78(m^2)$

对于规则矩形及不规则的多边矩形图形的工程量，均可用式(6-1)计算：

$$S_{平整场地}=S_{底}+2\times L_{外}+16 \tag{6-1}$$

式中　$S_{平整场地}$——场地平整工程量；

$S_{底}$——建筑物底层建筑面积；

$L_{外}$——建筑物外墙外边线总长；

16——没有计算到的四个角的面积，即 $2\ m\times2\ m\times4=16(m^2)$。

图 6-13 所示的多边矩形，阴阳角面积抵消后的拐角总面积仍为 16 m^2。

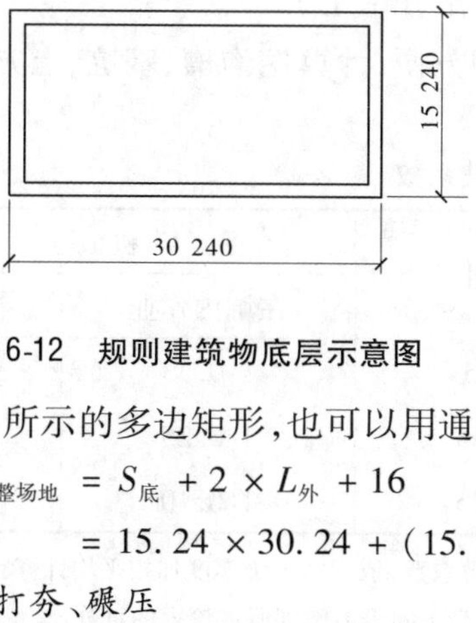

图 6-12　规则建筑物底层示意图

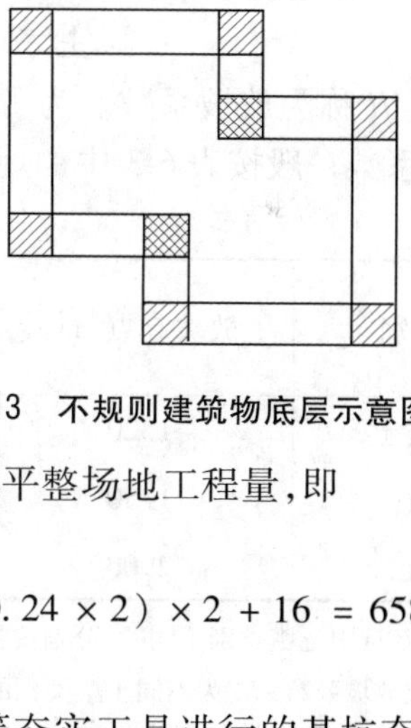

图 6-13　不规则建筑物底层示意图

图 6-12 所示的多边矩形，也可以用通用公式计算平整场地工程量，即

$$S_{平整场地}=S_{底}+2\times L_{外}+16$$
$$=15.24\times30.24+(15.24\times2+30.24\times2)\times2+16=658.78(m^2)$$

2. 原土打夯、碾压

原土打夯是指人工采用木夯、石夯、电动蛤蟆夯等夯实工具进行的基坑夯实，适用于沟槽、基坑及范围较小的地坪表面夯实，其工程量按沟槽、基坑底或地坪压实面积以 m^2 计算。

原土碾压是采用压路机、碾压机进行大面积基坑、地坪压实平整，适用于施工前大面积的平整场地或地表的碾压，其工程量按压实面积以 m^2 计算，填土碾压按图示厚度以 m^3 计算。

3. 挖沟槽、基坑、土方

人工挖沟槽、基坑、土方的工程量按挖方体积以 m^3 计算，挖沟槽、基坑、土方的工程区别如下：

(1)凡图示沟槽底宽在 3 m 以内，且槽长大于槽宽三倍以上的为沟槽；

(2)凡图示基坑底面积在 20 m^2 以内的为基坑；

(3)凡图示沟槽底宽在 3 m 以外，坑底面积在 20 m^2 以外，平整场地挖土方厚度在 ±300 mm 以外的，均按挖土方计算。

在沟槽、基坑下进行基础施工时，为了保证施工人员正常施工而在垫层两侧所增加的预留宽度，称为工作面。所需增加的工作面宽度，按施工组织设计规定计算（实际施工不留工作面者，不得计算）；当无施工组织设计规定时，按表 6-2 规定计算。

表 6-2　基础施工所需工作面计算　（单位：mm）

基础材料	每边各增加工作面宽度	基础材料	每边各增加工作面宽度
砖基础	200	混凝土基础支模板	300
浆砌毛石、条石基础	150	基础垂直面做防水层	800（防水层面）
混凝土基础垫层支模板	300		

人工挖沟槽、基坑，如果土层深度较深，土质较差，为了防止坍塌和保证安全，需要将沟槽或基坑边壁修成一定的倾斜坡度，称为放坡。沟槽边坡坡度以挖沟槽或基坑的深度 H 与边坡底宽 B 之比表示，即

$$土方边坡坡度 = H/B = 1/K \tag{6-2}$$

式中，$K = B/H$ 称为放坡系数。为了统一和使用方便，计算挖沟槽、基坑、土方工程量需放坡时，放坡系数一般按表 6-3 中的规定计算。

表 6-3　放坡系数

土壤类别	放坡起点(m)	人工挖土方	机械挖土	
			在坑内作业	在坑上作业
一、二类土	1.20	1∶0.5	1∶0.33	1∶0.75
三类土	1.50	1∶0.33	1∶0.25	1∶0.67
四类土	2.00	1∶0.25	1∶0.10	1∶0.33

注：1. 沟槽、基坑中土壤类别不同时，分别按其放坡起点、放坡系数，依不同土壤厚度加权平均计算，即 $K = \sum K_i U_i$，K 为加权放坡系数；K_i 为不同土壤类别的放坡系数；U_i 为不同土壤类别所占深度的百分比。

2. 计算放坡时，在交接处重复工程量不予扣除，原槽、坑做基础垫层时，放坡自垫层上表面开始计算。

在土方工程中，虽然可以采取放坡的方法防止沟槽、基坑侧壁坍塌，但为了避免因放坡而造成沟槽、基坑上口太宽，或受到施工现场场地限制，可采用支护的方法，支挡土板就是支护方式之一。支挡土板时，其宽度按图示沟槽、基坑底宽，单面加 100 mm 计算。

1)挖沟槽

挖沟槽工程量按设计图示尺寸以 m^3 计算。其中，挖沟槽长度，外墙按图示中心线长

度计算，内墙按图示基础底面之间净长度（或内槽净长度）计算；槽底宽度按图示尺寸（或加工作面和挡土板宽度）计算；沟槽深度按图示槽底面积至室外地坪深度计算；内外突出部分（垛、附墙烟囱）体积并入沟槽土方工程量计算。

由于挖沟槽的施工方法很多，其计算公式也不相同，主要有以下几种：

（1）有工作面、不放坡（见图6-14）时为

$$V = (B + 2C)HL \tag{6-3}$$

（2）由垫层下表面放坡（见图6-15）时为

$$V = (B + 2C + KH)HL \tag{6-4}$$

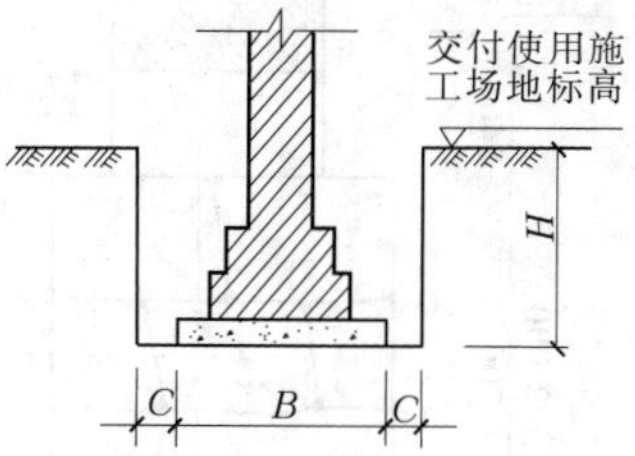

图6-14　有工作面、不放坡

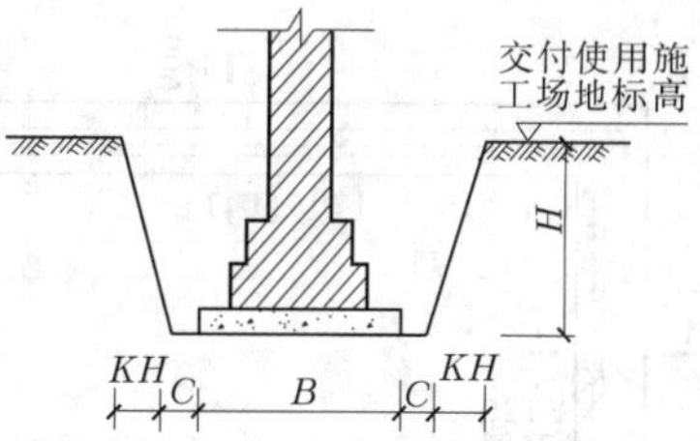

图6-15　由垫层下表面放坡

（3）由垫层上表面放坡（见图6-16）时为

$$V = BH_1L + (B_1 + 2C + KH_2)H_2L \tag{6-5}$$

（4）有工作面、支挡土板（见图6-17）时为

$$V = (B + 2C + 2 \times 0.1)HL \tag{6-6}$$

式中　V——沟槽的挖方体积，m^3；

L——沟槽的长度，m；

B——垫层底面宽度，m；

B_1——基础底面宽度，m；

H——挖土深度，m；

H_1——垫层高，m；

H_2——垫层上表面至交付使用施工场地标高之间高度，m；

C——工作面宽度，m；

K——放坡系数。

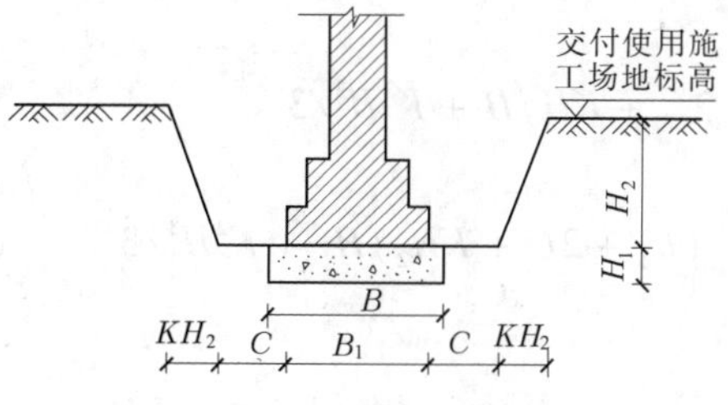

图6-16　由垫层上表面放坡

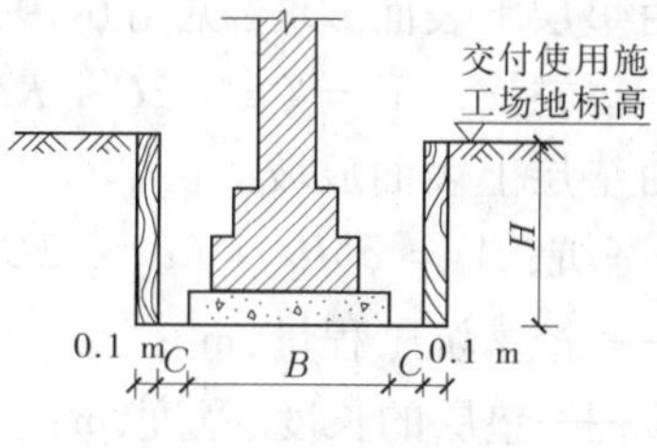

图6-17　有工作面、支挡土板

【例6-3】　如图6-18所示，槽深为2 m，土壤性质为三类土，毛石基础底宽度为0.6 m，试计算人工挖地槽土方体积。

解：

$$L = (25 + 0.25 \times 2 - 0.37) \times 2 + (15 + 0.25 \times 2 - 0.37) \times 2 = 80.52(\mathrm{m})$$

$$\begin{aligned} V &= L(b + 2C + KH)H \\ &= 80.52 \times (0.6 + 0.15 \times 2 + 0.33 \times 2) \times 2 \\ &= 251.22(\mathrm{m}^3) \end{aligned}$$

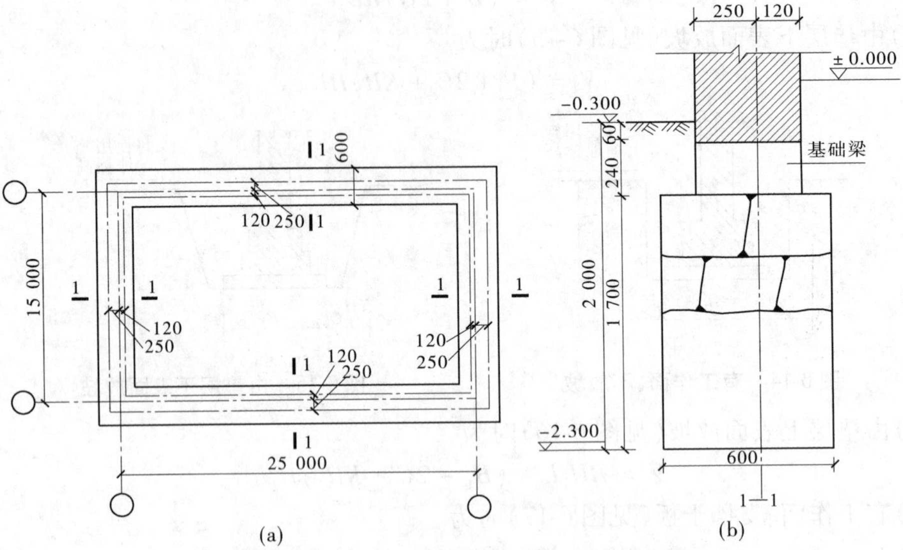

图 6-18　某建筑物基础平面及剖面示意图

2）挖基坑

挖基坑是指凡是不满足挖沟槽条件之一，且坑底面积≤20 m² 的挖土工程。

挖基坑工程量按设计图示尺寸以 m³ 计算。其中，基坑深度按图示槽底面至室外地坪深度计算。

由于挖基坑的施工方法很多，其计算公式也不相同，主要有以下几种：

（1）有工作面、不放坡。

矩形基坑：$V = (a + 2C)(b + 2C)H$ （6-7）

（2）有工作面、支挡土板。

矩形基坑：$V = (a + 2C + 2 \times 0.1)(b + 2C + 2 \times 0.1)H$ （6-8）

（3）由垫层下表面放坡（见图 6-19）。

矩形基坑：$V = (a + 2C + KH)(b + 2C + KH)H + K^2H^3/3$ （6-9）

（4）由垫层上表面放坡。

矩形基坑：$V = abH_2 + (a_2 + 2C + KH_1)(b_2 + 2C + KH_2)H_1 + K^2H_1^3/3$ （6-10）

式中　V——挖基坑工程量，m³；

a、b——垫层的长度、宽度，m；

a_2、b_2——基础底面的长度、宽度，m；

H——挖土深度，m；

H_1——垫层上表面至交付使用施工场地标高之间的高度，m；

H_2——垫层的高度,m;

$K^2H^3/3$——坑四角锥体的土方体积,m^3;

K——放坡系数;

C——工作面宽度,m;

0.1——单面支挡土板的厚度,m。

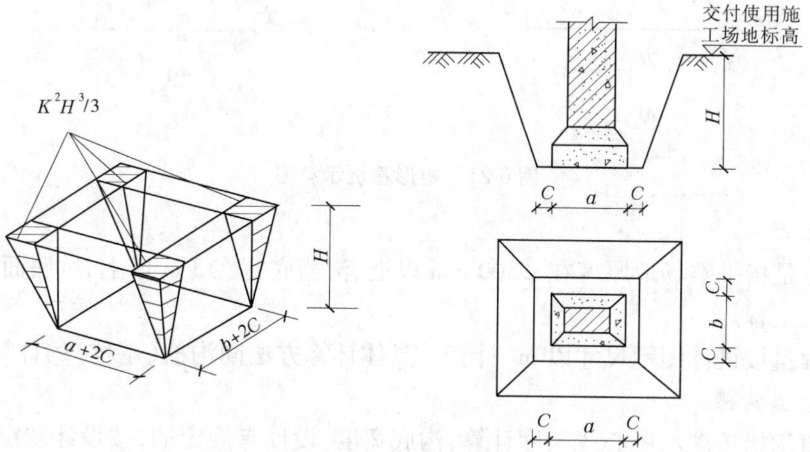

图 6-19 由垫层下表面放坡

对于放坡自垫层下表面开始的圆形基坑(见图 6-20)计算方法如下:

圆形基坑: $$V = \pi H(R_1^2 + R_2^2 + R_1R_2)/3 \quad (6\text{-}11)$$

式中 V——挖基坑工程量,m^3;

H——挖土深度,m;

R_1——坑底半径,m;

R_2——坑上口半径,m。

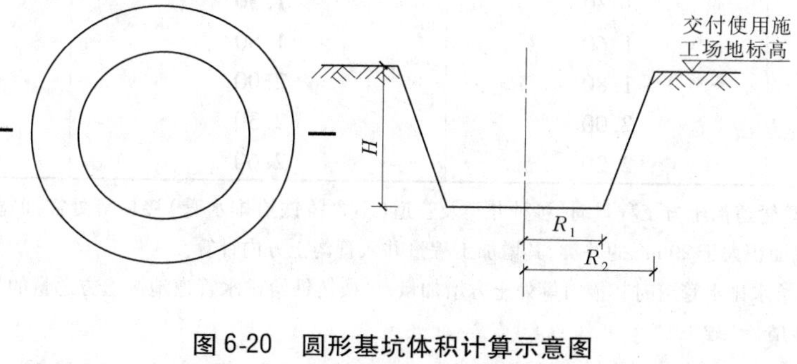

图 6-20 圆形基坑体积计算示意图

【例 6-4】 图 6-21 所示为某工程采用的钢筋混凝土独立基础,土质为二类土,挖土深度 1.5 m,已知:$a=1.5$ m,$C=0.30$ m,$b=1.0$ m,$H=1.5$ m,$K=0.5$,计算放坡矩形基坑人工挖土方体积。

解: $V = H(a + 2C + KH)(b + 2C + KH) + K^2H^3/3$

$= 1.5 \times (1.5 + 0.3 \times 2 + 0.5 \times 1.5) \times (1.0 + 0.3 \times 2 + 0.5 \times 1.5) +$

$0.5^2 \times 1.5^3/3 = 10.33(m^3)$

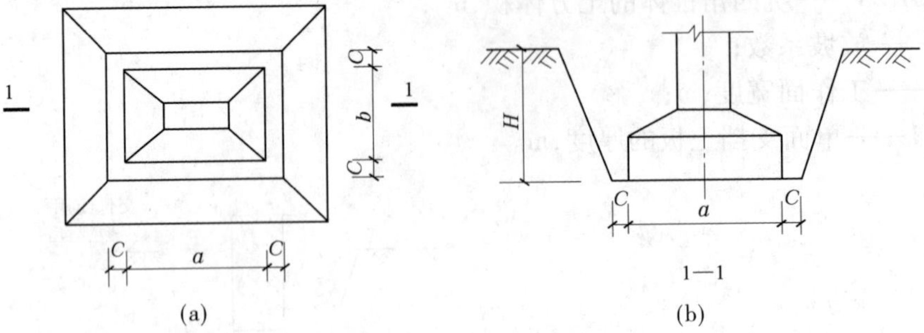

图 6-21　矩形基坑示意图

3) 挖土方

挖土方是指平整场地厚度在 ±300 mm 以上、沟槽底宽在 3 m 以上、坑底面积在 20 m^2 以上的挖土工程。

其工程量按设计图示尺寸以 m^3 计算。具体计算方法同沟槽(基坑)的计算方法。

4) 挖管道沟槽

挖管道沟槽按图示中心线长度计算,沟底宽度,设计有规定的,按设计规定尺寸计算;设计无规定的,可按表 6-4 规定宽度计算。

表 6-4　管道地沟沟底宽度计算　　(单位:m)

管径(mm)	铸铁管、钢管、石棉水泥管	混凝土、钢筋混凝土、预应力混凝土管	陶土管
50 ~ 70	0.60	0.80	0.70
100 ~ 200	0.70	0.90	0.80
250 ~ 350	0.80	1.00	0.90
400 ~ 450	1.00	1.30	1.00
500 ~ 600	1.30	1.50	1.40
700 ~ 800	1.60	1.80	
900 ~ 1 000	1.80	2.00	
1 100 ~ 1 200	2.00	2.30	
1 300 ~ 1 400	2.20	2.60	

注:1. 按本表计算管道沟土方工程量时,各种井类及管道(不含铸铁给排水管)接口等处需加宽增加的土方量不另行计算,底面积大于 20 m^2 的井类,其增加工程量并入管沟土方内计算。

2. 铺设铸铁给水排水管道时其接口等处土方增加量,可按铸铁给排水管道地沟土方总量的 2.5% 计算。

4. 土方回填工程

回填土是指基础、垫层等隐蔽工程完工后,在 5 m 以内的取土回填的工程。当取土距离在 5 m 以内时,不计算取土的费用;当取土距离超过 5 m 时,应单独计算取土费用。

回填土区分夯填、松填,按图 6-22 所示回填体积并按下列规定以 m^3 计算。

1) 基础(沟槽、基坑)回填土

$$V_{槽} = V_{挖} - 室外地坪标高以下埋设砌筑物的体积 \tag{6-12}$$

式中,室外地坪标高以下埋设砌筑物的体积是指基础、基础垫层、地圈梁或基础梁等体积。

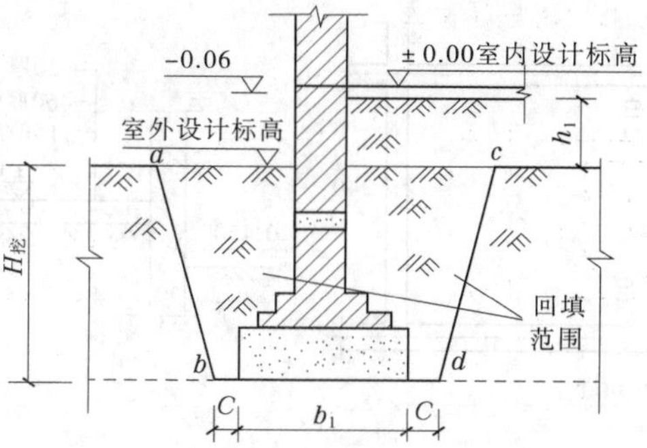

图 6-22　基础回填土示意图

2)管道沟槽回填土

$$V_{填} = V_{挖} - 管径所占体积 \tag{6-13}$$

式中,管径所占体积指超过 500 mm 的管径,小于 500 mm 的管径所占体积不予扣除。超过 500 mm 的管径所占体积按表 6-5 扣除。

表 6-5　每米管道应扣除土方体积　（单位:m^3）

管道名称	管道直径(mm)					
	501 ~ 600	601 ~ 800	801 ~ 1 000	1 001 ~ 1 200	1 201 ~ 1 400	1 401 ~ 1 600
钢管	0.21	0.41	0.71			
铸铁管	0.24	0.49	0.77			
混凝土管	0.33	0.60	0.92	1.15	1.35	1.55

3)室内房心回填土

$$V_{填} = 底层主墙间净面积 \times (室内外设计标高差 - 室内地坪的厚度) \tag{6-14}$$

式中　主墙——墙厚大于 150 mm 的墙。

【例 6-5】　如图 6-23 所示,计算室内回填土工程量。

解: 主墙间净面积 $S_{净} = (9.9 - 0.24) \times (5.5 - 0.18 - 0.12) = 50.33(m^2)$

回填土厚度 $h_2 = 0.45 - 0.02 - 0.06 - 0.15 = 0.22(m)$

室内回填土工程量 $V = 50.33 \times 0.22 = 11.07(m^3)$

5. 土方运输

土方运输是指土方开挖后,把不能用于回填或用于回填后多余的土方运至指定地点;或是所挖土方量不能满足回填用量,需从购土地点将外购土运到现场。

$$V_{运} = 挖土总体积 - 回填土总体积 \tag{6-15}$$

式中,计算结果为正值时为余土外运体积,负值时为需取土体积。

土方运输按以下规定计算。

1)推土机推土运距

按挖方区重心至回填区重心之间的直线距离计算。

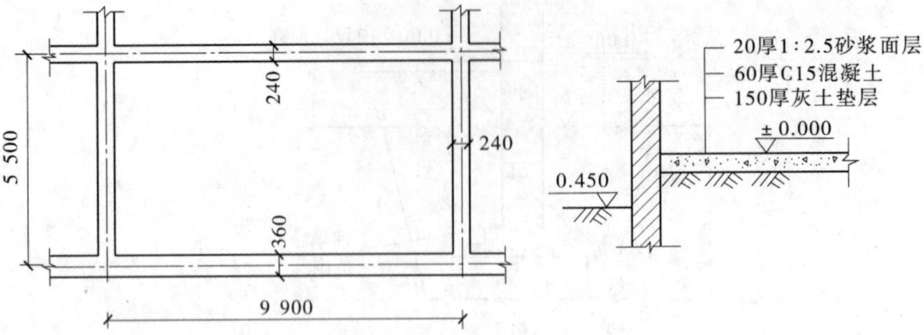

图6-23　室内回填土示意图

2)铲运机运土运距

按挖方区重心至卸土区重心加转向距离45 m计算。

3)自卸汽车运土运距

按挖方区重心至填土区(或推土地点)重心的最短距离计算。

对于推土机推土、推石渣和铲运机铲运土重车上坡,当坡度大于5%时,其运距按斜坡长度乘以系数计算,其系数见表6-6。

表6-6　坡度大于5%时运距增加系数

坡度(%)	5~10	15以内	20以内	25以内
系数	1.75	2.00	2.25	2.50

【例6-6】　某砖混结构工程条形基础如图6-24所示。土质为二类土,室外地坪标高为-0.30 m,室内地坪垫层及面层总厚度为100 mm。已知砖基础体积21.51 m^3,混凝土垫层体积3.66 m^3,钢筋混凝土基础体积6.68 m^3。计算以下工程量:(1)平整场地;(2)人工挖地槽;(3)回填土;(4)土方运输。

解:(1)平整场地工程量。

$$S_{底} = (3.0 + 3.3 + 3.3 + 0.12 \times 2) \times (2.1 + 4.2 + 0.12 \times 2) + 1.5 \times (3.3 + 0.12 \times 2)$$
$$= 64.35 + 5.31 = 69.66(m^2)$$

$$L_{外} = (3.0 + 3.3 + 3.3 + 0.12 \times 2) \times 2 + (2.1 + 4.2 + 1.5 + 0.12 \times 2) \times 2$$
$$= 19.68 + 16.08 = 35.76(m)$$

$$S_{平整场地} = S_{底} + L_{外} \times 2 + 16 = 69.66 + 35.76 \times 2 + 16 = 157.18(m^2)$$

(2)人工挖地槽工程量。

$$V = (B + 2C + KH)HL$$

因混凝土垫层支模板,查表6-2得$C=0.3$ m;已知槽底标高为-1.5 m,室外地坪标高为-0.3 m,则基础的深度$H=1.5-0.3=1.2$(m)。土质为二类土,查表6-3取$K=0.5$。

①外槽中心线总长为

$$L_{中} = (3.0 + 3.3 + 3.3 + 2.1 + 4.2 + 1.5) \times 2 = 34.80(m)$$

②内槽净长为

$$L = (4.2 - 0.4 - 0.3 - 0.3 \times 2) + (3.0 + 3.3 - 0.4 - 0.3 - 0.3 \times 2) +$$
$$(4.2 + 2.1 - 0.4 - 0.4 - 0.3 \times 2)$$

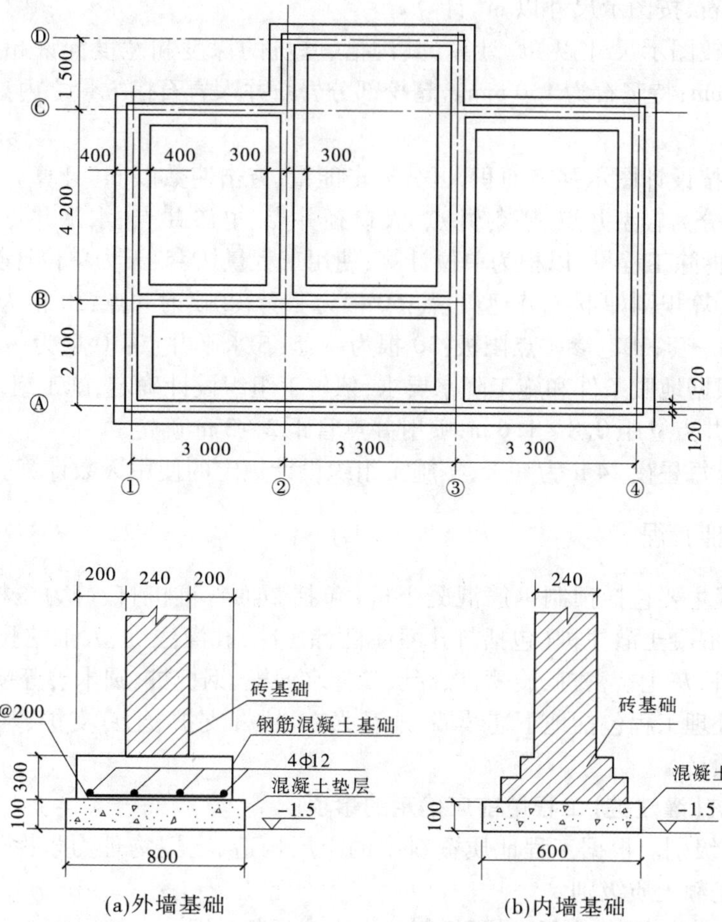

图6-24　条形基础示意图

$= 12.80(m)$

③挖地槽土方量为

$$V_{外} = (0.8 + 2 \times 0.3 + 0.5 \times 1.2) \times 1.2 \times 34.80 = 83.52(m^3)$$

$$V_{内} = (0.6 + 2 \times 0.3 + 0.5 \times 1.2) \times 1.2 \times 12.80 = 27.65(m^3)$$

$$V_{挖} = V_{外} + V_{内} = 83.52 + 27.65 = 111.17(m^3)$$

(3)回填土工程量。

$$V_{槽} = 111.17 - 21.51 - 3.66 - 6.68 = 79.32(m^3)$$

$$V_{房} = [69.66 - (34.80 + 16.08) \times 0.24] \times (0.3 - 0.1) = 11.49(m^3)$$

$$V_{填} = V_{槽} + V_{房} = 79.32 + 11.49 = 90.81(m^3)$$

(4)土方运输工程量。

$$V_{运} = V_{挖} - V_{填} = 111.17 - 90.81 = 20.36(m^3)$$

6. 石方工程

石方工程的沟槽、基坑的划分按土方工程的划分规定执行。岩石开凿及爆破工程量，区别石质按下列规定计算：

(1)人工凿岩石,按图示尺寸以 m^3 计算。

(2)爆破岩石按图示尺寸以 m^3 计算,其沟槽、基坑的深度和宽度允许超挖量:次坚石、普坚石为200 mm;特坚石为150 mm。超挖部分岩石并入岩石挖方量之内计算。

7. 其他

(1)地基强夯按设计图示强夯面积,区分夯击能量、夯击遍数以 m^2 计算。

(2)井点降水分为轻型井点、喷射井点、大口径井点、电渗井点、水平井点,不同井管深度的井管安装、拆除工程量,以根为单位计算;使用工程量按套、天为单位计算。

井点套数的计算规则如下:①轻型井点:50 根为一套;②喷射井点:30 根为一套;③大口径井点:45 根为一套;④电渗井点阳极:30 根为一套;⑤水平井点:10 根为一套。

井管间距应根据地质条件和施工降水要求,依施工组织设计确定,施工组织设计没有规定时,可按轻型井点管距 0.8 ~ 1.6 m,喷射井点管距 2 ~ 3 m 确定。

使用天数应以每昼夜 24 h 为一天,按施工组织设计规定的使用天数计算。

二、桩基基础工程

桩基基础工程主要包括预制钢筋混凝土桩(包括柴油打桩机打、静力压桩机压两种施工方法)、接桩、混凝土灌注桩(包括打孔灌注桩、钻(冲)孔灌注桩、人工挖孔桩、爆扩短桩等)、砂石灌注桩、灰土挤密桩、旋喷桩、深层搅拌水泥桩、钢板桩、圆木桩等项目。

地基与边坡处理工程包括地下连续墙、地基强夯、锚杆支护、土钉支护、基坑护坡、高压定喷防渗墙等项目。

(一)计算打桩(灌注桩)工程量前应确定的事项

(1)确定土质级别。根据工程地质资料中的土层构造、土壤物理力学性能及每米沉桩时间鉴别适用定额土质级别。

(2)确定施工方法、工艺流程,采用机型,桩、土壤泥浆运距。

(二)主要分项工程工程量计算规则

1. 打预制钢筋混凝土桩

打预制钢筋混凝土方桩、管桩和板桩的工程量,按体积以 m^3 计算。体积按设计桩长(包括桩尖,不扣除桩尖虚体积)乘以桩截面面积计算。管桩应扣除空心部分体积,如图 6-25所示。

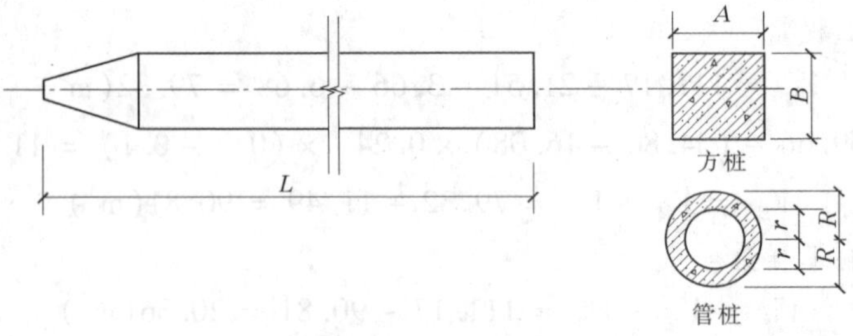

图 6-25　混凝土桩

如果管桩的空心部分按设计要求灌注混凝土或灌注其他填充材料,应另行计算。

板桩如图6-26所示，拼接面留有企口槽，打桩时一块接一块地沿地槽榫打下，形成地下墙板。其体积为

$$V = WtLn \tag{6-16}$$

式中 W——桩宽，m，按设计宽度计（桩缝、凹槽不扣除，凹槽不增加）；

t——桩厚度，m；

L——板桩长；

n——板桩数量。

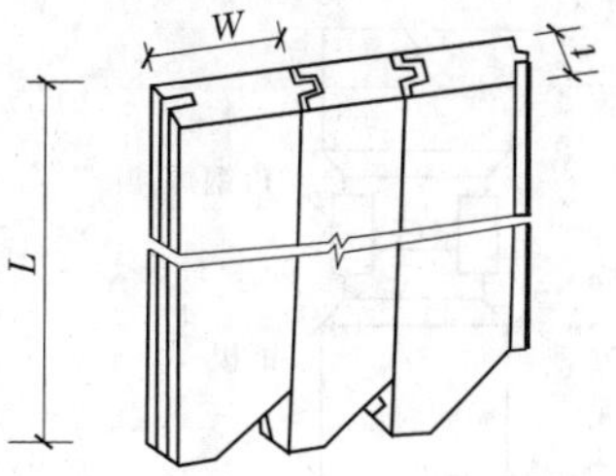

图6-26 板桩

【例6-7】 如图6-27所示，轨道式柴油打桩机打预制钢筋混凝土方桩250根，二类土。试计算打预制钢筋混凝土方桩工程量。

解：柴油打桩机打预制钢筋混凝土桩工程量，按设计桩长（包括桩尖，不扣除桩尖虚体积）乘以桩截面面积以 m^3 计算。

图6-27 预制钢筋混凝土方桩

打桩工程量

$$V = 0.25 \times 0.25 \times 7.8 \times 250 = 121.88(m^3)$$

2. 接桩

有些桩基设计很深，而预制桩因吊装、运输、就位等原因，不能将桩预制很长。接桩是指按设计要求、按桩的总长分节预制，运至现场先将第一根桩打入，将第二根桩垂直吊起和第一根桩相连接后再继续打桩，这一过程称为接桩。

接桩有电焊接桩、硫磺胶泥接桩两种基本接头方式，如图6-28、图6-29所示。

电焊接桩按设计接头以个计算，硫磺胶泥接桩按桩断面面积以 m^2 计算。

【例6-8】 某工程需打桩20根，每根桩由四段接成，采用硫磺胶泥接桩，如图6-30所示，试计算接桩工程量。

解：硫磺胶泥接桩按桩断面面积以 m^2 计算。

接桩工程量 $=0.4\times0.4\times(4-1)\times20=9.6(m^2)$

3. 送桩

利用打桩机械和送桩器，将预制桩打（或送）至地下设计要求的位置，这一过程称为送桩。送桩工程量按体积以 m^3 计算，计算公式为

$$V = S(h + 0.5)n \tag{6-17}$$

式中 S——桩截面面积，m^2；

h——桩顶面至自然地坪高度，m；

n——桩的数量。

其中，送桩长度是指打桩架底至桩顶面的高度或自桩顶面至自然地坪面的高度（如图6-31所示），另加0.5 m；数量按实际发生进行计算。

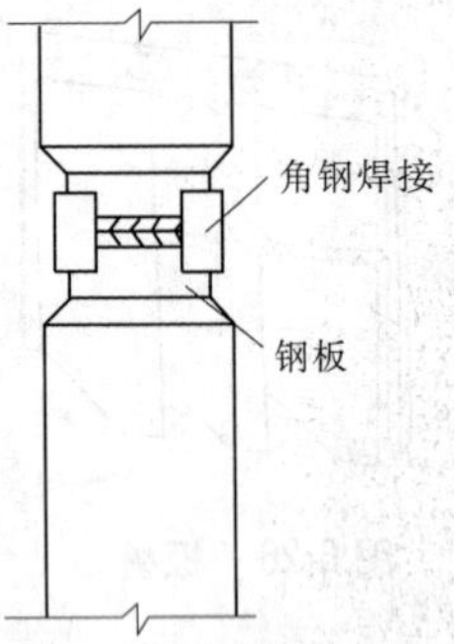

图 6-28　电焊接桩

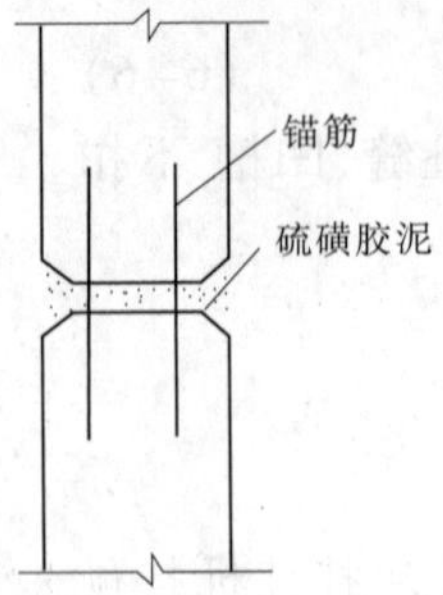

图 6-29　硫磺胶泥接桩

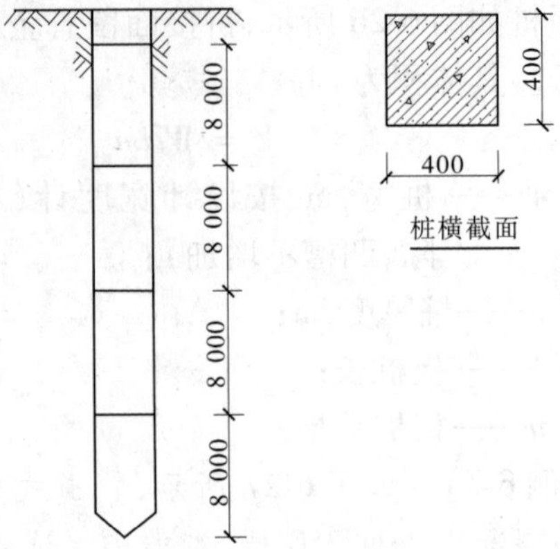

图 6-30　硫磺胶泥接桩示意

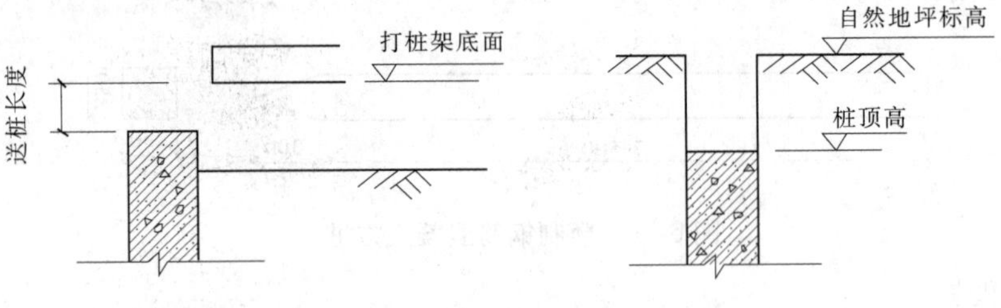

(a)　　　　(b)

图 6-31　送桩

4. 打孔灌注桩

打孔灌注桩是利用锤击式打桩机或振动式打桩机，将带有活瓣式桩靴的钢管（或先埋置预制钢筋混凝土桩尖，在桩尖顶端套上钢管）打入土中，然后在钢管内灌入混凝土或砂、碎石等材料，边灌混凝土，边振动、拔管而成。或先将钢筋骨架放入钢管内，再灌混凝土，并随灌随将钢管拔出，利用拔钢管的振动将混凝土捣实。

混凝土桩、砂桩、碎石桩的体积，按设计规定的桩长（包括桩尖，不扣除桩尖虚体积）乘以钢管管箍外径截面面积计算。

扩大（复打）桩的体积按单桩体积乘以次数计算。

5. 钻孔灌注桩

钻孔灌注桩是用螺旋钻杆钻孔或用潜水钻钻孔，至设计深度后向孔内灌注混凝土成桩。钻孔灌注桩的工程量仍按实体体积以 m^3 计算，其中长度按设计桩长加 0.25 m，计算公式为

$$V = A(L + 0.25)n \tag{6-18}$$

式中　V——单桩体积，m^3；

A——桩设计断面面积，它等于钻杆或潜水钻外径截面面积，m^2；

L——桩设计长度（包括桩尖，不扣除桩尖虚体积），m。

若需复打，复打 1 次，则钻孔灌注桩的工程量为 $V \times 2$，复打 2 次，则钻孔灌注桩的工程量为 $V \times 3$。

现场灌注桩定额的各种灌注材料用量中，均已包括充盈系数和材料损耗。充盈系数是指实际施工中打（钻）孔有偏差而大于套管尺寸部分，或由于土壤不密实，填充其空隙所需的砂、石或混凝土。

6. 钢筋混凝土灌注桩的钢筋笼

现场灌注钢筋混凝土桩的钢筋笼按设计规定，区别钢筋品种、规格，以设计长度乘以单位质量以 t 计算。

7. 人工挖孔桩

人工挖孔桩就是采用人工在桩位挖孔，排除孔中的土方，一般采用分段挖土法施工。为了防止桩周围土方塌方，每段挖土深度不能太深，宜控制在 1 m 左右（一般由设计来定），当第一段桩孔挖土完成后，就可以进行支模及浇筑护壁混凝土。护壁混凝土强度达到 1 N/mm^2（MPa）后（常温时间歇一天以上）方能拆模。这时可以进行第二段挖土，如此周而复始地分段进行，一直挖到设计标高后，即放入钢筋骨架并浇灌桩身混凝土，使桩身成形。

现场人工挖孔扩底灌注桩按图示护壁内径圆台体积及扩大桩头实体积以 m^3 计算。

8. 其他项目

（1）螺旋钻机钻孔取土按钻孔入土深度以 m 计算。

（2）灰土挤密桩、深层搅拌桩按设计截面面积乘以设计长度以 m^3 计算。

（3）高压旋喷水泥桩按水泥桩体长度以 m 计算。

（4）打拔钢板桩按钢板桩质量以 t 计算。

（5）打圆木桩的材积按设计桩长和直径根据材积表计算。

（6）压力灌浆微型桩按设计区分不同直径按主杆桩体长度以 m 计算。

（7）地下连续墙按设计图示墙中心线长度乘以厚度乘以槽深以 m^3 计算。

（8）桩基强夯按设计图示强夯面积区分夯击能量、夯击遍数以 m^2 计算。

（9）杆钻孔灌浆、砂浆土钉按入土（岩）深度以 m 计算。

（10）喷射混凝土护坡按护坡面积以 m^2 计算。

（11）高压定喷防渗墙按设计图示尺寸以 m^2 计算。

（12）安、拆导向夹具按设计图示尺寸以 m 计算。

（13）桩架 90°调面只适用轨道式、走管式、导杆、筒式柴油打桩机以次计算。

三、脚手架工程

脚手架工程主要包括砌筑脚手架、现浇混凝土脚手架、构筑物脚手架及其他工程。

（一）计算脚手架工程量前的说明

（1）外墙竹制脚手架定额内，已包括斜道及一般情况下使用的外挑（水平）防护网等工料，未包括垂直安全维护用的安全网或竹编板、塑料布等工料，当实际发生围挂时，应套相应定额子目计算。

（2）扣件式钢管双排外脚手架定额内，已综合考虑了卸料平台、缓冲台和脚手架内的斜道。但未包括独立斜道、水平及垂直安全围护用的安全网的工料，当实际发生围挂时，应套相应定额子目计算。

(二)主要分项工程工程量计算规则

1. 砌筑脚手架

(1)不论何种砌体,凡砌筑高度超过 1.2 m 者,均需计算脚手架。

(2)砌筑脚手架的计算按墙面(单面)垂直投影面积以 m^2 计算。

(3)计算脚手架工程量时,门窗洞口及穿过建筑物的车辆通道空洞面积等均不扣除。

(4)外墙脚手架按外墙外围长度(应计凸阳台两侧的长度,不计凹阳台两侧的长度),乘以室外地坪至砌体中心线顶面或女儿墙顶面高度,有山墙的加山墙面积,再乘以系数 1.05,计算其工程量。

(5)天井四周墙砌筑,若需搭外架,其计算工程量如下:

①天井短边净宽 $b \leq 2.5$ m 时,按长边净宽乘以高度再乘以系数 1.2 计算外脚手架工程量;

②天井短边净宽在 2.5 m $< b \leq 3.5$ m 时,按长边净宽乘以高度再乘以系数 1.5 计算外脚手架工程量;

③天井短边净宽 $b > 3.5$ m 时,按一般外脚手架计算。

(6)独立砖柱、突出屋面的烟囱脚手架按其外围周长加 3.6 m 后乘以高度计算。

(7)若遇下列情况者,按单排外脚手架计算:

①外墙檐高在 16 m 以内,并无施工组织设计规定时;

②独立砖柱与突出屋面的烟囱;

③砖砌围墙。

(8)若遇下列情况者,按双排外脚手架计算:

①外墙檐高超过 16 m 者;

②框架结构间砌外墙;

③外墙面带有复杂艺术形式者(艺术形式部分的面积占外墙总面积 30% 以上),或外墙勒脚以上抹灰面积(包括门窗洞口面积在内)占外墙总面积 25% 以上,或门窗洞口面积占外墙总面积 40% 以上者;

④空斗墙(不分内外墙);

⑤片石墙(含挡土墙、片石围墙)、大孔混凝土砌块墙,墙高超过 1.2 m 者;

⑥施工组织设计有明确规定者。

(9)同一幢建筑物内:有不同高度时,应分别按不同高度计算外脚手架;不同高度间的分隔墙,按相应高度的建筑物计算外脚手架;若是从楼面搭起的,应从楼面起计算。

(10)凡厚度在两砖(490 mm)以上的砖墙,均按双面搭设脚手架计算,当无施工组织设计规定时:高度在 3.6 m 以内的外墙,一面按单排外脚手架计算,另一面按里脚手架计算;高度在 3.6 m 以上的外墙,外面按双排外脚手架计算,内面按里脚手架计算;内墙按双面计算相应高度的里脚手架。

(11)在原有的建筑物上加层:加二层以内时,其外墙脚手架按砌筑脚手架计算规则(4)规定乘以系数 0.5 计算;加层在二层以上时,按上述办法计算,不乘以系数。

(12)内墙按内墙净长乘以实砌高度计算里脚手架工程量。有下列情况者,也按相应高度计算里脚手架工程量:

①砖砌基础深度超过 3 m 时(室外地坪以下),或四周无土砌筑基础,高度超过 1.2 m 时;

②单层地下室外墙(高度从地下室室内地坪标高算起)。

(13)电梯井按井底板面至顶板面高度,套用相应定额子目以座计算。

2. 现浇混凝土脚手架

(1)现浇钢筋混凝土柱,按柱图示周长尺寸另加 3.6 m,再乘以柱高以 m^2 计算,套用相应外脚手架定额。

(2)现浇钢筋混凝土梁、墙,按设计室外地坪或楼板上表面至楼板底之间的高度乘以梁、墙净长以 m^2 计算,套用相应双排脚手架定额。

3. 装饰工程脚手架工程量

(1)满堂脚手架,按室内净面积计算,其高度为 3.6 ~ 5.2 m 时,计算基本层,超过 5.2 m 时,每增加 1.2 m 按增加一层计算,不足 0.6 m 的不计。

(2)挑脚手架,按搭设长度和层数以 m 计算。

(3)悬空脚手架,按搭设水平投影面积以 m^2 计算。

(4)高度超过 3.6 m,墙面装饰不能利用原砌筑脚手架时,可以计算装饰脚手架。装饰脚手架按双排脚手架乘以 0.3 计算。

4. 其他脚手架

(1)水平防护架,按实际铺板的水平投影面积以 m^2 计算。

(2)垂直防护架,按自然地坪至最上一层横杆之间的搭设高度,乘以实际搭设长度,以 m^2 计算。

(3)架空运输脚手架,按搭设长度以 m 计算。

(4)烟囱、水塔脚手架,区别不同搭设高度,以座计算。

(5)电梯井脚手架,按单孔以座计算。

(6)斜道,区别不同高度以座计算。

(7)砌筑贮仓脚手架,不分单筒或贮仓组均按单筒外边线周长乘以设计室外地坪至贮仓上口之间高度以 m^2 计算。

(8)贮水(油)池脚手架,按外壁周长乘以室外地坪至池壁顶面之间高度以 m^2 计算。

(9)大型设备基础脚手架,按其外形周长乘以地坪至外形顶面边线之间高度以 m^2 计算。

(10)建筑物垂直封闭工程量按封闭面的垂直投影面积计算。

5. 安全网

(1)立挂式安全网按架网部分的实挂长度乘以实挂高度计算。

(2)挑出式安全网按挑出的水平投影面积计算。

四、砌筑工程

砌筑工程主要包括砖基础,砖砌体(砖墙、空斗墙、空花墙、填充墙、贴砌砖、砖柱、零星砖砌体),砖构筑物(砖烟囱、水塔、砖砌检查井、非标准化砖砌化粪池、水池等),砌块砌体,砌石,砖砌地沟,砖地坪、散水,砖砌标准化粪池等项目。

(一)计算砌筑工程量前应确定的事项

1. 基础与墙(柱)身的划分

(1)基础与墙(柱)身使用同一种材料时,以设计室内地面为界(有地下室者,以地下室室内设计地面为界),以下为基础,以上为墙(柱)身。

(2)基础与墙(柱)身使用不同材料时,位于设计室内地面 ±300 mm 以内时,以不同材料为分界线,以下是基础,以上是墙身;超过 ±300 mm 时,以设计室内地面为分界线,以下是基础,以上是墙身。

(3)砖石围墙,以设计室外地坪为界线,以下为基础,以上为墙身。

(4)独立砖柱大放脚体积应并入砖柱工程量内计算。

2. 标准砖砌体计算厚度

砖砌体采用标准砖时,其砌体的计算厚度按表 6-7 规定计算。无论图纸上如何标注墙体厚度,均按表 6-7 计算。例如半砖墙和一砖半墙,图纸上一般都标注 120 和 370,但在计算时应按 115 mm 和 365 mm 计算。

表 6-7　标准砖墙体计算厚度

墙厚(砖)	1/4	1/2	3/4	1	$1\frac{1}{2}$	2	$2\frac{1}{2}$
计算厚度(mm)	53	115	180	240	365	490	615

(二)主要分项工程工程量计算

1. 砖(石)基础

1)基础长度的计算

外墙墙基按外墙中心线长度计算,内墙墙基按内墙墙基净长计算。

2)基础断面面积的计算

基础断面面积为

$$S = bh + \Delta S = b(h + \Delta h) \tag{6-19}$$

式中　b——基础墙宽度;

h——基础设计深度;

ΔS——大放脚增加断面面积,是指按等高和不等高放脚层数计算的增加断面面积;

Δh——大放脚折加高度,是指将大放脚增加断面面积按其相应的标准墙基厚度折合的高度,如图 6-32 所示,即 $\Delta h = \Delta S/b$。

等高式和间隔式砖基础大放脚的折加高度和增加断面面积如表 6-8 所示,供计算基础体积时查用。

3)应并入基础工程量的体积

附墙垛、附墙烟囱等基础宽出部分的体积,应并入基础工程量内计算,计算公式为

$$砖垛基础体积 = 砖垛基础墙体积 + 砖垛基础放脚增加体积 \tag{6-20}$$

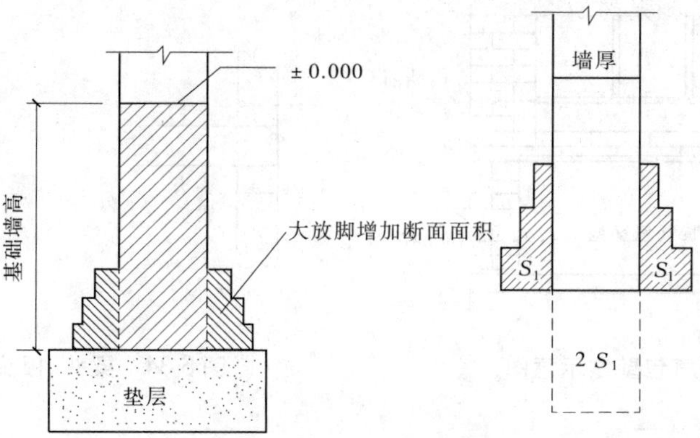

图 6-32　砖基础断面

表 6-8　砖基础大放脚的折加高度及增加断面面积

放脚层数	折加高度(m)								增加断面面积(m^2)	
	1/2 砖(0.115)		1 砖(0.24)		$1\frac{1}{2}$砖(0.365)		2 砖(0.49)			
	等高	不等高	等高	不等高	等高	不等高	等高	不等高	等高	不等高
一	0.137	0.137	0.066	0.066	0.043	0.043	0.032	0.032	0.015 75	0.015 75
二	0.411	0.342	0.197	0.164	0.129	0.108	0.096	0.080	0.047 25	0.039 38
三			0.394	0.328	0.259	0.216	0.193	0.161	0.094 5	0.078 75
四			0.656	0.525	0.432	0.345	0.321	0.253	0.157 5	0.126 0
五			0.984	0.788	0.647	0.518	0.482	0.386	0.236 30	0.189 00
六			1.378	1.083	0.906	0.712	0.675	0.530	0.330 80	0.259 90
⋮	⋮	⋮	⋮	⋮	⋮	⋮	⋮	⋮	⋮	⋮

注:1. 本表按标准砖双面放脚每层高 126 mm(等高式),以及双面放脚层高分别为 126 mm、63 mm(不等高式),砌出 62.5 mm 计算。

2. 本表断面面积是按双面而且完全对称计算的,当放脚为单面时,表中面积应乘以 0.5;当两面不对称时,应分别按单面计算。

2. 一般砖墙

(1)墙体按设计图示尺寸以 m^3 计算。扣除门窗洞口、过人洞、空圈、嵌入墙身的钢筋混凝土柱、梁、圈梁、挑梁、过梁及凹进墙内的壁龛(见图 6-33)、管槽、暖气槽、消防栓箱所占体积。不扣除梁头、板头(见图 6-34)、檩头、垫木、木楞头、沿椽木、木砖、门窗走头、砖墙内加固钢筋、木筋、铁件、钢管及单个面积 0.3 m^2 以下的孔洞所占体积。突出墙面的窗台虎头砖(见图 6-35)、压顶线(见图 6-36)、山墙泛水、烟囱根、门窗套(见图 6-37)、三皮砖以内的腰线和挑檐的体积也不增加。砖垛、突出墙面三皮砖以上的腰线和挑檐等体积,并入墙身体积内计算。

(2)墙身长度:外墙按外墙中心线长度,内墙按内墙净长线长度计算。

(3)墙身高度按图示尺寸计算。当设计无规定时,可按下列规定计算:

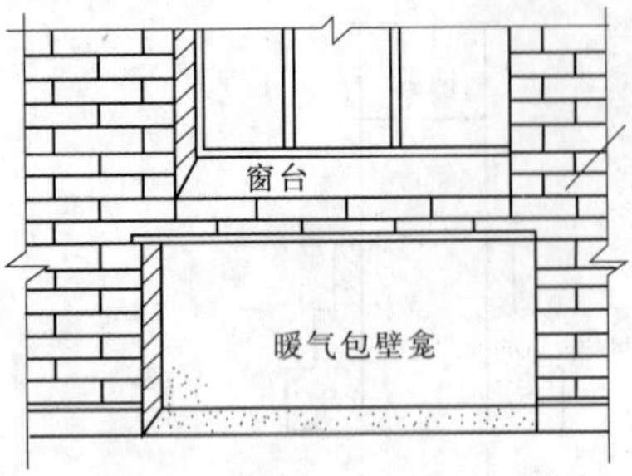

图 6-33　暖气包壁龛示意图

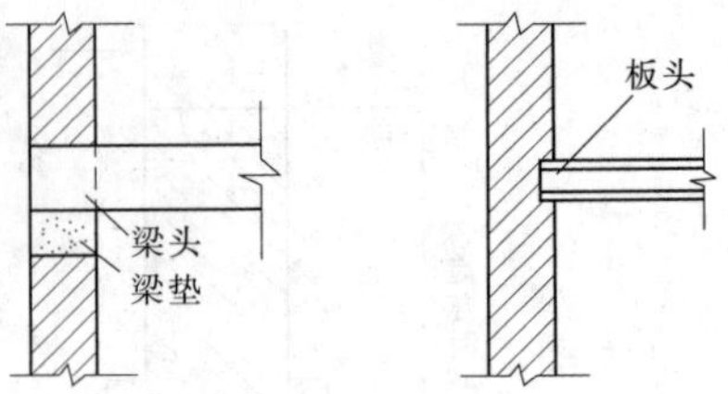

图 6-34　梁头、板头示意图

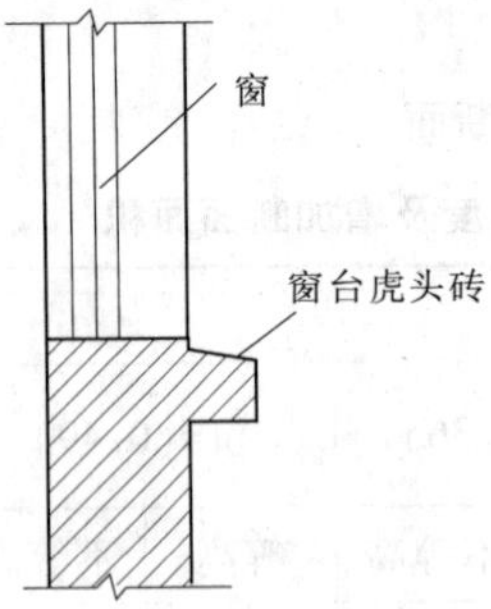

图 6-35　突出墙面的窗台虎头砖

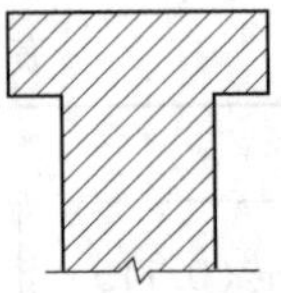

图 6-36　砖压顶线

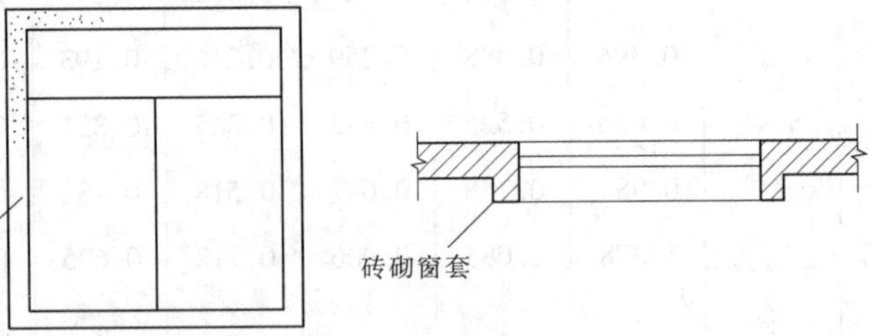

图 6-37　砖砌窗套示意图

①外墙:斜(坡)屋面无檐口天棚者算至屋面板底;有屋架且室内外均有天棚者算至屋架下弦底另加 200 mm;无天棚者算至屋架下弦另加 300 mm,出檐宽度超过 600 mm 时按实砌高度计算;平屋面算至钢筋混凝土板底。

②内墙:位于屋架下弦者算至屋架下弦底;无屋架者算至天棚底另加 100 mm;有钢筋混凝土楼板隔层者算至楼板顶;有框架梁时算至梁底。

③女儿墙:从屋面板上表面算至女儿墙顶面(当有混凝土压顶时算至压顶下表面)。

④内外山墙:按其平均高度计算。

【例 6-9】　某砖混结构两层住宅平面如图 6-38 所示。钢筋混凝土屋面板上表面高度为 6.00 m,每层高均为 3.00 m,内外墙厚均为 240 mm;外墙上均有女儿墙,高 600 mm,厚 240 mm;现浇钢筋混凝土楼板、屋面板厚度均为 110 mm。已知内墙砖基础为两层等高大放脚;外墙上的过梁、圈梁体积为 3.40 m^3,内墙上的过梁、圈梁体积为 2.0 m^3;门窗洞口尺寸:C－1 为 1 500 mm×1 200 mm,M－1 为 900 mm×2 000 mm,M－2 为 1 000 mm×2 100 mm。试计算以下工程量：(1)砖外墙；(2)砖内墙。

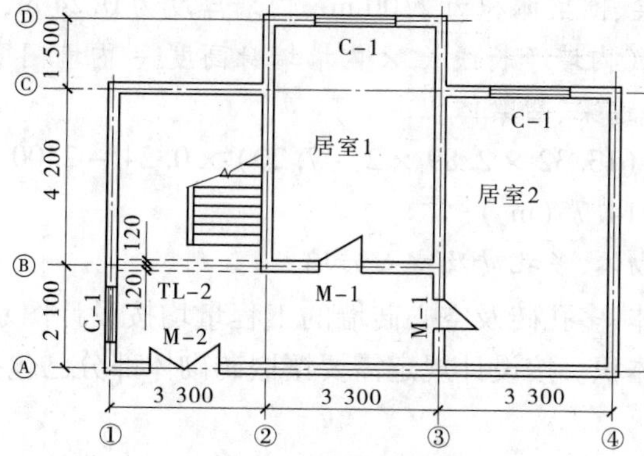

(a)首层平面图

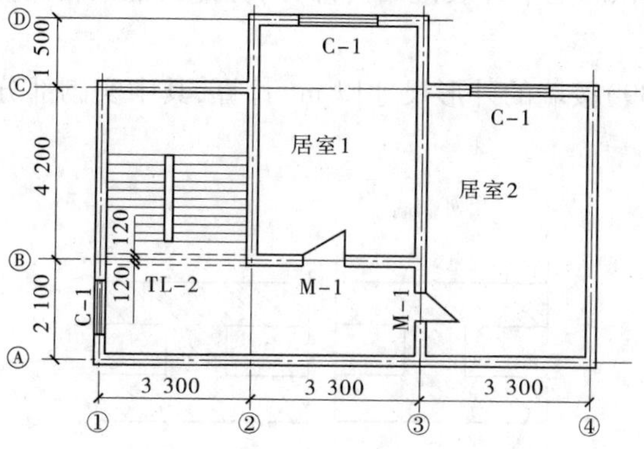

(b)二层平面图

图6-38　某住宅平面

解：(1)砖外墙。

外墙中心线长＝外槽中心线＝35.40 m

外墙门窗面积＝1.50×1.20×3×2＋1.00×2.10＝10.80＋2.10＝12.90(m^2)

女儿墙体积＝35.40×0.60×0.24＝5.098(m^3)

钢筋混凝土板顶高度为6 m，故外墙墙身计算高度为6 m。

已知外墙上的过梁、圈梁体积为3.40 m^3，外墙厚度为0.24 m，则

砖外墙工程量＝(外墙中心线长×外墙高度－外墙门窗面积)×墙厚－过梁、圈梁体积＋女儿墙体积

＝(35.40×6－12.90)×0.24－3.40＋5.098

＝49.58(m^3)

(2)砖内墙。

内墙净长线长＝(4.2－0.12×2)＋(4.2＋2.1－0.12×2)＋(3.3－0.12＋0.12)

＝13.32(m)

内墙门窗面积＝0.90×2.00×2×2＝7.20(m^2)

每层内墙墙身计算高度 = 层高 - 混凝土板厚度 = 3 - 0.11 = 2.89 (m)

已知内墙上的过梁、圈梁体积为 2.00 m^3,内墙厚度为 0.24 m,则

砖内墙工程量 = (内墙净长线长 × 内墙墙身高度 - 内墙门窗面积) × 墙厚 - 过梁、圈梁体积

= (13.32 × 2.89 × 2 - 7.20) × 0.24 - 2.00

= 14.75(m^3)

3. 砌筑空心砌块砌体、多孔砖及空心砖墙

砌筑空心砌块砌体、多孔砖及空心砖墙的工程量均按设计图示尺寸以 m^3 计算,不扣除其孔和空心部分的体积。按设计规定需要镶嵌砖砌体部分已包括在定额内,不另计算。

4. 框架间砌体

框架间砌体以框架梁柱间的净空面积乘以墙厚以 m^3 计算,扣除门窗洞口及 0.3 m^2 以上的孔洞所占的体积。框架外表镶贴砖部分,应并入框架间砌体工程量内计算。

5. 砌筑填充墙

填充墙(见图 6-39)按墙的外形尺寸以 m^3 计算,其中实砌部分已包括在定额内,不另计算。

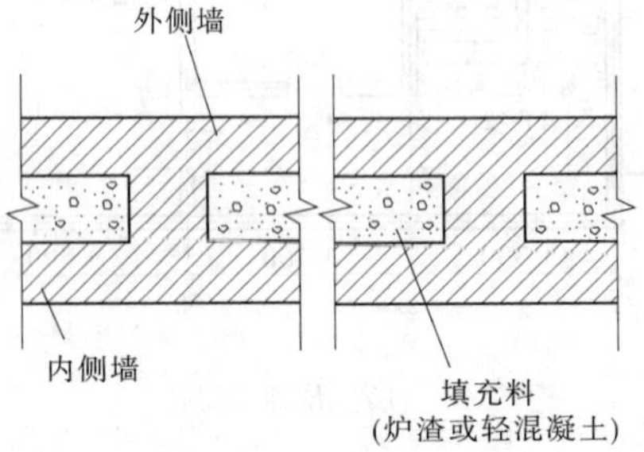

图 6-39 填充墙示意图

6. 空花墙

砌空花墙按空花部分外形体积以 m^3 计算,空花部分不予扣除,其实砌部分以 m^3 计算。

7. 加气混凝土墙、硅酸盐砌块墙、小型空心砌块墙

加气混凝土墙、硅酸盐砌块墙、小型空心砌块墙按图示尺寸以 m^3 计算,按设计规定需要镶嵌砖砌体部分已包括在定额内,不另计算。

8. 砌砖柱

砖柱不分柱身和柱基,其工程量合并计算,按砖柱定额执行。

9. 钢筋砖过梁、砖平碹

1)钢筋砖过梁

钢筋砖过梁按图示尺寸以 m^3 计算。钢筋砖过梁的长度按门窗洞口宽度两端共加 500 mm,高度按 440 mm 计算。

2)砖平碹

砖平碹按图示尺寸以 m^3 计算。当设计无规定时,砖平碹工程量按门窗洞口宽度两

端共加100 mm乘以高度再乘以厚度计算。计算公式为

$$砖平碹工程量 = (B + 100)HD \quad (6\text{-}21)$$

式中 H——高度,m,当 $B<1\,500$ mm时,$H=240$ mm,当 $B>1\,500$ mm时,$H=365$ mm。

10. 其他砌体

(1)砖砌锅台、炉灶,不分大小,均按图示尺寸以 m^3 计算,不扣除各种孔洞的体积。

(2)砖砌台阶(不包括梯带)按水平投影面积以 m^2 计算。

(3)砖砌厕所蹲台、水槽脚、煤箱、暗沟、台阶挡墙或梯带、花台、花池及支撑地楞的砖墩,房上烟囱、屋面架空隔热层砖墩及毛石墙的门窗立边、窗台虎头砖等实砌体积,以 m^3 计算,套用零星砌体项目。

(4)砖砌地沟(暖气沟、电缆沟)不分墙身和墙基,合并以 m^3 计算。石砌地沟按其中心线长度以m计算。

(5)石墙:毛石墙、毛石墙镶砖、粗料石墙、细料石墙、方整石墙,均按图示尺寸以 m^3 计算。石墙中砌砖部分(如门边立砖、窗台虎头转等)另行计算,执行零星砌体定额。毛石台阶按图示尺寸以 m^3 计算,执行毛石基础定额。

11. 砌体内钢筋加固

砌体内的钢筋加固应根据设计规定,以t计算,套用钢筋混凝土部分相应项目。

五、混凝土与钢筋混凝土工程

混凝土及钢筋混凝土工程的内容主要有模板工程、混凝土工程和钢筋工程三个部分。钢筋混凝土构件根据施工方法不同分为现场现制、现场预制和构件加工厂预制三种类型。因此,在计算工程量时,必须清楚所计算构件采用的施工方法,从而才能准确计算构件的模板、混凝土及钢筋三个部分的工程量。

(一)模板工程

1. 现浇混凝土及钢筋混凝土模板

(1)现浇混凝土及钢筋混凝土模板工程量的计算,除另有规定者外,均应区别模板的不同材质,按混凝土与模板接触面的面积,以 m^2 计算。

(2)现浇钢筋混凝土柱、梁、板、墙的支模高度(即室外地坪至板底或板面至板底之间的高度),以3.6 m以内为准,超过3.6 m以上部分,另按超过部分计算增加支撑工程量。

(3)现浇钢筋混凝土墙、板上单孔面积在0.3 m^2 以内的孔洞,不予扣除,洞侧壁模板亦不增加;单孔面积在0.3 m^2 以上时,应予扣除,洞侧壁模板面积并入墙、板模板工程量之内计算。

【例6-10】 某工程设有钢筋混凝土柱20根,柱下独立基础形式如图6-40所示,试计算该工程独立基础模板工程量。

解:(1)如图6-40所示,该独立基础为阶梯形,其模板接触面积应分阶计算:

$$S_{上} = (0.4 + 0.4 + 0.4 + 0.4 + 0.45 + 0.4) \times 2 \times 0.4 = 1.96(m^2)$$

$$S_{下} = (1.8 + 2.0) \times 2 \times 0.4 = 3.04(m^2)$$

(2)独立基础模板工程量为

$$S = (S_{上} + S_{下}) \times 20 = (1.96 + 3.04) \times 20 = 100(m^2)$$

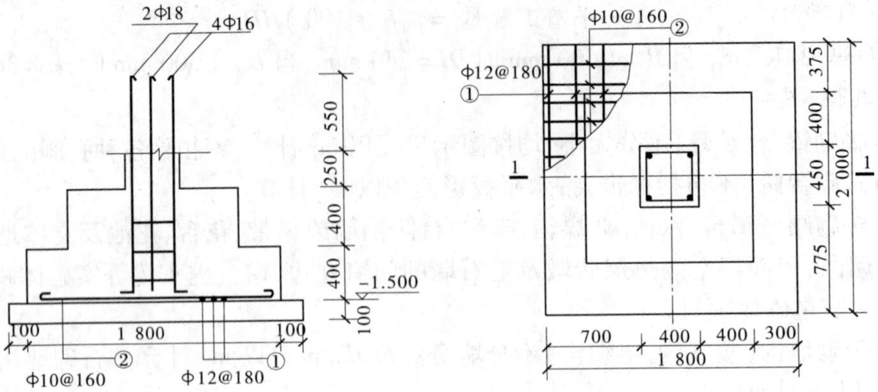

图 6-40　独立基础平面及剖面示意图

(4)现浇钢筋混凝土框架分别按梁、板、柱、墙有关规定计算，附墙柱并入墙内工程量计算。

(5)杯形基础杯口高度大于杯口大边长度的，套用高杯基础定额项目。

(6)柱与梁、柱与墙、梁与梁等连接的重叠部分以及伸入墙内的梁头、板头部分，均不计算模板面积。

(7)构造柱外露面均应按图示外露部分计算模板面积。构造柱与墙接触而不计算模板面积。

(8)现浇钢筋混凝土悬挑板(雨篷、阳台)按图示外挑部分尺寸的水平投影面积计算。挑出墙外的牛腿梁及板边模板不另计算。

(9)现浇钢筋混凝土楼梯，以图示尺寸的水平投影面积计算，不扣除小于 500 mm 楼梯井所占面积。楼梯的踏步、踏步板平台梁等侧面模板，不得另行计算。

(10)混凝土台阶不包括梯带，按图示台阶尺寸的水平投影面积计算，台阶端头两侧不得另行计算模板面积。

(11)现浇混凝土小型池槽按构件外围体积计算，池槽内、外侧及底部的模板不得另行计算。

2. 预制钢筋混凝土构件模板

(1)预制钢筋混凝土模板工程量，除另有规定者外，均按混凝土实体体积以 m^3 为单位计算。

(2)小型池槽按外型体积以 m^3 为单位计算。

(3)预制桩尖按虚体积(不扣除桩尖虚体积部分)计算。

3. 构筑物钢筋混凝土模板

(1)构筑物工程的模板工程量，除另有规定者外，区别现浇、预制和构件类别，分别按模板工程量计算中“1”、“2”的有关规定计算。

(2)大型池槽等分别按基础、墙、板、梁、柱等有关规定计算并套用相应定额项目。

(3)液压滑升钢模板施工的烟筒、水塔塔身、贮仓等，均按混凝土体积以 m^3 计算。预制倒圆锥形水塔罐壳模板按混凝土体积以 m^3 计算。

(4)预制倒圆锥形水塔罐壳组装、提升、就位,按不同容积以座计算。

(二)混凝土工程

1. 现浇混凝土垫层及基础

混凝土工程量除另有规定者外,均按图示尺寸实体体积以 m^3 为单位计算,不扣除构件内钢筋、预埋铁件及墙、板中 0.3 m^2 内的孔洞所占体积。

现浇混凝土垫层仅指现场浇筑的混凝土垫层;现浇混凝土基础包括现场支模浇筑的各种毛石混凝土和混凝土基础,如条形基础、独立柱基础(含杯形基础)、满堂基础、桩承台及设备基础等。

混凝土及钢筋混凝土基础与墙(柱)身的划分,以施工图规定为准。当图样未明确表示时,则按基础扩大顶面为分界;当图样无明确表示,而又无扩大顶面时,可按墙(柱)脚分界,如图 6-41 所示。

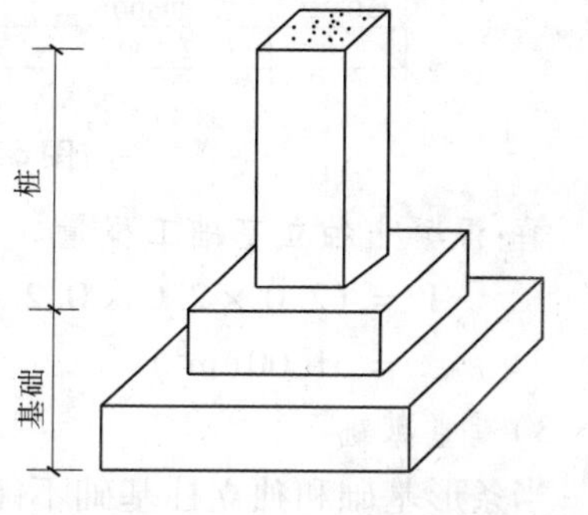

图 6-41　钢筋混凝土柱与基础划分示意图

1)条形基础

钢筋混凝土条形基础(区分有肋式与板式),工程量按图示尺寸以 m^3 计算。有肋式条形基础是指基础扩大面以上肋高与肋宽之比即 $H:b \leq 4:1$ 的,肋的体积与基础合并计算,执行有肋式条形基础定额;当 $H:b > 4:1$ 时,基础扩大面以上肋的体积按钢筋混凝土墙计算,扩大面以下按板式基础计算。

2)独立柱基础

独立柱基础有阶梯形、方锥形、杯形,如图 6-42 所示。独立柱基础与柱现浇成一体,其分界线以基础扩大面顶面为界,其工程量按图示尺寸以 m^3 计算。

方锥形基础混凝土体积的计算公式为

$$V = \frac{h[AB + (A + a)(B + b) + ab]}{6} \tag{6-22}$$

杯形基础体积的计算公式为

$$V = ABH_1 + abH_3 + H_2[AB + (A + a)(B + b) + ab]/6 - \text{杯孔体积} \tag{6-23}$$

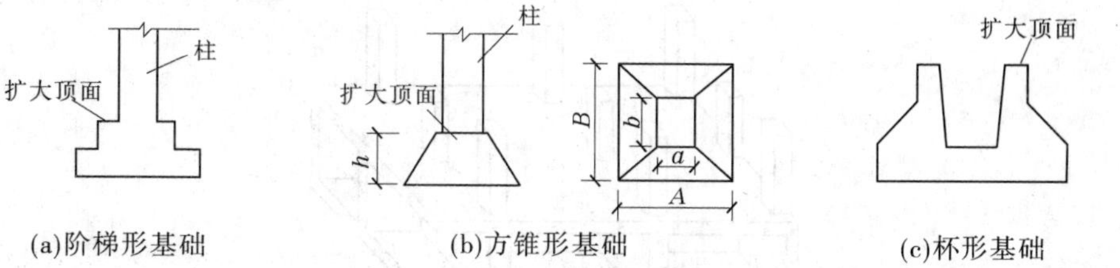

图 6-42　独立柱基础示意图

【例 6-11】　如图 6-43 所示,计算 20 个无筋混凝土独立基础工程量。

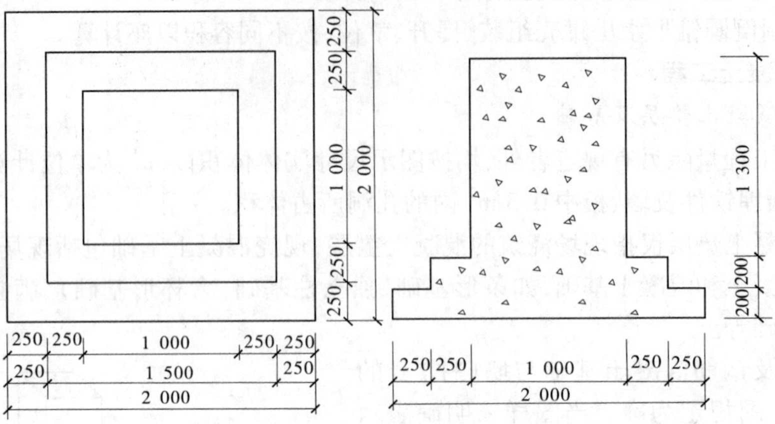

图 6-43　混凝土独立基础示意图

解：混凝土独立基础工程量

$$V = (2.0\times2.0\times0.2 + 1.5\times1.5\times0.2 + 1.0\times1.0\times1.3)\times20$$
$$= 51.00(m^3)$$

3）满堂基础

当条形基础和独立柱基础不能满足设计强度要求时，往往采用大面积的基础联体，这种基础称为满堂基础。

（1）无梁式基础（也称板式基础）的体积为板与柱墩的体积合并计算，如图 6-44 所示。

（2）有梁式基础的体积为梁板体积合并计算，如图 6-45 所示。

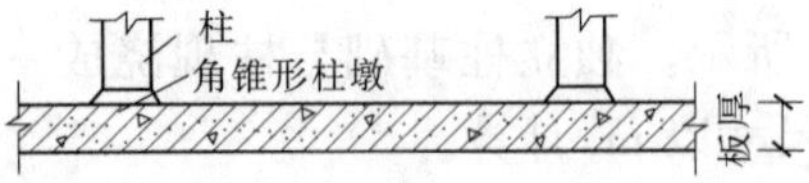

图 6-44　无梁式基础示意图

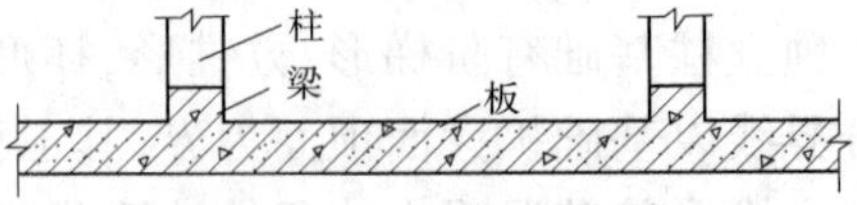

图 6-45　有梁式基础示意图

（3）箱式基础的体积应分别按满堂基础、柱、墙及板的有关规定计算，套相应定额项目。墙与顶板、底板的划分以顶板底、底板面为界，边缘实体体积部分按底板计算，如图 6-46所示。

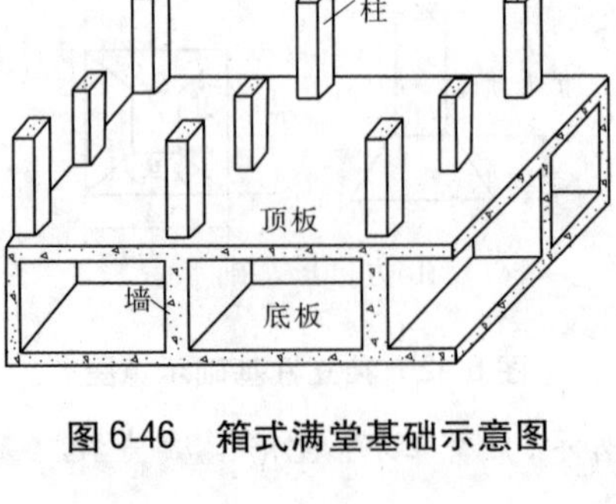

图 6-46　箱式满堂基础示意图

(4)桩承台。条形桩承台按条形基础定额项目计算，独立式桩承台按相应定额项目计算。

【例6-12】 如图6-47所示，计算有梁式满堂基础混凝土工程量。

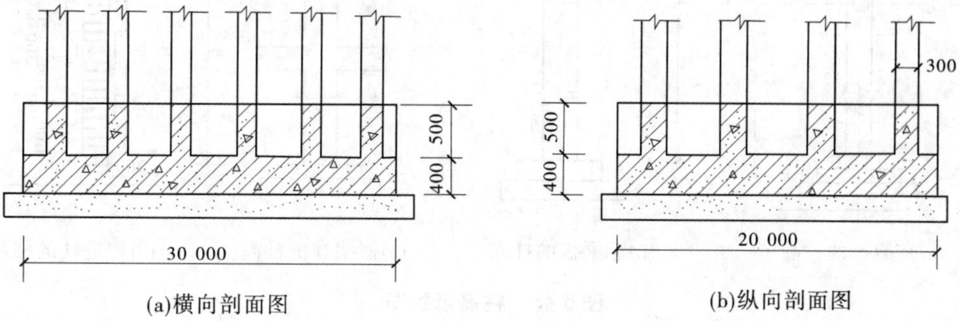

图6-47 有梁式满堂基础示意图

解：(1)底板混凝土体积 V_1。

$$V_1 = 30 \times 20 \times 0.4 = 240(m^3)$$

(2)梁混凝土体积 V_2。

$$V_2 = 0.5 \times 0.3 \times (30 - 0.3 \times 6) \times 4 + 0.5 \times 0.3 \times 20 \times 6 = 34.92(m^3)$$

(3)梁板式满堂基础混凝土工程量。

$$V = 底板混凝土体积 + 梁混凝土体积 = V_1 + V_2 = 274.92(m^3)$$

4)设备基础

设备基础除块体基础外，其他类型设备基础分别按基础、梁、柱、板、墙等有关规定计算。

2. 现浇混凝土柱

柱的工程量按图示断面尺寸乘以柱高以 m^3 计算。柱高按下列规定确定，如图6-48所示。

(1)有梁板的柱高，应自柱基上表面(或楼板上表面)至上一层楼板上表面之间的高度计算。

(2)无梁板的柱高，应自柱基上表面(或楼板上表面)至柱帽下表面之间的高度计算。

(3)框架柱的柱高应自柱基上表面至柱顶高度计算。

(4)构造柱的柱高按全高计算，与砖墙嵌接部分的体积并入柱身体积内计算。

(5)依附柱上的牛腿，并入柱身体积内计算。

【例6-13】 如图6-49所示，计算该工程50根矩形柱和基础的混凝土工程量。

解：(1)矩形柱的混凝土工程量 $V_柱$。

$$V_柱 = 柱断面面积 \times 柱高 = (0.20 \times 0.20 \times 3.00) \times 50 = 6.0(m^3)$$

(2)基础的混凝土工程量 $V_基$。

$$V_基 = (0.7 \times 0.7 \times 0.15 + 0.5 \times 0.5 \times 0.1) \times 50 = 4.925(m^3)$$

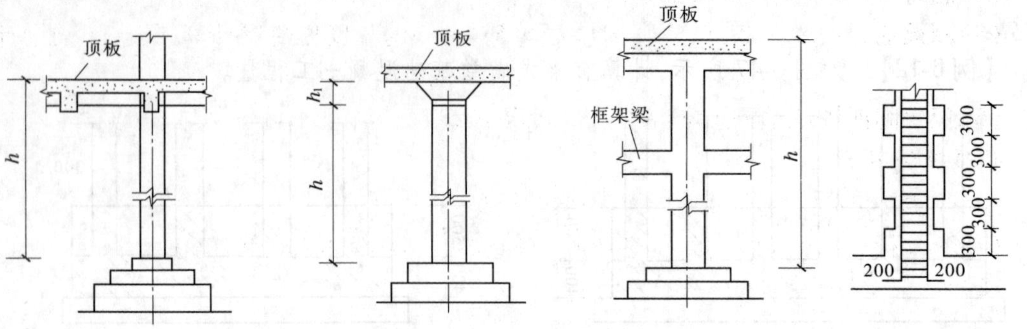

图 6-48　柱高示意图

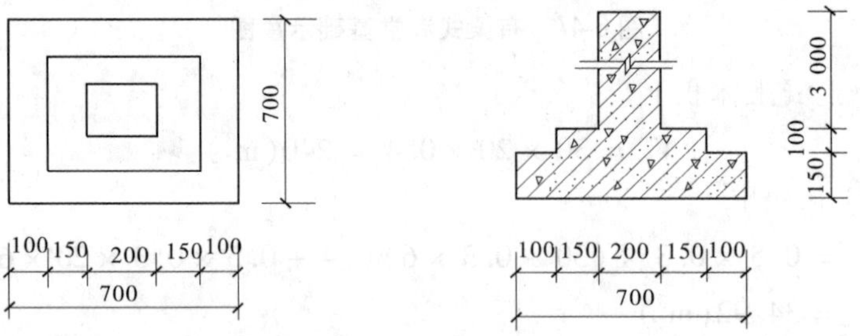

图 6-49　柱与柱基示意图

3. 现浇混凝土梁

现浇混凝土梁包括现场支模浇筑的基础梁、单梁、连续梁、异形梁、圈梁、过梁、弧形梁等，按设计图示断面面积乘以梁长以 m^3 计算。

(1)梁长按下列规定确定，如图 6-50 所示，梁与柱连接时，梁长算至柱侧面；主梁与次梁连接时，次梁长算至主梁侧面。

(2)伸入砌体内的梁头、梁垫并入梁体积内计算，伸入混凝土墙内的梁部分体积并入墙计算。

(3)挑檐、天沟与梁连接时，以梁外边线为分界线，如图 6-51 所示。

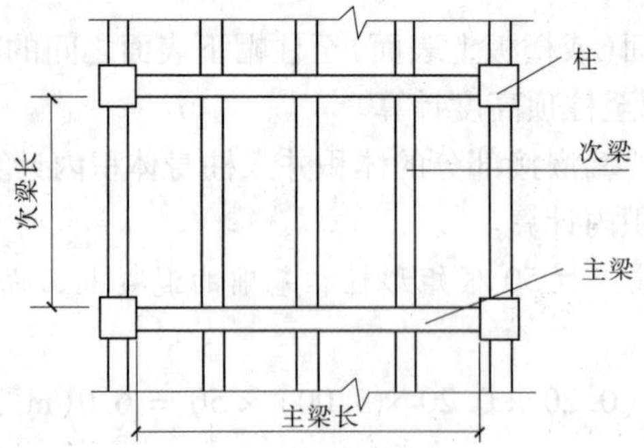

图 6-50　主梁、次梁、柱相交

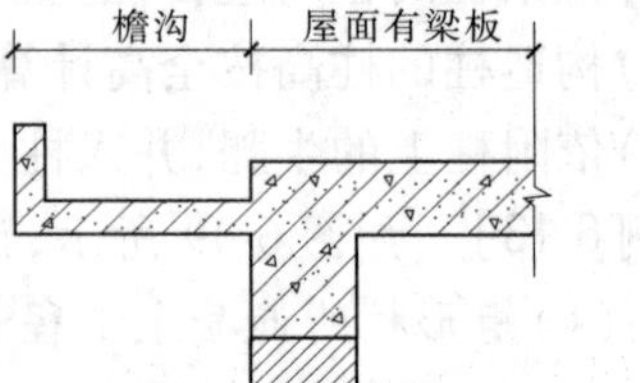

图 6-51　挑檐天沟与梁划分示意图

(4)悬臂梁、挑梁嵌入墙内部分按圈梁计算。

(5)圈梁通过门窗洞口时,门窗洞口宽加500 mm的长度作过梁计算,其余作圈梁计算。

(6)卫生间四周坑壁采用素混凝土时,套圈梁定额。

4. 现浇混凝土板

现浇混凝土板的工程量按图示面积乘以板厚以 m^3 计算。

(1)有梁板包括主梁、次梁(框架梁除外)与板,按梁、板体积之和计算。

(2)无梁板按板和柱帽体积之和计算。

(3)平板按板实体体积计算。

(4)现浇挑檐天沟与板(包括屋面板、楼板)连接时,以外墙外边线为分界线,与圈梁(包括其他梁)连接时,以梁外边线为分界线。外墙边线以外或梁外边线以外为挑檐天沟,如图6-52所示。

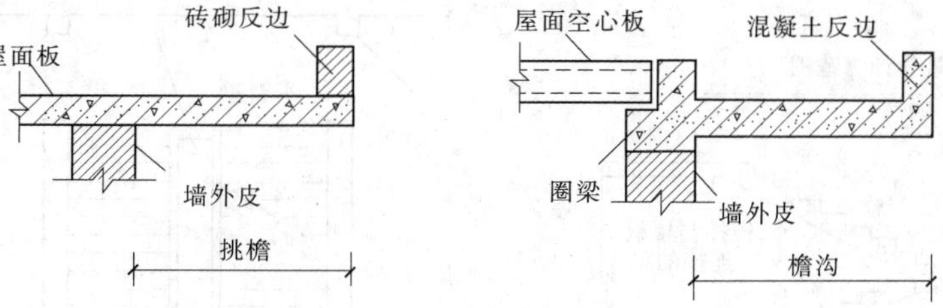

(a)与屋面板连接　　(b)与圈梁连接

图6-52　挑檐、檐沟示意图

(5)多种板连接时以墙的中心线为界,伸入墙内的板头并入板体积内计算。

【例6-14】　如图6-53所示,计算有梁板混凝土工程量。

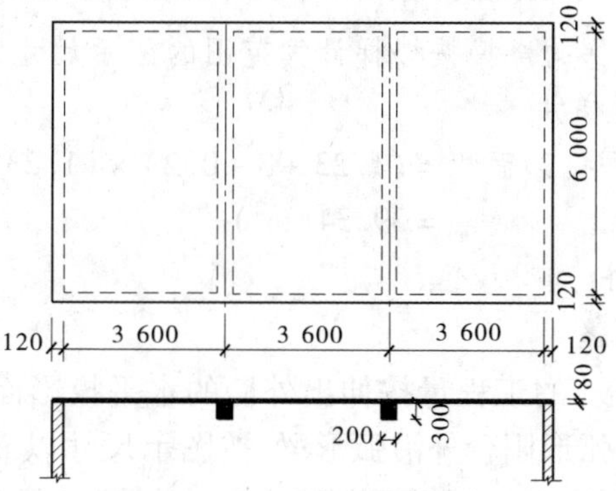

图6-53　有梁板示意图

解:(1)梁的工程量 V_1。

$$V_1 = (0.3 - 0.08) \times 0.2 \times (6.0 + 0.12 \times 2) \times 2 = 0.549(m^3)$$

(2)板的工程量 V_2。

$$V_2 = (3.6 \times 3 + 0.12 \times 2) \times (6.0 + 0.12 \times 2) \times 0.08 = 5.511(m^3)$$

(3)有梁板混凝土工程量 V。

$$V = V_1 + V_2 = 0.549 + 5.511 = 6.06(\text{m}^3)$$

5. 现浇混凝土墙

现浇混凝土墙、间壁墙、电梯井壁的工程量,按图示中心线长度乘以墙高及厚度以 m^3 计算,应扣除门窗洞口及 0.3 m^2 以上孔洞的体积,墙垛及突出部分并入墙体积内计算。

6. 现浇混凝土楼梯

现浇混凝土整体楼梯是指楼梯斜梁、踏步板、休息平台及平台梁等浇筑成一整体的楼梯。其混凝土工程量包括休息平台、平台梁、斜梁及楼梯的连接梁,按分层水平投影面积之和以 m^2 计算,不扣除宽度小于 500 mm 的楼梯井面积,伸入墙内部分不另增加。

【例 6-15】 某 4 层住宅,不上人屋面,计算图 6-54 中钢筋混凝土整体楼梯(板厚 100 mm)的浇捣工程量。

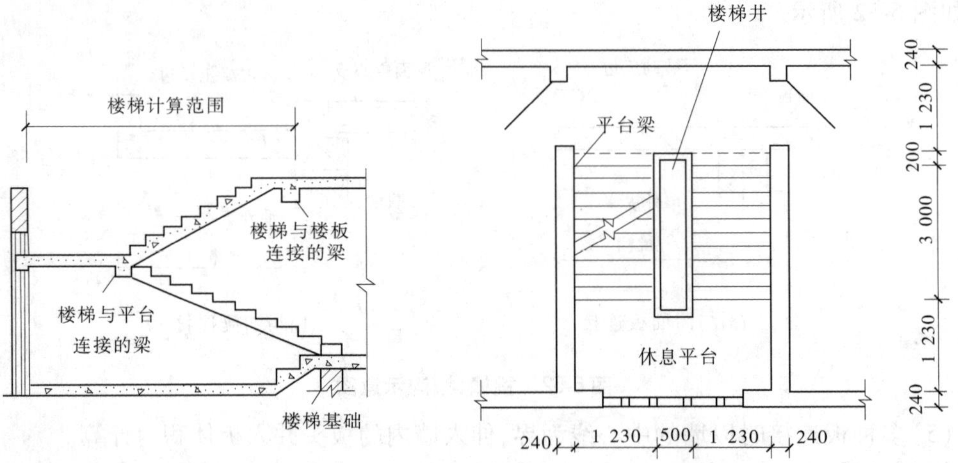

图 6-54 楼梯计算范围示意图及标准层楼梯平面图

解:钢筋混凝土整体楼梯的浇捣按楼梯计算范围的图示尺寸以水平投影面积计算,不扣除宽度小于 500 mm 的楼梯井。

$$\text{楼梯计算范围内的水平投影面积} = (1.23 + 3 + 0.2) \times (1.23 \times 2 + 0.5) \times (4 - 1) = 39.34(\text{m}^2)$$

7. 现浇混凝土其他构件

1)现浇混凝土阳台、雨篷

现浇阳台、雨篷(悬挑板)的工程量按伸出外墙的水平投影面积乘以厚度以 m^3 为单位计算。伸出外墙的牛腿,弧形阳台外沿弧形梁,按图示尺寸以 m^3 为单位计算。带反挑檐的雨篷按展开面积乘以厚度以 m^3 计算,其工程量并入阳台、雨篷(悬挑板)内计算。

2)现浇混凝土栏杆、栏板

栏杆的工程量按净长度以延长米来计算,伸入墙内的长度已综合在定额内。栏板以 m^3 为单位计算,伸入墙内的栏板,合并计算。

3)现浇混凝土小型构件

小型混凝土构件是指每件体积在 0.05 m^3 以内定额未列项目的工程构件,其混凝土工程量按图示体积以 m^3 计算。

8. 后浇带

现浇混凝土后浇带包括梁、板、墙的后浇带。后浇带是一种刚性变形缝。后浇带的浇筑应待两侧结构的主体混凝土干缩变形稳定后进行，一般宽为700～1 000 mm。

梁、板、墙工程量均应扣除后浇带体积，后浇带工程量按设计图示尺寸以 m^3 套相应定额子目计算。

9. 现浇混凝土构筑物

现浇混凝土构筑物包括现场支模浇筑的贮水（油）池、贮仓、筒仓、水塔、烟囱、非标准化粪池及检查井等。构筑物混凝土除另有规定者外，均按图示尺寸扣除门窗洞口及单个面积0.3 m^2 以上孔洞所占体积后的实体体积以 m^3 计算。

（1）贮水（油）池的池底、池壁、池盖分别按相应定额项目计算。有壁基梁的，应以壁基梁底为界，以上为池壁，以下为池底；无壁基梁的，锥形坡底应算至其上口，池壁下部的八字靴脚应并入池底体积内。无梁池盖的柱高应从池底上表面算至池盖下表面，柱帽和柱座应并在柱体积内。肋形池盖应包括主、次梁体积；球形池盖应以池壁顶面为界，边侧梁应并入球形池盖体积内。

（2）贮仓立壁和贮仓漏斗，应以相互交点的水平线为界，壁上圈梁应并入漏斗体积内。

（3）水塔：筒式塔身应以筒座上表面或基础底板上表面为界；柱式（框架式）塔身应以柱脚与基础底板或梁顶为界，与基础板连接的梁应并入基础体积内。塔身与水箱应以箱底相连接的圈梁下表面为界，以上为水箱，以下为塔身。依附于塔身的过梁、雨篷、挑檐等，应并入塔身体积内；柱式塔身应不分柱、梁合并计算。依附于水箱壁的柱、梁应并入水箱壁体积内。

（4）钢筋混凝土烟囱基础与筒身以室外地面为界，地面以下的为基础，地面以上的为筒身。

（5）构筑物基础套用建筑物基础相应定额子目。

（6）标准化粪池按座计算，非标准化粪池及检查井不分壁厚套相应定额以 m^3 计算。

10. 预制混凝土构件

（1）混凝土工程量均按图示尺寸实体体积以 m^3 为单位计算，不扣除构件内钢筋、铁件及小于0.3 m^2 孔洞所占体积。但计算时应考虑预制构件的损耗率，其损耗率按构件运输及安装工程中规定计取。

（2）混凝土与钢杆件组合的构件，混凝土部分按构件实体体积以 m^3 为单位计算，分别套用相应的定额项目。

（3）固定预埋螺栓、铁件的支架，固定双层钢筋的铁马凳、垫铁件，按审定的施工组织设计规定计算，套用相应定额项目。

（三）钢筋工程

钢筋工程应区别现浇、预制构件，不同钢种和规格，分别按设计长度乘以单位质量，以t为单位计算。

$$钢筋质量 = 钢筋长度 \times 相应钢筋规格单位质量(kg/m) \tag{6-24}$$

1. 钢筋每米质量的确定

钢筋每米质量以 kg/m 为单位表示,可由钢筋质量表查得。

2. 钢筋长度计算

钢筋长度 = 构件图示长度(高度) - 两端混凝土保护层厚度 + 弯钩增加长度 + 弯起增加长度 + 搭接增加长度 + 锚固增加长度 (6-25)

该式为钢筋长度计算的通式,实际计算时应根据直钢筋、弯起钢筋、箍筋及预应力钢筋的图示形状和施工方法进行计算。钢筋规格单位质量见表 6-9。

表 6-9 钢筋规格单位质量

直径(mm)	4	5	6	6.5	8	10	12	14	16
单位质量(kg/m)	0.099	0.154	0.222	0.260	0.395	0.617	0.888	1.208	1.578
直径(mm)	18	20	22	25	28	30	32	36	40
单位质量(kg/m)	1.998	2.466	2.984	3.850	4.834	5.549	6.313	7.990	9.865

1)直钢筋

直钢筋计算长度 = 构件图示长度 - 两端混凝土保护层厚度 (6-26)

受力钢筋的混凝土保护层应符合设计要求;当设计无具体要求时,不应小于受力钢筋直径,并应符合表 6-10 的要求。

表 6-10 纵向受力钢筋的混凝土保护层的最小厚度

环境类别		板、墙、壳			梁			柱		
		≤C20	C25 ~ C45	≥C50	≤C20	C25 ~ C45	≥C50	≤C20	C25 ~ C45	≥C50
一		20	15	15	30	25	25	30	30	30
二	a	—	20	20	—	30	30	—	30	30
	b	—	25	20	—	35	30	—	35	30
三		—	30	25	—	40	35	—	40	35

2)带弯钩直钢筋

带弯钩直钢筋计算长度 = 构件图示长度 - 两端混凝土保护层厚度 + 弯钩增加长度 (6-27)

Ⅰ级钢筋末端需要做 180°、135°、90°弯钩时,每个弯钩的长度如图 6-55 所示。180°弯钩是最常用的一种弯钩,每个半圆弯钩长 6.25d(d 为钢筋直径);90°弯钩一般用在柱纵向钢筋的底部;135°弯钩只用在直径较小的钢筋中。

3)弯起钢筋

弯起钢筋计算长度 = 构件图示长度 - 两端混凝土保护层厚度 + 弯钩增加长度 + 弯起增加长度 (6-28)

弯起钢筋的弯起角度一般有 30°、45°、60°三种,需考虑弯起增加长度。弯起增加长度是指斜长与水平投影长度之间的差值,见表 6-11。

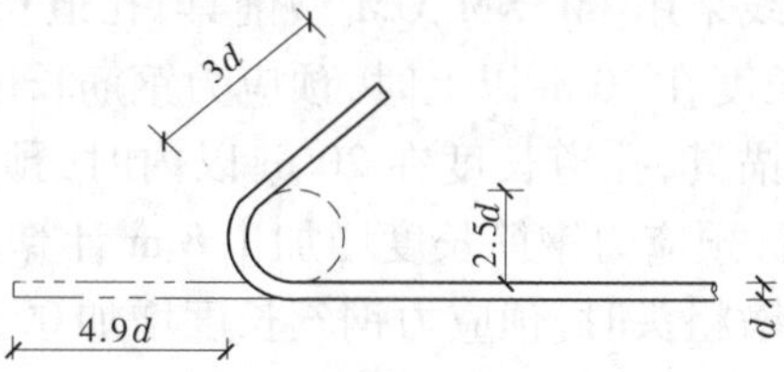

(a)135°斜弯钩

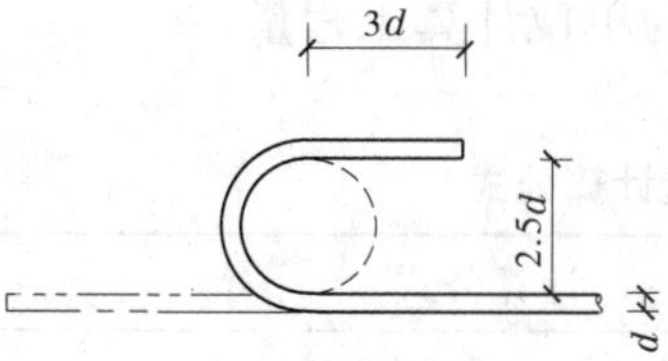

(b)180°半圆弯钩

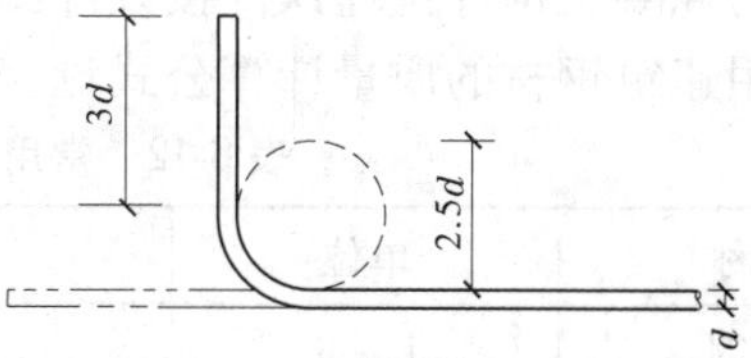

(c)90°直弯钩

图 6-55 钢筋弯钩示意图

表 6-11 弯起钢筋增加长度

角度	斜段长 S	底边长 L	增加长度 ΔL
$\alpha=45°$	$S=1.414h$	$L=1.000h$	$S-L=0.414h$
$\alpha=60°$	$S=1.155h$	$L=0.577h$	$S-L=0.578h$
$\alpha=30°$	$S=2.000h$	$L=1.732h$	$S-L=0.268h$

4)箍筋

箍筋计算长度 = 构件周长 - 保护层厚度 ×4 + 箍筋弯钩长度
= 箍筋的内周长 - 箍筋弯钩 (6-29)

箍筋数量 =(构件图示长度 - 两端混凝土保护层厚度)/ 箍筋间距 +1 (6-30)

5)钢筋搭接长度的计算

计算钢筋工程量时,设计已规定钢筋搭接长度的,按规定塔接长度计算;设计未规定搭接长度的,已包括在钢筋的损耗率之内,不另计算搭接长度。钢筋电渣压力焊接、套筒挤压等接头,按个计算。

3.先张法预应力钢筋

先张法预应力钢筋按构件外形尺寸计算长度,后张法预应力钢筋按设计图规定的预应力钢筋预留孔道长度,并区别不同的锚具类型,分别按下列规定计算:

(1)低合金钢筋两端采用螺杆锚具时,预应力钢筋按预留孔道长度减 0.35 m 计算,螺杆另行计算。

(2)低合金钢筋一端采用镦头插片,另一端采用螺杆锚具时,预应力钢筋长度按预留孔道长度计算,螺杆另行计算。

(3)低合金钢筋一端采用镦头插片,另一端采用帮条锚具时,预应力钢筋增加 0.15 m 计算;两端均采用帮条锚具时预应力钢筋共增加 0.3 m 计算。

(4)低合金钢筋采用后张混凝土自锚时,预应力钢筋长度增加 0.35 m 计算。

(5)低合金钢筋或钢绞线采用JM、XM、QM型铺具,孔道长度在20 m以内时,预应力钢筋长度增加1.0 m;孔道长度在20 m以上时,预应力钢筋长度增加1.8 m计算。

(6)碳素钢丝采用锥形锚具,孔道长度在20 m以内时,预应力钢筋长度增加1 m计算;孔道长度在20 m以上时,预应力钢筋长度增加1.8 m计算。

(7)碳素钢丝两端采用镦粗头时,预应力钢丝长度增加0.35 m计算。

4. 铁件

钢筋混凝土构件预埋铁件按设计图示尺寸,以t为单位计算工程量。

常用建筑钢材的质量计算公式见表6-12。

表6-12 常用建筑钢材的质量计算公式

名称	单位	计算公式
圆钢	kg/m	0.006 17 × 直径^2
方钢	kg/m	0.007 85 × 边宽^2
六角钢	kg/m	0.006 8 × 对边距^2
扁钢	kg/m	0.007 85 × 边宽 × 边厚
等边角钢	kg/m	0.007 95 × 边厚 × (2 × 边宽 − 边厚)
钢管	kg/m	0.024 66 × 壁厚 × (外径 − 壁厚)
钢板	kg/m^2	7.85 × 板厚

【例6-16】 已知图6-56中独立柱基础J−1的保护层厚度为40 mm,计算该基础内的钢筋工程量。

解:①号筋长度 = 独基底长 − 保护层 ×2 + 弯钩 ×2

$= 2.175 \times 2 - 0.04 \times 2 + 6.25 \times 0.014 \times 2 = 4.445(\text{m})$

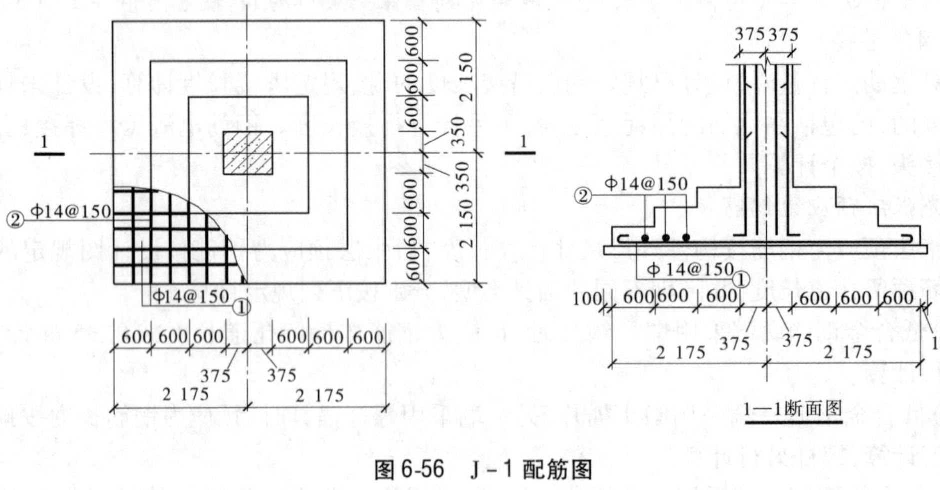

图6-56 J−1配筋图

①号筋根数 = (独基底宽 − 保护层 ×2)/间距 +1

$= (2.15 \times 2 - 0.04 \times 2)/0.15 + 1 = 29$(根)

②号筋长度 = 独基底长 - 保护层 × 2 + 弯钩 × 2

$= 2.15 \times 2 - 0.04 \times 2 + 6.25 \times 0.014 \times 2 = 4.395(\text{m})$

②号筋根数 = (独基底宽 - 保护层 × 2)/间距 + 1

$= (2.175 \times 2 - 0.04 \times 2)/0.15 + 1 = 30$(根)

钢筋总用量 $= (4.445 \times 29 + 4.395 \times 30) \times 0.00617 \times 14^2$

$= 0.315(\text{t})$

六、构件运输及安装工程

构件运输及安装工程包括预制混凝土构件运输与安装、金属构件运输与安装、木门窗运输三部分。

各类构件运输是指将构件从堆放场地或加工厂运至施工现场的运输。预制混凝土构件的最大运输距离取 50 km;钢构件和木门窗的最大运输距离取 20 km,超过时另行补充。若因施工现场场地狭窄,构件堆放在离安装地点较远的堆放点而发生的现场运输费,应按定额规定另行计算。

(一)预制混凝土构件的运输与安装

预制混凝土构件的运输与安装,除注明者外,均按构件图示尺寸以实体体积加规定的损耗体积按 m^3 计算,预制混凝土构件的运输与安装的损耗率按表 6-13 的规定计算后并入构件运输与安装的工程量内。其中,预制混凝土屋架、桁架、托架及长度在 9 m 以上的梁、板、柱,不计算损耗率。

表 6-13　预制钢筋混凝土构件的制作、运输、安装损耗率

名 称	制作废品率	运输堆放损耗率	安装(打桩)损耗率
各类预制钢筋混凝土构件	0.2%	0.8%	0.5%
预制钢筋混凝土桩	0.1%	0.4%	1.5%

焊接形成的预制钢筋混凝土框架结构,其柱安装按框架柱计算,梁安装按框架梁计算;节点浇筑成形的框架,按连体框架梁、柱计算。

预制钢筋混凝土工字形柱、矩形柱、空腹柱、双肢柱、空心柱及管道支架等安装,均按柱安装计算。

组合屋架安装,以混凝土部分实体体积计算,钢杆件部分不另计算。

预制钢筋混凝土多层柱安装,首层柱按柱安装计算,二层及二层以上按柱接柱计算。

(二)金属构件的运输与安装

金属构件运输与安装工程量均按设计图示构件钢材质量以 t 计算。

(1)依附于钢柱上的牛腿及悬臂梁等,并入柱身主材质量计算。

(2)金属结构中所用钢板,设计为不规则或多边形者,均以最大外形尺寸以矩形面积计算。

(三)木门窗运输与安装

木门窗工程量计算按门窗外框面积以 m^2 计算,按运距不同分别执行相应的定额。

七、门窗及木结构工程

门窗及木结构工程由门窗和木结构两部分组成。包括木门窗的制作、安装，金属门窗的安装，木结构等项目。主要分项工程工程量计算规则如下。

(一)门窗

各类门窗制作、安装工程量，均按门、窗洞口面积以 m^2 计算。

1. 门窗盖口条、贴脸、披水条

为遮盖门窗扇关闭时存有的缝口而装钉的盖缝条，叫盖口条；为封盖樘子与粉刷之间的缝隙，在门窗框的筒子板与墙面接缝处钉贴的木条，称为门窗贴脸；为防止雨水从门窗下接缝处流入室内而在门窗的下冒头上安设的木条，称为披水条。

门窗盖口条、贴脸、披水条工程量均按图示尺寸以延长米计算，执行木装修项目。

2. 普通窗上部带有半圆窗

同一樘普通窗上部带有半圆窗，下部为矩形窗时，其工程量应分别按半圆窗和普通窗计算。其分界线以普通窗和半圆窗之间的横框上的裁口线为准，如图 6-57 所示。

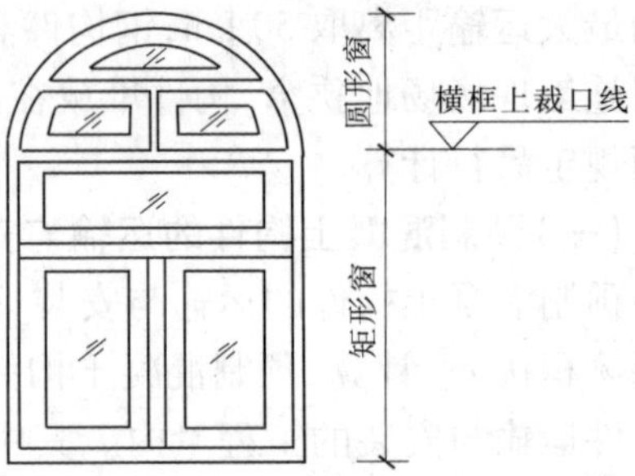

图 6-57　半圆窗示意图

3. 门窗扇、框包镀锌铁皮

门窗扇包镀锌铁皮，按门窗洞口面积以 m^2 计算；门窗框包镀锌铁皮，橡皮条、钉毛毡，按图示门窗洞口尺寸以延长米计算。

4. 卷闸门安装

卷闸门安装，按洞口高度增加 600 mm 乘以门实际宽度以 m^2 计算，电动装置安装以套计算，小门安装以个计算。

5. 不锈钢片包门框

不锈钢片包门框工程量按门框外表面面积以 m^2 计算。彩板组角钢门窗附框安装工程量，按延长米计算。

(二)木结构工程

1. 木屋架

(1)木屋架制作安装均按设计断面竣工木料以 m^3 为单位计算，其后备长度及配制损耗均不另外计算。

(2)附属与屋架的夹板、垫木等已并入相应的屋架制作项目中，不另计算。与屋架连接的挑檐木、支撑等，其工程量并入屋架竣工木料体积内计算。

(3)屋架的马尾、折角和正交部分半屋架，应并入相连接屋架的体积内计算。

(4)带气楼的屋架，其气楼部分并入所依附屋架的体积内计算。

(5)圆木屋架连接的挑檐木、支撑等若为方木，其方木部分应乘以系数 1.7 折合成圆木并入屋架竣工木料内，单独的方木挑檐，按矩形檩木计算。

(6)钢木屋架工程量，应区分圆、方木，按竣工木料以 m^3 计算。

2. 木檩条

(1) 檩木按竣工木料体积以 m^3 为单位计算。

(2) 简支檩长度按设计规定计算，若设计无规定者，按屋架或山墙中距增加 200 mm 计算，若两端出山，檩条长度算至搏风板。

(3) 连续檩条的长度按设计长度计算，其接头长度按全部连续檩木总体积的 5% 计算。

(4) 檩条托木已计入相应的檩木制作安装项目中，不得另行计算。

3. 木基层

按屋面的斜面积计算。天窗挑檐重叠部分按设计规定计算，屋面烟囱及斜沟部分所占面积不扣除，如图 6-58 所示。

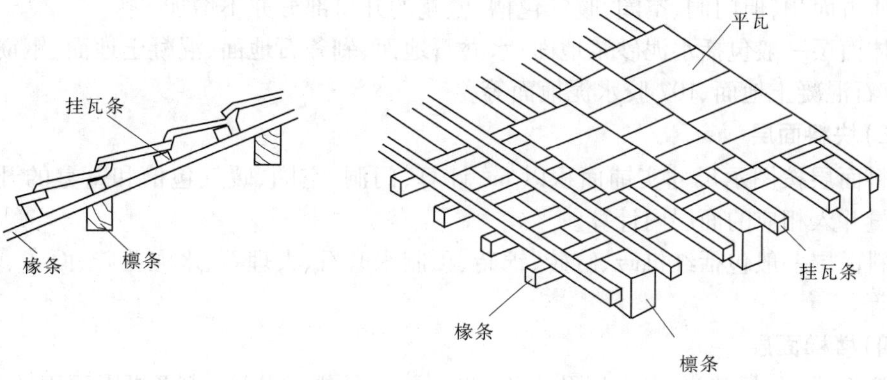

图 6-58　屋面木基层示意图

4. 封檐扳和搏风板

封檐板按图示檐口外围长度计算；搏风板按斜长度计算，每个大刀头增加长度 500 mm。

5. 木柱、木梁、木楼梯

(1) 木柱、木梁应分方、圆，按竣工木料以 m^3 计算，定额内已含刨光损耗。

(2) 木柱定额内不包括柱与梁、柱与柱基、柱、梁、屋架等连接的安装铁件，当设计需要时可按设计规定计算，人工不变。

(3) 木楼梯按水平投影面积计算，不扣除宽度小于 300 mm 的楼梯井，其踢脚板、平台和伸入墙内部分均已包括在定额内，不另计算。木楼梯的栏杆（栏板）、扶手按装饰装修工程中的相应子目计算。

八、楼地面工程

楼地面工程包括垫层、结合层及面层 3 部分。其工程量计算规则如下。

(一) 地面垫层

地面垫层按室内主墙间净空面积乘以设计厚度以 m^3 计算。应扣除凸出地面的构筑物、设备基础、室内管道、地沟等所占体积，不扣除柱、垛、间壁墙、附墙烟囱及面积在 0.3 m^2 以内的孔洞所占体积。

垫层通常分为地面垫层和基础垫层。按其使用材料的不同又分为灰土垫层、混凝土及钢筋混凝土垫层、级配砂石垫层、毛石垫层及水泥(石灰)焦渣垫层等。

(1)地面垫层的工程量计算公式为

$$垫层体积 = (地面面积 - 沟道等面积) \times 垫层厚度 \tag{6-31}$$

(2)基础垫层按图示尺寸以 m^3 计算。

钢筋混凝土垫层按混凝土垫层项目执行。其钢筋部分按混凝土及钢筋混凝土工程分部相应项目及规定计算。

(二)整体面层、找平层

整体面层、找平层均按主墙间净空面积以 m^2 计算。应扣除凸出地面的构筑物、设备基础、室内铁道、地沟等所占面积,不扣除柱、垛、间壁墙、附墙烟囱及面积在 0.3 m^2 以内的孔洞所占面积,但门洞、空圈、暖气包槽、壁龛的开口部分亦不增加。

整体面层一般包括水泥砂浆地面、水磨石地面、剁斧石地面、混凝土地面、钢筋混凝土地面、豆石混凝土地面、107 胶水泥地面等。

(三)块料面层

块料面层按图示尺寸实铺面积以 m^2 计算,门洞、空圈、暖气包槽和壁龛的开口部分的工程量并入相应的面层内计算。

块料面层一般包括红机砖、缸砖、锦砖、预制水磨石、大理石、水泥花砖、面砖、塑料板、木地面等。

(四)楼梯面层

楼梯面层(包括踏步、平台以及小于 500 mm 宽的楼梯井)按水平投影面积计算。

(五)台阶面层

台阶面层(包括踏步及最上一层踏步沿 300 mm)按水平投影面积计算,如图 6-59 所示。

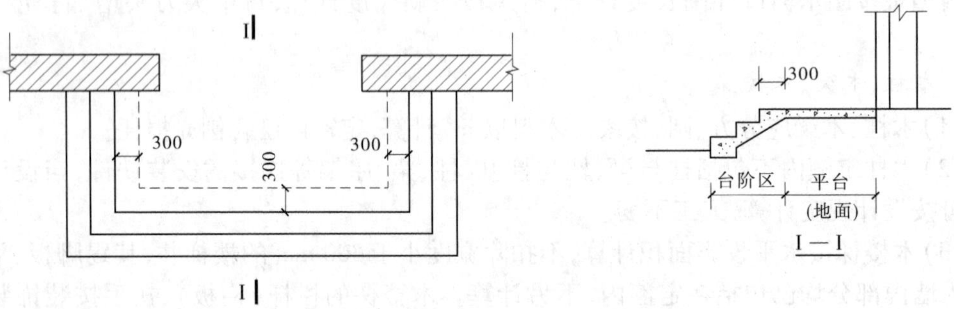

图 6-59　台阶面层示意图

(六)其他

(1)踢脚板按长度以延长米计算,洞口、空圈长度不予扣除,洞口、空圈、垛、附墙烟囱等侧壁长度亦不增加。

(2)散水、防滑坡道按图示尺寸以 m^2 计算。计算公式为

$$散水面积 = (L_{外} - 台阶长) \times 散水宽 + 4 \times 散水宽 \times 散水宽 \tag{6-32}$$

(3)扶手、栏杆包括弯头长度按设计图示尺寸扶手中心线长度以延长米计算,其中弯

头制作、安装另按相应项目以个计算。

(4)防滑条按楼梯踏步两端距离减 300 mm,以延长米计算。

(5)明沟按图示尺寸以延长米计算。

【例 6-17】 某单层工业厂房如图 6-60 所示,门洞口宽 1 500 mm,计算以下工程量:

(1)地面要求做整体现浇水磨石面层时其地面面层工程量;

(2)地面要求做橡塑面层、门洞处也为橡塑面层时其地面面层工程量;

(3)室内塑料成品踢脚线的工程量。

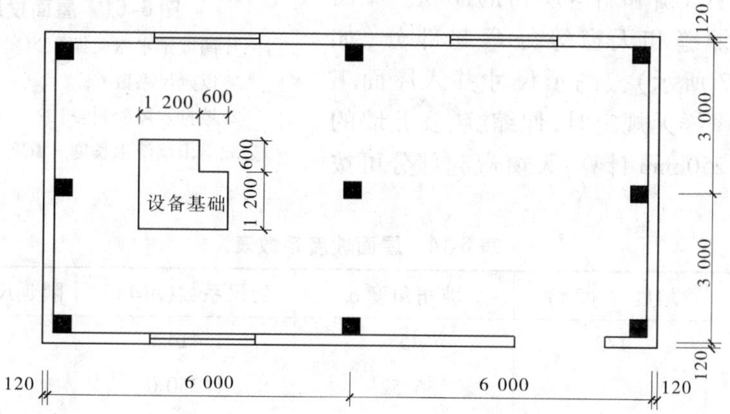

图 6-60 某单层工业厂房平面图

解:根据工程量计算规则,计算楼地面整体面层时,扣除突出地面的构筑物、设备基础、室内铁道、地沟等所占面积,不扣除柱、垛、间壁墙、附墙烟囱及 0.3 m^2 以内的孔洞所占面积,门洞、空圈、暖气槽、壁龛的开口部分不增加面积。而在计算橡塑地面时,门洞、空圈、开口部分并入相应工程量中。塑料成品踢脚线按实贴延长米计算。

(1)整体现浇水磨石面层工程量为

$$(2\times6-2\times0.12)\times(2\times3-2\times0.12)-(1.2\times1.8+1.2\times0.6)=64.86(m^2)$$

(2)橡塑面层工程量为

$$(2\times6-2\times0.12)\times(2\times3-2\times0.12)-(1.2\times1.8+1.2\times0.6)+1.5\times0.24=65.22(m^2)$$

(3)柱子(断面 300 mm×300 mm)做踢脚板,构筑物不做。门洞(宽 1.5 m)处每边踢脚线贴半个墙厚(120 mm),则室内塑料踢脚线(板)的工程量为

$$2\times[(2\times6-2\times0.12)+(2\times3-2\times0.12)]-1.5+0.12\times2+4\times2\times0.3+4\times0.3=37.38(m)$$

九、屋面及防水工程

(一)瓦屋面、金属压型板屋面

瓦屋面、金属压型板屋面(包括挑檐部分)均按图 6-61 中尺寸的水平投影面积乘以表 6-14中的屋面坡度系数以 m^2 计算。不扣除房上烟囱、风帽底座、风道、屋面小气窗、斜沟等所占面积。屋面小气窗的出檐部分亦不增加。水泥瓦、黏土瓦、小青瓦、石棉瓦规格

与定额不同时，瓦材数量可以换算，其他不变。

坡面实际面积 = 坡面水平投影面积 × C (6-33)

斜脊长度 = AD (6-34)

（二）卷材屋面

卷材屋面工程量按以下规定计算：卷材屋面按图示尺寸的水平投影面积乘以表6-14规定的坡度系数计算，但不扣除房上烟囱、风帽底座、风道、屋面小气窗和斜沟所占的面积。屋面的女儿墙、伸缩缝和天窗等处弯起部分（如图6-62、图6-63所示）按图示尺寸并入屋面工程量计算。当图样无规定时，伸缩缝、女儿墙的弯起部分可按250 mm计算，天窗弯起部分可按500 mm计算。

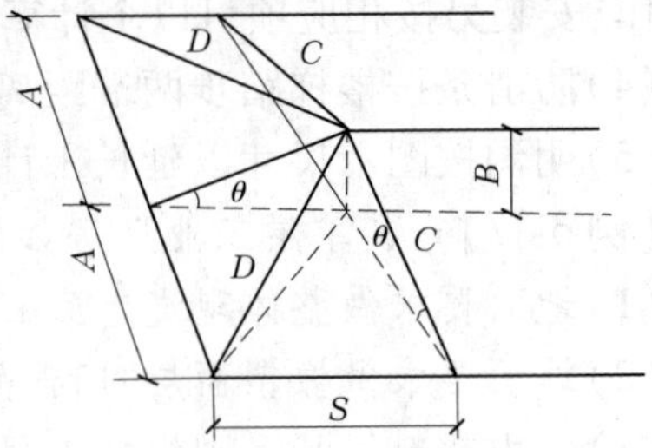

图6-61 屋面投影

注：1. 两坡排水屋面面积为屋面水平投影面乘以延尺系数 C；

2. 坡排水屋面斜脊长度 = AD（当 $S = A$ 时）；

3. 沿山墙泛水长度 = AC。

表6-14 屋面坡度系数表

坡度 B(A=1)	坡度 B/(2A)	坡角角度 α	延尺系数(A=1)	隅延尺系数 D(A=1)
1	1/2	45°	1.414 2	1.732 1
0.750		36°52′	1.250 0	1.600 8
0.700		35°	1.220 7	1.577 9
0.666	1/3	33°40′	1.201 5	1.562 0
0.650		33°01′	1.192 6	1.556 4
0.600		30°58′	1.166 2	1.536 2
0.577		30°	1.154 7	1.527 0
0.550		28°49′	1.141 3	1.517 0
0.500	1/4	26°34′	1.118 0	1.500 0
0.450		24°14′	1.096 6	1.483 9
0.400	1/5	21°48′	1.077 0	1.469 7
0.350		19°17′	1.059 4	1.456 9
0.300		16°42′	1.044 0	1.445 7
0.250		14°02′	1.030 8	1.436 2
0.200	1/10	11°19′	1.019 8	1.428 3
0.150		8°32′	1.011 2	1.422 1
0.125		7°08′	1.007 8	1.419 1
0.100	1/20	5°42′	1.005 0	1.417 7
0.083		4°45′	1.003 5	1.416 6
0.066	1/30	3°49′	1.002 2	1.415 7

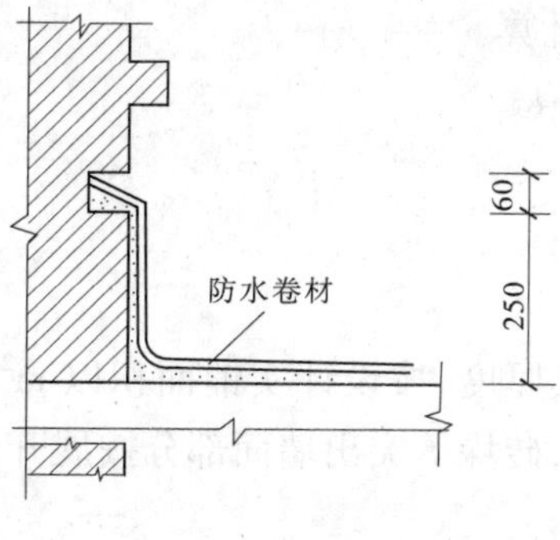

图 6-62　屋面女儿墙防水卷材弯起示意图

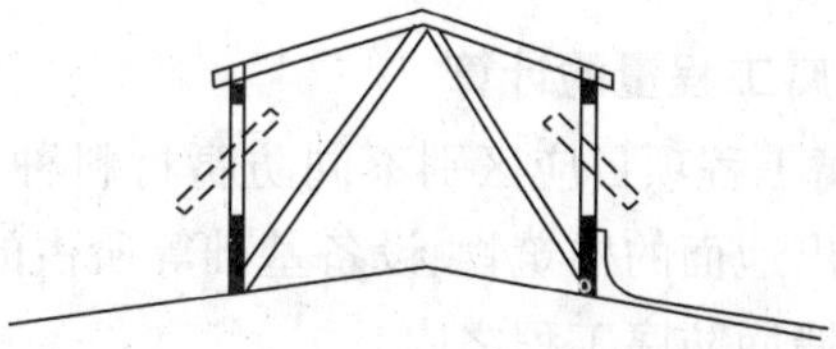

图 6-63　屋面天窗防水卷材弯起示意图

(三)涂膜屋面

涂膜屋面的工程量计算同卷材屋面。涂膜屋面的油膏嵌缝、玻璃布盖缝、屋面分隔缝以延长米计算。

(四)刚性防水屋面

刚性防水屋面多为平屋面,按图示刚性防水面积以 m^2 计算。

(五)屋面排水

屋面排水工程量按下列规则计算:

(1)屋面排水项目适用于各种排水管材(PVC 管、玻璃钢管、铸铁管等)。工程量按图示尺寸以长度(m)计算。设计未标注尺寸的,以檐口至设计室外散水上表面垂直距离计算。

(2)天沟、沿沟工程量按设计图示尺寸以 m^2 计算。其中,铁皮和卷材天沟按展开面积以 m^2 计算。

(3)PVC 管、铸铁管、玻璃钢水落管等区分不同直径按图示尺寸以延长米计算,雨水口、水斗、弯头、短管以个计算。

(六)防水工程

防水工程量按以下规定计算:

(1)建筑地面防水、防潮按主墙间净空面积计算,扣除凸出地面的构筑物、设备基础等所占的面积,不扣除柱、垛、间壁墙、烟囱及 0.3 m^2 以内的孔洞所占的面积。与墙连接处高度在 500 mm 以内者按展开面积计算,并入平面工程量内,超过 500 mm 时,按立面防水层计算。

(2)建筑物墙基防水、防潮层,外墙长度按中心线、内墙按净长乘以宽度以 m^2 计算。

(3)构筑物及建筑物地下室防水层,按实铺面积计算,但不扣除 0.3 m^2 以内的孔洞面积。平面与立面交接处的防水层,其上卷高度超过 500 mm 时,按立面防水计算。

(4)防水卷材的附加层、接缝、收头、冷底子油等人工、材料均已计入定额内,不另计算。

(5)变形缝按延长米计算。

防水工程也适用于楼地面、墙基、墙身、水池、水塔及室内厕所、浴室等防水。建筑物

±0.000 以下的防水、防潮工程按防水工程相应项目计算。

屋面砂浆找平层，面层按楼地面相应定额项目计算。

十、防腐、保温、隔热工程

(一)防腐工程量的计算

(1)防腐工程项目应区别不同防腐材料种类及其厚度，按设计实铺面积以 m^2 计算，但应扣除凸出地面的构筑物、设备基础等所占的面积，砖垛等突出墙面部分按展开面积计算且可并入墙面防腐工程之内。

(2)平面砌筑双层耐酸块料时，按单面面积乘以系数 2 计算。

(3)防腐卷材接缝、附加层、收头等人工、材料已计入在定额中，不再另行计算。

(4)踢脚板按实铺长度乘以高度以 m^2 计算，应扣除门洞所占面积并相应增加侧壁展开面积。

(二)保温隔热工程量的计算

(1)保温隔热层应区别不同保温隔热材料，除另有规定外，均按设计实铺厚度以 m^3 计算。

(2)保温隔热层的厚度按隔热材料(不包括胶结材料)净厚度计算。

(3)地面隔热层按围护结构墙体间净面积乘以设计厚度以 m^3 计算，不扣柱、垛所占的体积。

(4)墙体隔热层，外墙按隔热层中心线，内墙按隔热层净长乘以图示尺寸的高度及厚度以 m^3 计算，应扣除冷藏门洞口和管道穿墙洞口所占的体积。

(5)柱包隔热层，按图示柱的隔热层中心线的展开长度乘以图示尺寸高度及厚度以 m^3 计算。

【例 6-18】 图 6-64 所示的地面面层和踢脚线均为水玻璃耐酸砂浆。外墙厚 240 mm，内墙厚 180 mm，墙垛 240 mm × 240 mm。踢脚线高 150 mm，厚 20 mm。试计算工程量。

解： 地面面积 $=(10-0.24-0.18)\times(6-0.24)+2\times0.18+2\times0.24-0.24^2\times2$
$=55.90(m^2)$

踢脚线面积 $=[(10-0.24)\times2+0.24\times5+(6-0.24)\times4-2\times3]\times0.15$
$=5.66(m^2)$

合计工程量：$55.90+5.66=61.56(m^2)$

(三)其他保温隔热工程量计算

(1)池槽隔热层按图示池槽保温隔热层的长宽及其厚度以 m^3 计算。其中，池壁按墙面计算，池底按地面计算。

(2)门洞侧壁周围的隔热部分，按图示隔热层尺寸以 m^3 计算，并入墙面的保温隔热工程量内。

(3)柱帽保温隔热层按图示保温隔热层体积并入天棚保温隔热层工程量内。

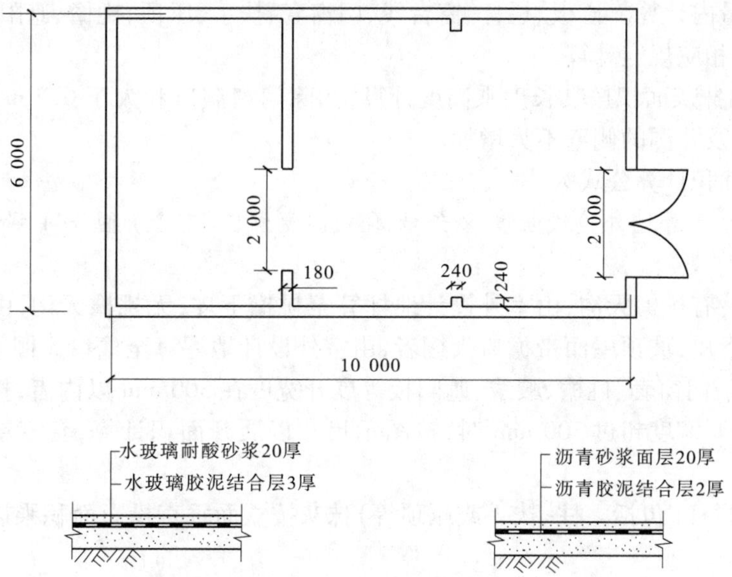

图 6-64　耐酸、防腐地面示意图　（单位：mm）

十一、装饰工程

（一）内墙抹灰

（1）内墙面抹灰面积，应扣除门窗洞口和空圈所占的面积，不扣除踢脚板、挂镜线、0.3 m^2以内的孔洞和墙与构件交接处的面积，洞口侧壁和顶面亦不增加。墙垛和附墙烟囱侧壁面积与内墙抹灰工程量合并计算。

内墙面抹灰的长度，以主墙间的图示净长尺寸计算。其高度确定如下：①无墙裙的，其高度按室内地面或楼面至天棚底面之间距离计算；②有墙裙的，其高度按墙裙顶至天棚底面之间距离计算；③钉板条天棚的内墙面抹灰，其高度按室内地面或楼面至天棚底面另加 100 mm 计算。

内墙面抹灰面积计算公式为

$$内墙面抹灰面积 = 内墙长度 \times 内墙高度 - 门窗洞口(空圈)面积 + 垛侧面积 \tag{6-35}$$

式中，内墙长度按主墙面的结构净长计算。

（2）内墙裙抹灰面积按内墙净长乘以高度计算。应扣除门窗洞口和空圈所占的面积，门窗洞口和空圈的侧壁面积不另增加，墙垛、附墙烟囱侧壁面积并入墙裙抹灰面积内计算。

内墙裙抹灰面积计算公式为

$$内墙裙抹灰面积 = 墙裙长 \times 墙裙高 + 垛侧面墙裙抹灰面积 \tag{6-36}$$

（二）外墙抹灰

（1）外墙抹灰面积，按外墙面的垂直投影面积以 m^2 计算，应扣除门窗洞口、外墙裙和大于 0.3 m^2 孔洞所占面积，洞口侧壁面积不另增加。附墙垛、梁、柱侧面抹灰面积并入外墙面抹灰工程量内计算。栏板、栏杆、窗台线、门窗套、扶手、压顶、挑檐、遮阳板、突出墙外的腰线等，另按相应规定计算。

(2)外墙裙抹灰面积按其长度乘高度计算，扣除门窗洞口和大于0.3 m^2 孔洞所占的面积，门窗洞口及孔洞的侧壁不另增加。

外墙抹灰面积计算公式为

$$抹灰面积 = 外墙外边线长度 \times 外墙高 - 门窗洞口(空圈)面积 + 垛侧面积 \tag{6-37}$$

式中，外墙高指：有挑檐天沟，由室外设计地坪算至挑檐下皮；无挑檐天沟，由室外设计地坪算至压顶板下皮；坡顶屋面带檐口天棚者，由室外设计地坪算至檐口天棚下皮。

(3)窗台线、门窗套、挑檐、腰线、遮阳板等展开宽度在300 mm以内者，按装饰线以延长米计算，当展开宽度超过300 mm时，按图示尺寸以展开面积计算，套零星抹灰定额项目。

(4)栏板、栏杆(包括立柱、扶手或压顶等)抹灰按立面垂直投影面积乘以系数2.2以 m^2 计算。

(5)阳台底面抹灰按水平投影面积以 m^2 计算，并入相应天棚抹灰面积内。阳台如带悬臂梁者，其工程量乘以系数1.30。

(6)雨篷底面或顶面抹灰分别按水平投影面积以 m^2 计算，并入相应天棚抹灰面积内。雨篷顶面带反沿或反梁者，其工程量乘以系数1.20，底面带悬臂梁者，其工程量乘以系数1.20。雨篷外边线按相应装饰或零星项目执行。

(7)墙面勾缝按垂直投影面积计算，应扣除墙裙和墙面抹灰的面积，不扣除门窗洞口、门窗套、腰线等零星抹灰所占的面积，附墙柱和门窗洞口侧面的勾缝面积亦不增加。独立柱、房上烟囱勾缝，按图示尺寸以 m^2 计算。

(三)外墙装饰抹灰

(1)外墙各种装饰抹灰均按图示尺寸以实抹面积计算，应扣除门窗洞口、空圈的面积，其侧壁面积不另增加。

(2)挑檐、天沟、腰线、栏杆、栏板、门窗套、窗台线、压顶等均按图示尺寸展开面积以 m^2 计算，并入相应的外墙面积内。

(四)块料面层

(1)墙面贴块料面层均按图示尺寸以实贴面积计算。

(2)墙裙以高度在1 500 mm以内为准，超过1 500 mm时按墙面计算，高度低于300 mm时，按踢脚板计算。

(五)木隔墙、墙裙、护壁板

木隔墙、墙裙、护壁板均按图示尺寸长度乘以高度按实铺面积以 m^2 计算。

(六)玻璃隔墙

玻璃隔墙按上横档顶面至下横档底面之间高度乘以宽度(两边立梃外边线之间)以 m^2 计算。

(七)浴厕木隔断

浴厕木隔断按下横档底面至上横档顶面高度乘以图示长度以 m^2 计算，门扇面积并入隔断面积内计算。

（八）铝合金、轻钢隔墙、幕墙

铝合金、轻钢隔墙、幕墙按四周框外围面积计算。

（九）独立柱

（1）一般抹灰、装饰抹灰、镶贴块料按结构断面周长乘以柱的高度以 m^2 计算。

（2）柱面装饰按柱外围饰面尺寸乘以柱的高度以 m^2 计算。

（十）零星项目

各种零星项目均按图示尺寸展开面积以 m^2 计算。

（十一）天棚抹灰

（1）天棚抹灰面积，按主墙间的净面积计算，不扣除间壁墙、垛、柱、附墙烟囱、检查口和管道所占的面积。带梁天棚，梁两侧抹灰面积，并入天棚抹灰工程量内计算。即

$$天棚抹灰面积 = 主墙间面积 + 梁侧面积 \tag{6-38}$$

（2）密肋梁和井字梁天棚抹灰面积，按展开面积计算。

（3）天棚抹灰如带有装饰线，区别按三道线以内或五道线以内以延长米计算，线角的道数以一个突出的棱角为一道线，如图 6-65 所示。

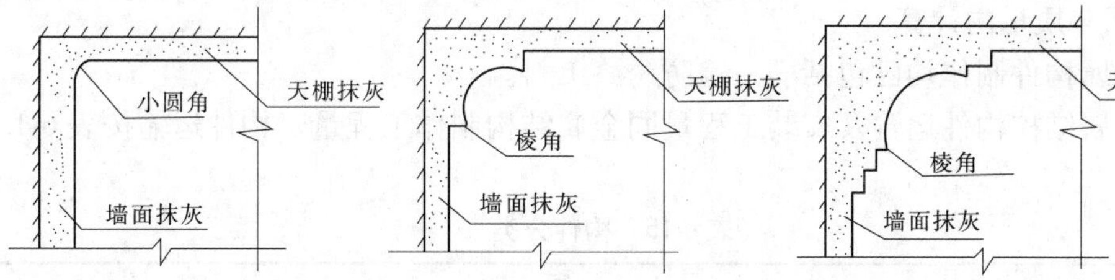

(a)天棚小圆角　(b)三道线以内装饰线　(c)五道线以内装饰线

图 6-65　圆角及装饰线示意图

（4）檐口天棚的抹灰面积，并入相应的天棚抹灰工程量内计算。

（5）天棚中的折线、灯槽线、圆弧形线、拱形线等艺术形式的抹灰，按展开面积计算。

（十二）各种吊顶天棚龙骨

各种吊顶天棚龙骨按主墙间净空面积计算，不扣除间壁墙、检查口、附墙烟囱、柱、垛和管道所占面积。但天棚中的折线、叠落等圆弧形，高低吊灯槽等面积也不展开计算。

（十三）天棚面装饰

（1）天棚装饰面积按主墙间实铺面积以 m^2 计算，不扣除间壁墙、检查口、附墙烟囱、附墙垛和管道所占面积，应扣除独立柱及与天棚相连的窗帘盒所占的面积。

（2）天棚中的折线、叠落等圆弧形、拱形、高低灯槽及其他艺术形式天棚面层均按展开面积计算。

（十四）喷涂、油漆、裱糊

（1）楼地面、天棚面、墙、柱、梁面的喷（刷）涂料；抹灰面油漆及裱糊工程，均按楼地面、天棚面、墙、柱、梁面装饰工程相应的工程量计算规则计算。

（2）木材面、金属面油漆的工程量分别按装饰工程相应的工程量计算规则计算。

十二、金属结构制作工程

(1)金属结构制作按图示钢材尺寸以 t 计算,不扣除孔眼、切边的质量。焊条、铆钉和螺栓等质量已包括在定额内,不另计算。在计算不规则或多边形钢板质量时,以其最大对角线乘以最大宽度的矩形面积计算。

(2)实腹柱、吊车梁、H 型钢的制作工程量按图示尺寸计算,其中腹板及翼板宽度按每边增加 25 mm 计算。

(3)制动梁的制作工程量包括制动梁、制动桁架、制动板质量,墙架制作工程量包括墙架柱、墙架梁及连接柱杆质量,钢柱制作工程量包括依附于柱上的牛腿及悬臂梁质量。

(4)轨道制作工程量,只计算轨道本身质量,不包括轨道板、压板、斜垫、夹板及连接角钢等质量。

(5)钢栏杆制作仅适用于工业厂房中平台、操作台的钢栏杆,民用建筑中铁栏杆等按定额中其他有关项目计算。

(6)钢漏斗制作工程量,矩形按图示分片,圆形按图示展开尺寸,并依钢板宽度分段计算,每段以其上口长度(圆形以分段展开口长度)与钢板宽度,按矩形计算,依附漏斗的型钢并入漏斗质量内计算。

(7)金属构件制作均已包括刷一遍防锈漆工料。

(8)金属结构构件运输及安装工程量同金属结构制作工程量。构件运输按表 6-15 分类。

表 6-15　构件分类

金属结构构件	1	钢柱、屋架、托架梁、防风桁架
	2	吊车梁、制动梁、型钢檩条、钢支撑、上下档、钢拉杆、栏杆、盖板、垃圾出灰门、倒灰门、箅子、爬梯、零星构件、平台、操作台、走道休息台、扶梯、钢吊车梯台
	3	墙架、挡风架、天窗架、组合檩条、轻型屋架、滚动支架、悬挂支架、道支架

十三、建筑工程垂直运输费和建筑物超高增加费

(一)垂直运输工程

1. 建筑物垂直运输

(1)檐高是指设计室外地坪至檐口的滴水高度,突出主体建筑屋顶的楼梯间、电梯间、屋顶水箱间、屋面天窗等不计入檐口高度之内。层数是指建筑物地面以上部分的层数,突出主体建筑屋顶的楼梯间、电梯间、水箱间等不计算层数。

(2)项目工作内容包括单位工程在合理工期内完成主体结构全部工程项目(包括屋面保温防水)所需的垂直运输机械台班,不包括机械的场外运输、一次安拆及路基铺垫和轨道铺拆等费用。

(3)同一建筑物多种用途(或多种结构)时,按不同用途(或结构)分别计算建筑面

积，并均以该建筑物总高度为准，分别套用各自相应的定额。当上层建筑面积小于下层建筑面积的50%时，应垂直分割为两部分，按不同高度的定额子目分别计算。

（4）定额中现浇框架是指柱、梁全部为现浇的钢筋混凝土框架结构。当部分现浇（柱、梁中有一项现浇）时，按现浇框架定额乘以系数0.96；当楼板也为现浇混凝土时，按现浇框架定额乘以系数1.04。

（5）预制钢筋混凝土柱、钢屋架的单层厂房按预制排架定额计算。

（6）单身宿舍按住宅定额乘以系数0.9。

（7）服务用房是指城镇、街道、居民区具有较小规模综合服务功能的设施，其建筑面积不超过1 000 m^2，层数不超过三层的建筑，如副食品、百货、餐饮店等。

（8）檐高3.6 m以内的单层建筑，不计算垂直运输机械台班。

（9）项目的划分是以建筑物檐高、层数两个指标界定，只要有一个指标达到定额规定，即可套用定额项目。

（10）建筑物垂直运输机械台班，区别不同建筑物的结构类型及高度按建筑面积以 m^2 计算。建筑面积按建筑面积计算规则计算。

2. 构筑物垂直运输

构筑物的高度是指设计室外地坪至构筑物的顶面高度。突出构筑物主体的机房等高度，不计入构筑物高度内。

构筑物垂直运输机械台班以座计算。超过规定高度时再按每增高1 m定额项目计算，其高度不足1 m时，按1 m计算。

（二）建筑物超高增加费

（1）建筑物超高增加费适用于建筑物檐高20 m（层数六层）以上的工程。当檐高或层数两者之一符合定额规定时，即可套用相应的定额子目。

（2）檐高是指设计室外地坪到檐口的滴水高度，突出主体建筑屋顶的楼梯间、电梯间、屋顶水箱间、屋面天窗等不计入檐高之内。

（3）层数是指建筑物地面以上部分的层数，突出主体建筑屋顶的楼梯间、电梯间、水箱间等不计算层数。

（4）同一建筑高度不同时，按不同高度的定额子目分别计算。

（5）建筑物超高增加费的内容包括人工降效、其他机械降效、用水加压等费用。

（6）建筑物超高增加费以超过檐高20 m以上（层数六层）的建筑面积以 m^2 计算。

（7）超高部分的建筑面积按建筑面积计算规则的规定计算。

六层以上的建筑物，有自然层分界（层高在3.3 m以内时）的，按自然层计算超高部分的建筑面积；无自然层分界的单层建筑物和层高较高的多层或高层建筑物，总高度超过20 m时，其超过部分可按每3.3 m高折算为一层计算超过部分的建筑面积。高度折算后的余量大于等于2 m时，可增加一层计算超高建筑面积，不足2 m时不计。

第四节　工程计量案例

本案例为某学校住宅楼工程。

一、工程概况

(1)住宅楼工程为7层砖混结构,横墙承重,共设置3道圈梁,建筑面积为1 583 m^2。

(2)基础为M5水泥砂浆条石基础,地基做C10混凝土垫层,并设置一道C15钢筋混凝土现浇地圈梁。

(3)墙体采用黏土砖砌筑,设计标高12.000 m以下用M10水泥砂浆砌筑,12.000 m以上用M7.5混合砂浆砌筑。

(4)屋面为双层上人屋面,刚性防水,建筑找坡,并设有架空屋面隔热板。

(5)楼地面均为水泥豆石浆面层。

(6)装饰除外墙局部贴玻璃马赛克外,其余均为一般抹灰,具体做法详见施工图纸。

(7)现浇钢筋混凝土构件为C20混凝土,预制钢筋混凝土构件为C20混凝土,预应力钢筋混凝土空心板为C30混凝土。

(8)某学校住宅楼工程的具体做法与要求详见设计说明和图6-66~图6-75所示。

二、建筑设计说明

(1)本设计图技术经济指标:平均每户建筑面积53.32 m^2,每户使用面积31.8 m^2,平面利用系数$k=59.6$,层高3 m。

(2)总平面图:建筑物±0.000的绝对标高、入口及朝向等视各具体工程而定,由本设计单位另出图说明。

(3)消防处理:原则上在总图留出环形消防车道。5层及其以下各层设置手提式灭火器,6层及其以上各层设置消火栓,位置详见平面图。各楼梯间伸出屋面,可让人平时在屋面逗留,也可作为紧急疏散的出入口。

(4)内抹灰:参见西南J301第14页的3413,面层改为乳胶漆。天棚板底采用1:1:6混合砂浆抹平,面层为乳胶漆。其余局部处理详见各大样图。

(5)外抹灰:参见西南J301第14页的3505,面层改为1:2:5水泥石灰砂浆。阳台栏板、外墙窗框、雨篷檐口、阳台扶手、梯间花窗边框均为玻璃马赛克贴面,颜色另定。

(6)墙裙、厨房及厕所内做1.2 m高水泥砂浆墙裙,详见西南J301第12页的3427。

(7)踢脚:室内均作0.15 m高水泥砂浆踢脚板,详见西南J301第6页的节点3。

(8)楼地面:水泥豆石浆地面,详见西南J301第2页的3110及第3页的3211。

(9)散水:详见西南J801第4页的节点9,散水宽度为600 mm。

(10)门窗油漆:表面乳白色调和漆,详见西南J301第17页的3703。

(11)外露金属构件应除锈,然后刷红丹一道,再做成所设计的颜色。

(12)在住宅底层各外墙窗及各户进户门(包括楼层)亮子上,用Φ14@80作栏栅;底层M-61524门上钉钢板网栏栅。

(13)外墙抹灰分格详见立面图,分格线为20 mm×10 mm(宽度×深度)。

(14)屋面:刚性防水屋面,详见西南J301第3页的2103,按房间大小设分仓缝,其做法详见西南J201第11页的节点1d。

(15)本图的实施应严格按所选标准图要求及国家现行施工验收规范执行。

(a)正立面图　　(b)背立面图

图6-66 住宅楼立面

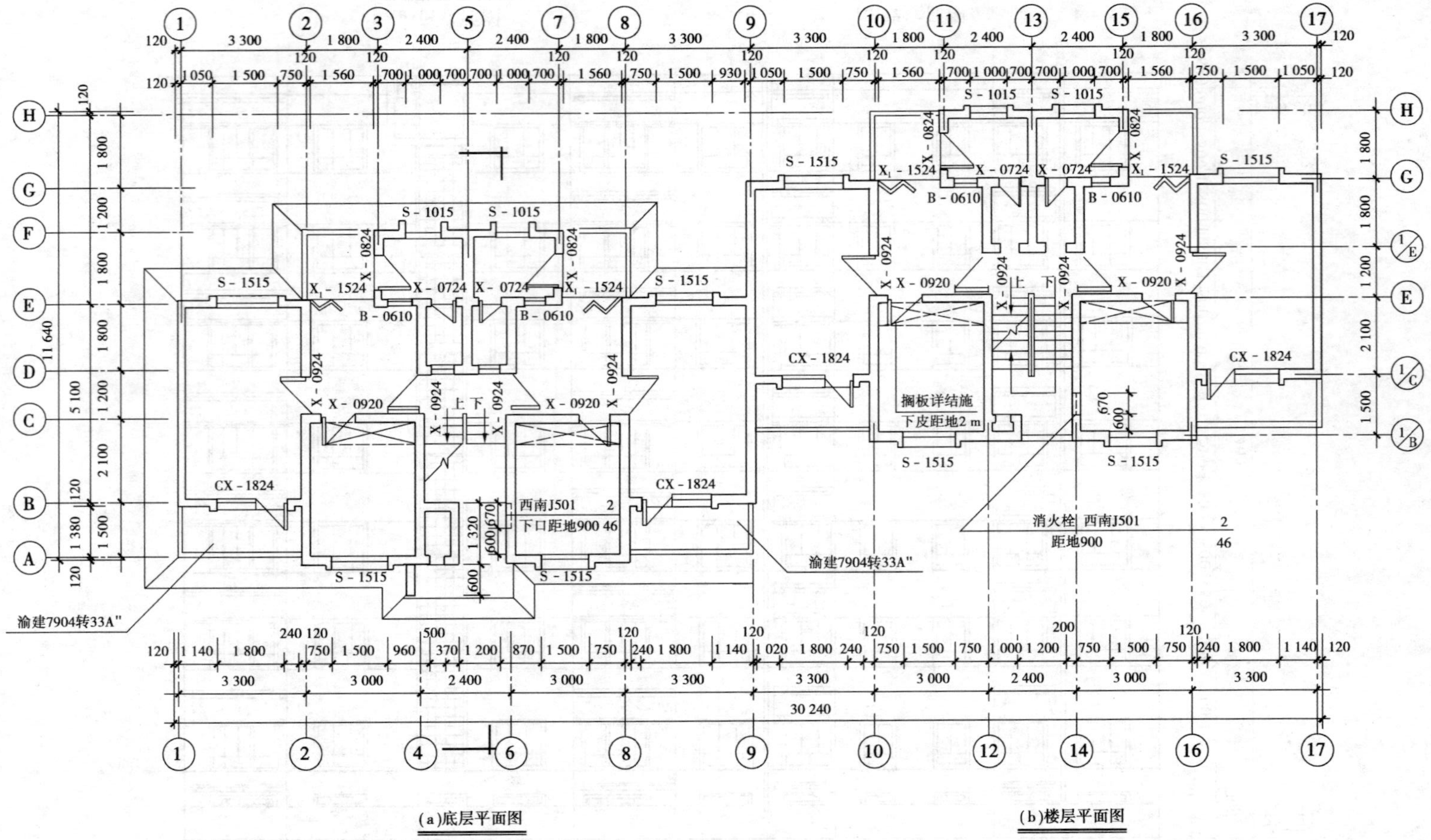
S - 1515
S - 1015
X - 0824
X₁ - 1524
X - 0724
B - 0610
X - 0924
X - 0920
CX - 1824
上
下
搁板详结施
下皮距地2 m
西南J501 2
下口距地900 46
消火栓 西南J501 2
距地900 46
渝建7904转33A"
30 240
11 640
5 100
(a)底层平面图
(b)楼层平面图

图 6-67 住宅楼平面

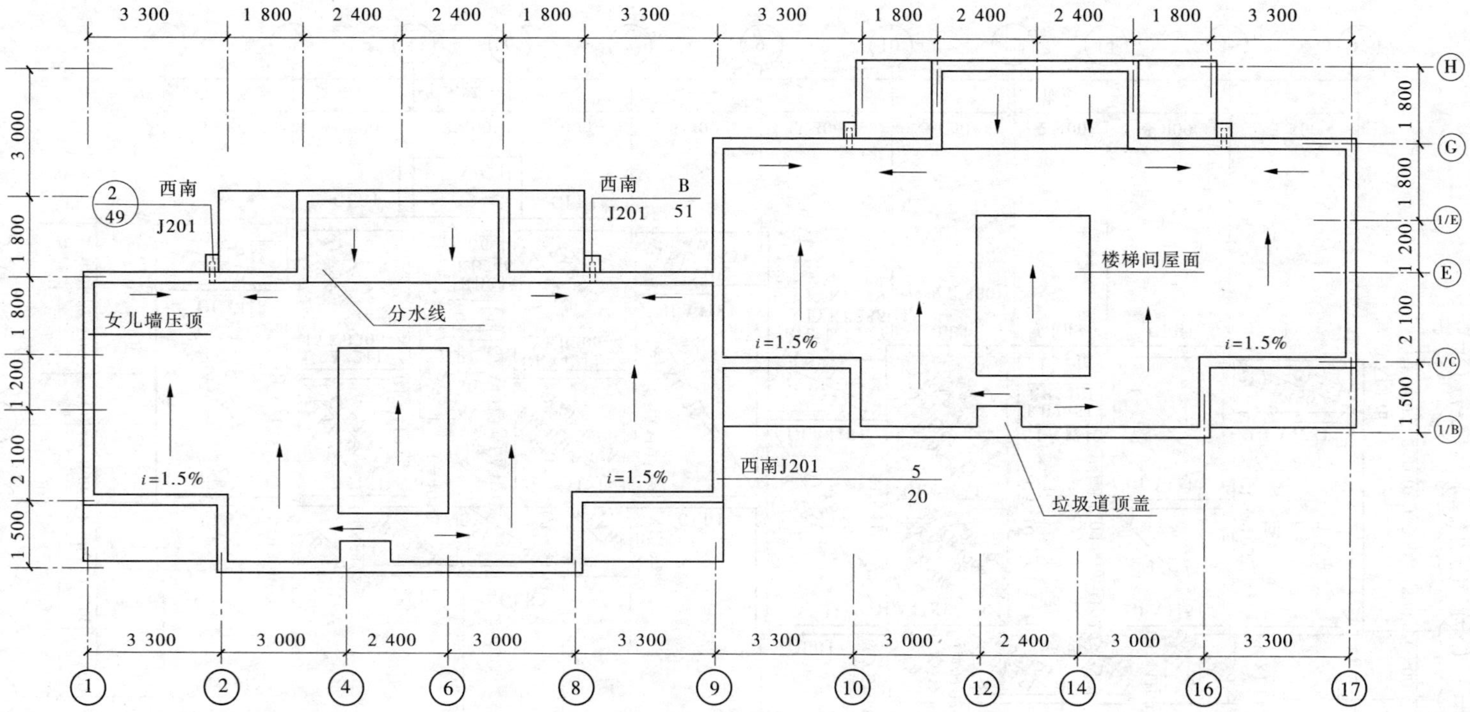
3 300
1 800
2 400
2 400
1 800
3 300
3 300
1 800
2 400
2 400
1 800
3 300
3 000
1 800
1 800
1 200
2 100
1 500
2
49
西南
J201
西南
J201
B
51
女儿墙压顶
分水线
i=1.5%
i=1.5%
i=1.5%
i=1.5%
楼梯间屋面
西南J201
5
20
垃圾道顶盖
H
G
1/E
E
1/C
1/B
3 300
3 000
2 400
3 000
3 300
3 300
3 000
2 400
3 000
3 300
1
2
4
6
8
9
10
12
14
16
17

图6-68 屋顶平面

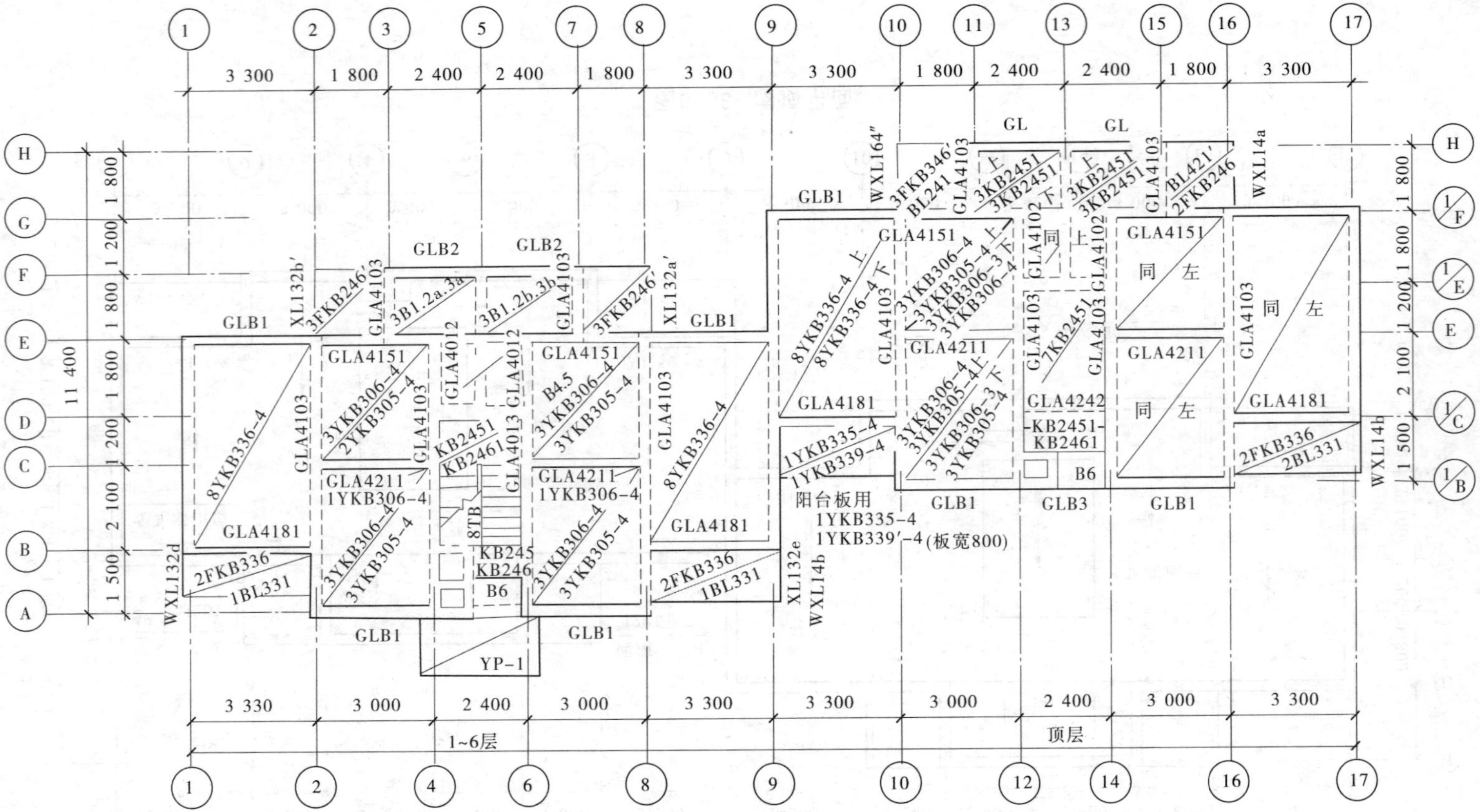

图6-69 楼层结构平面布置

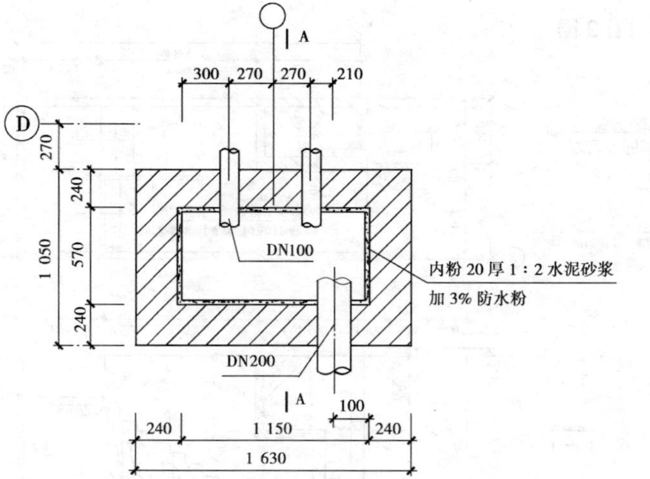

底层楼梯间下窨井平面

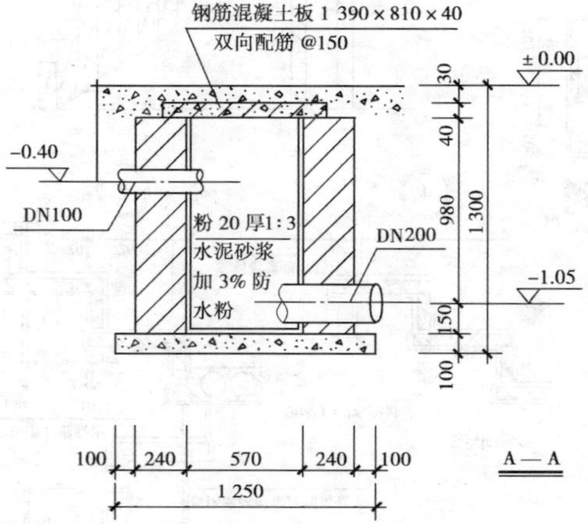

A—A

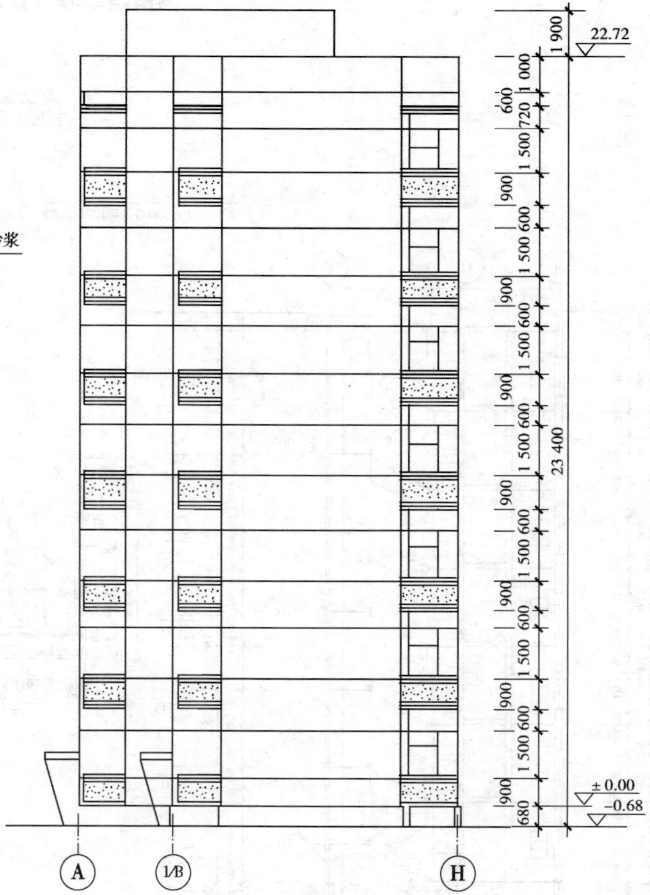

侧立面图

图 6-70　住宅楼侧立面

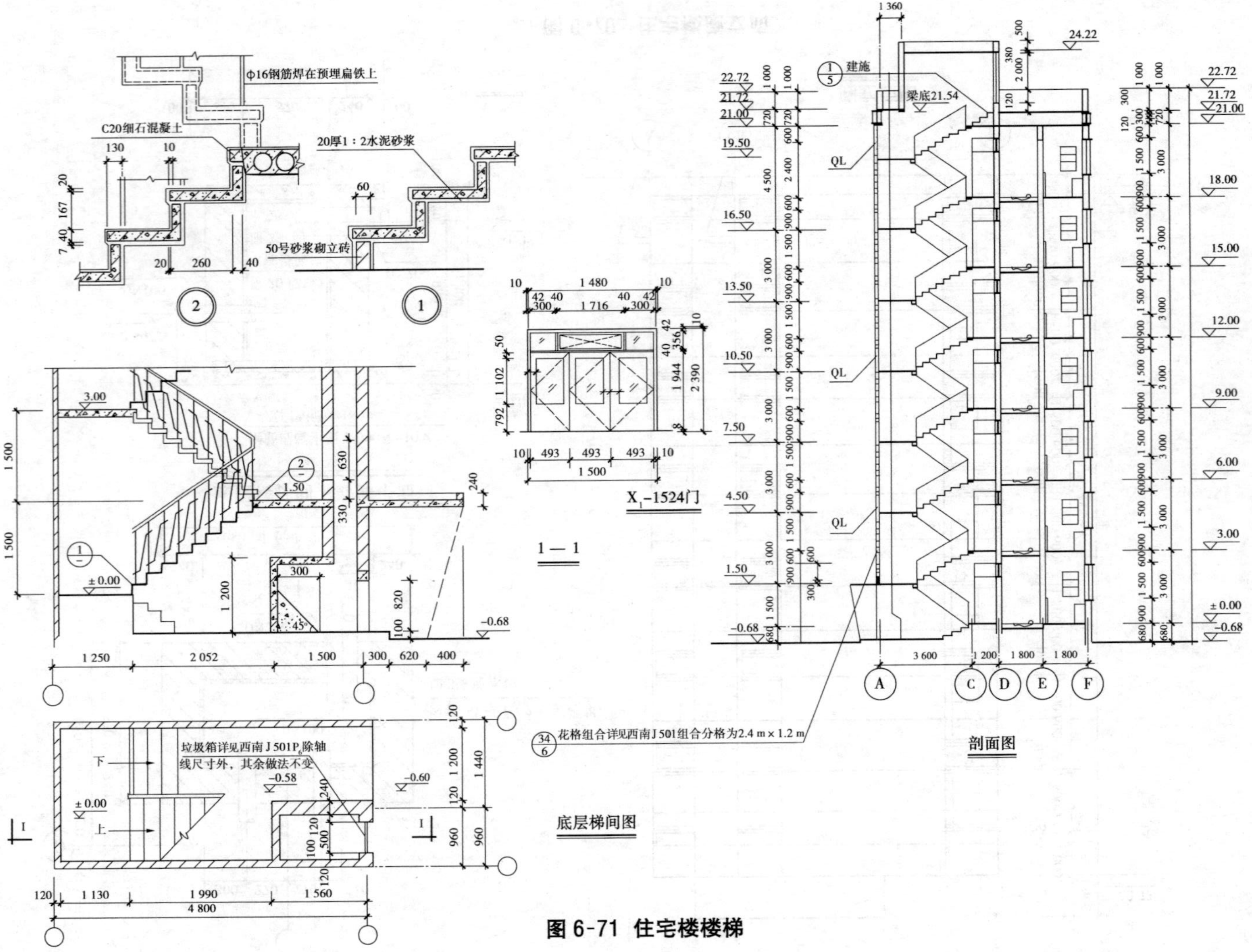

φ16钢筋焊在预埋扁铁上
C20细石混凝土
20厚1：2水泥砂浆
50号砂浆砌立砖
1—1
X1-1524门
底层梯间图
垃圾箱详见西南J 501P6除轴线尺寸外，其余做法不变
下
上
建施
梁底21.54
QL
花格组合详见西南J 501组合分格为2.4 m×1.2 m
剖面图

图 6-71 住宅楼楼梯

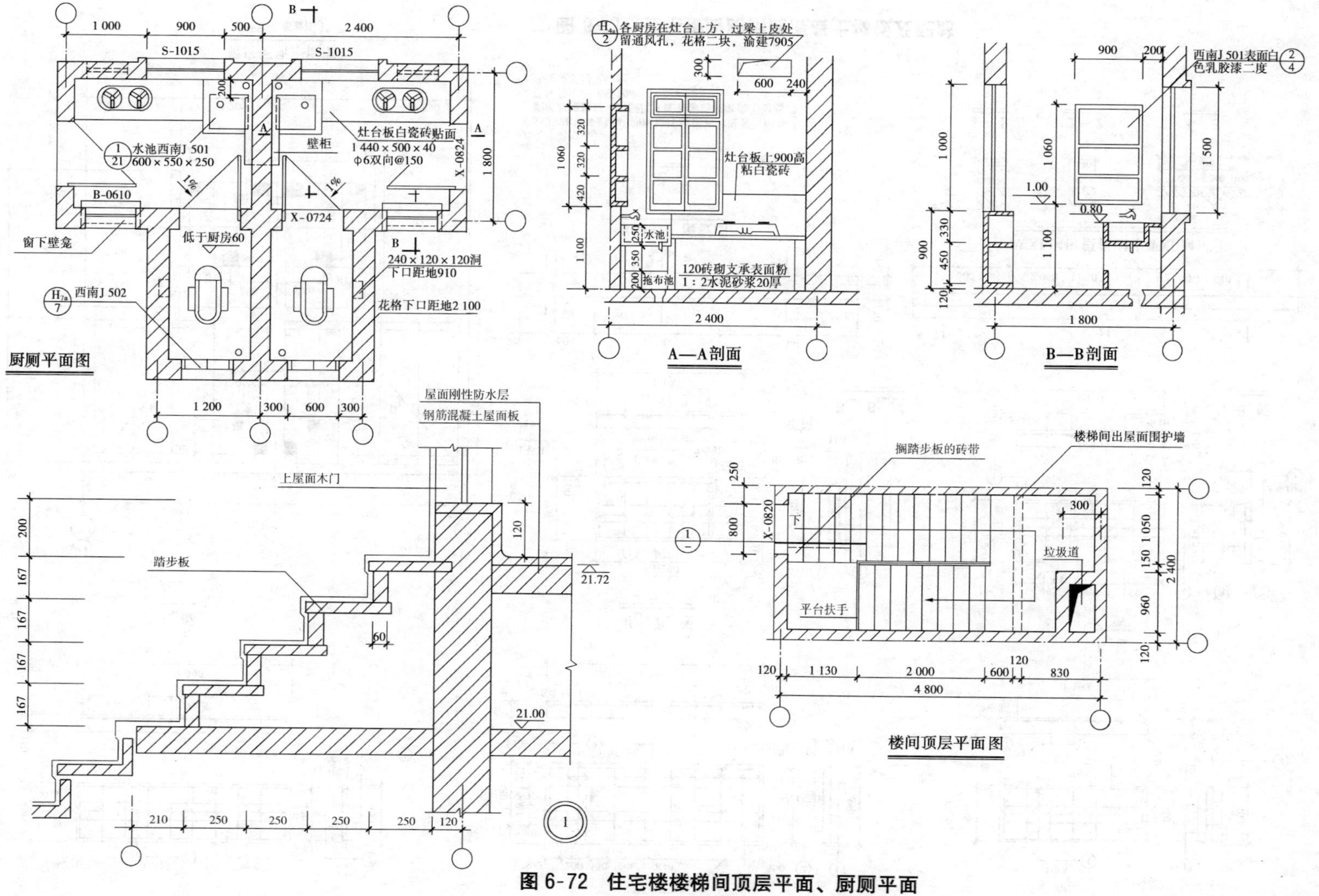

图 6-72　住宅楼楼梯间顶层平面、厨厕平面

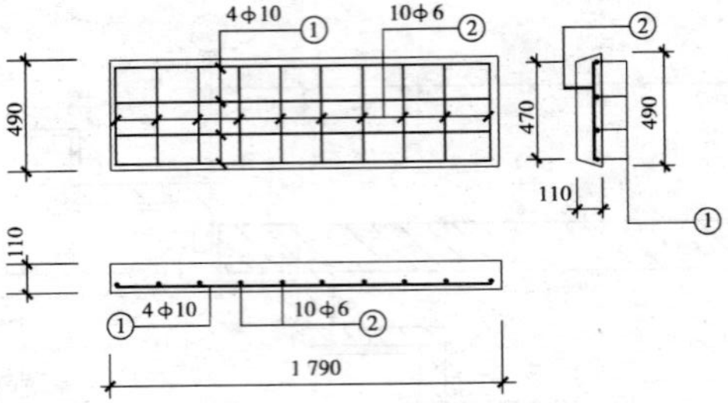

B₁ 板

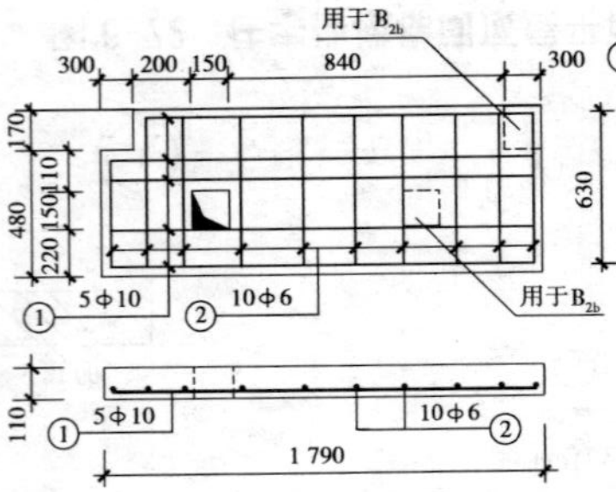

B_{2a}，B_{2b} 板

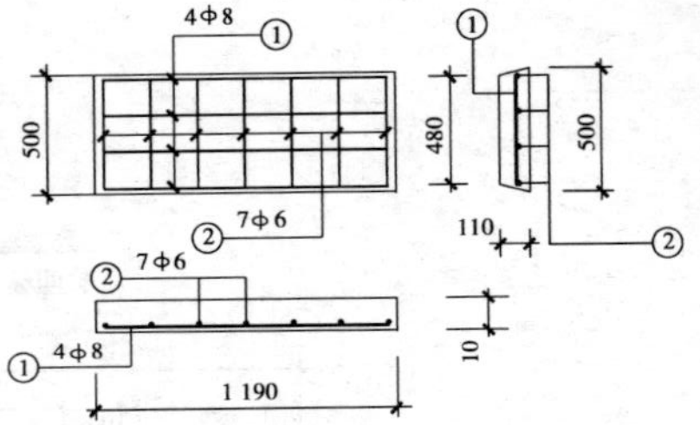

B_3 板

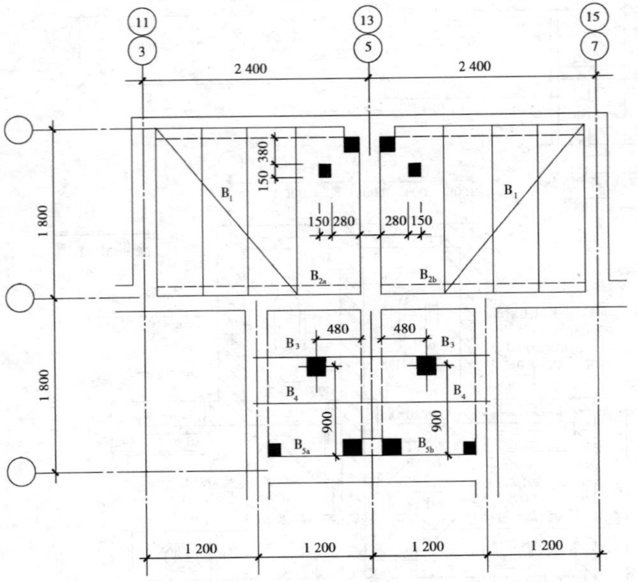

厨房厕所平面图

〔预留孔布置图〕

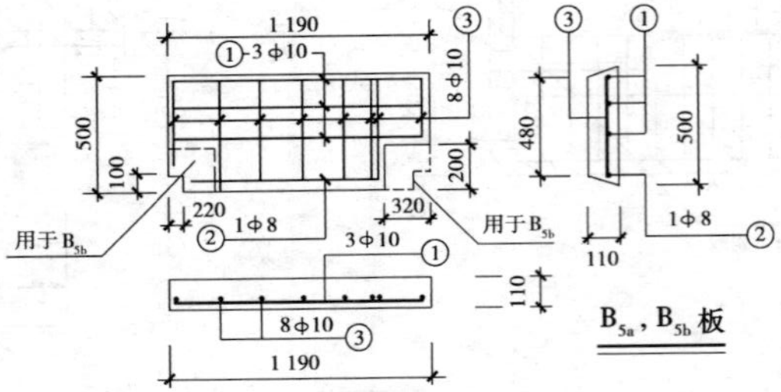

B_{5a}，B_{5b} 板

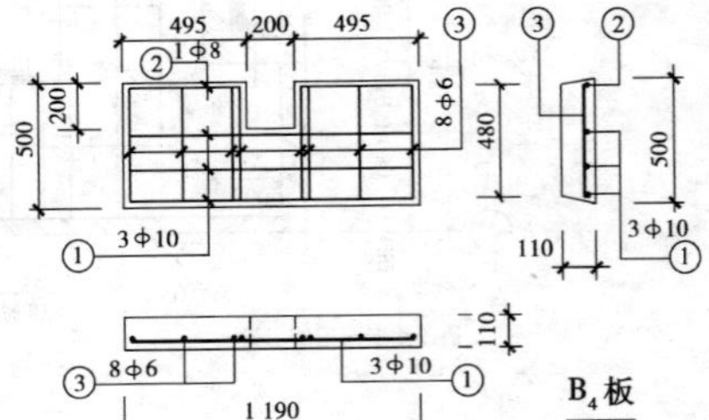

B_4 板

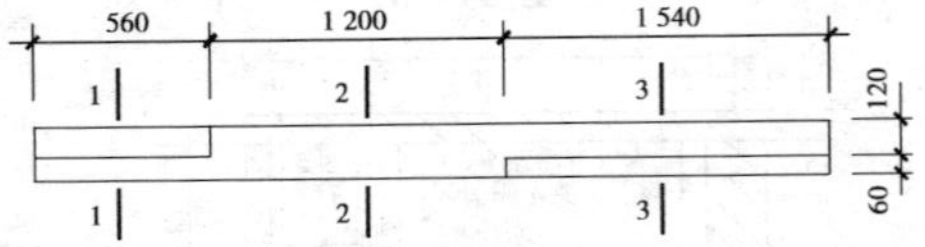

XL132e′模板图

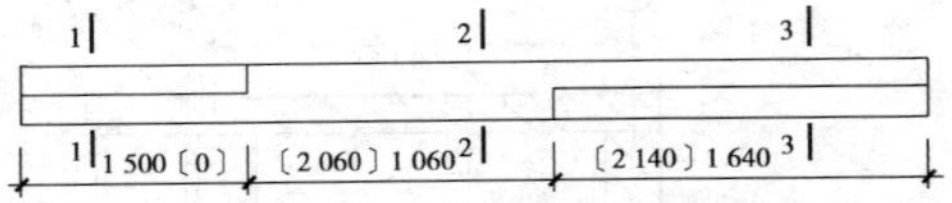

WXL14b′模板图〔WXL14b″〕

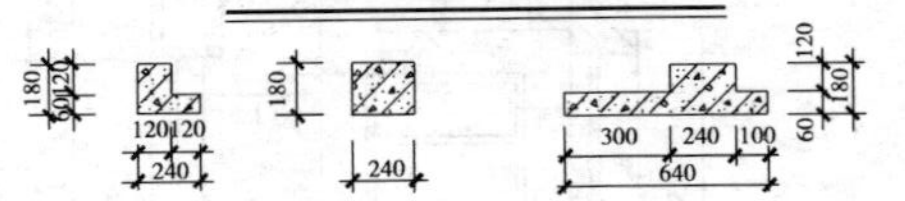

1—1　2—2　3—3

说 明

1.尺寸单位mm。
2.XL132e′和WXL14$_b^{b'}$的配筋按渝建7904设置，但在梁尾部应按1—1断面尺寸配置箍筋和增设①钢筋，搭接长度不小于30d。
3.其他说明详见结施-5。

图 6-73　住宅楼厨厕钢筋混凝土模板及配筋

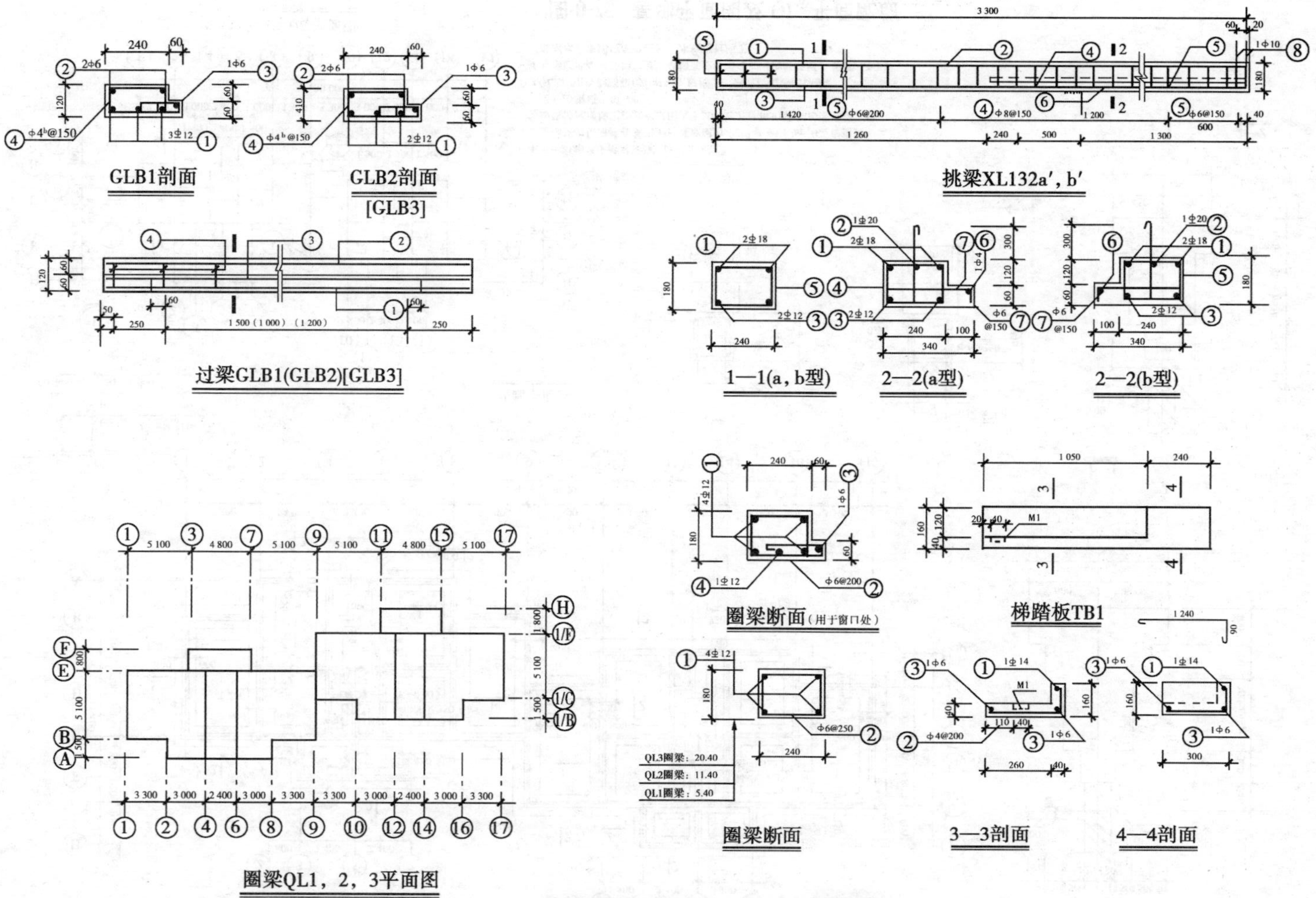

图 6-74　圈梁、过梁、挑梁配筋

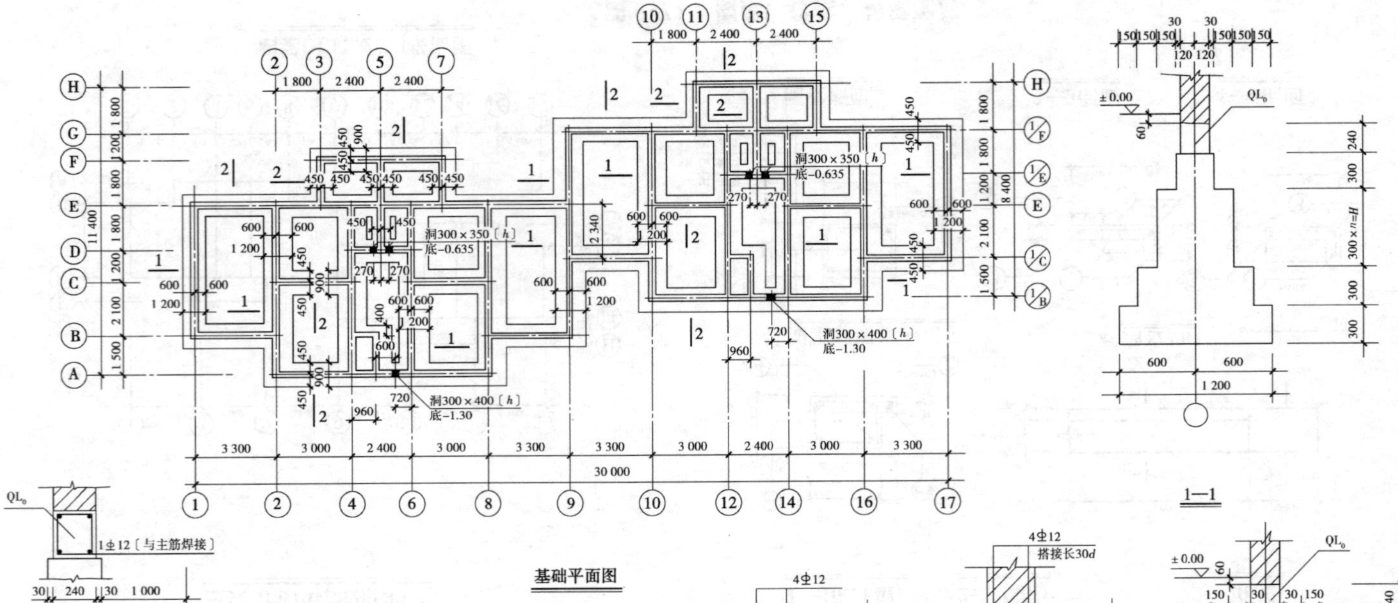

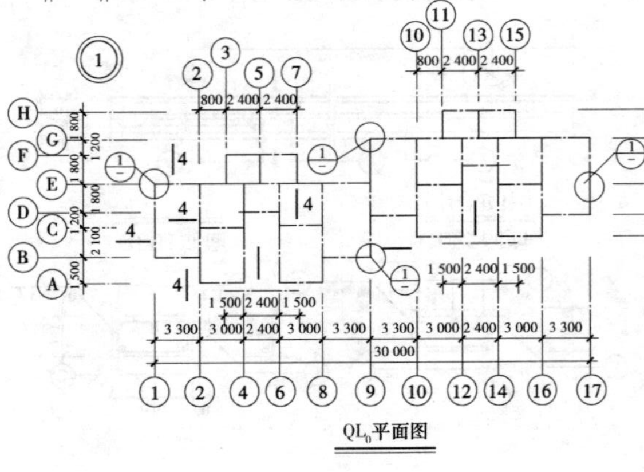

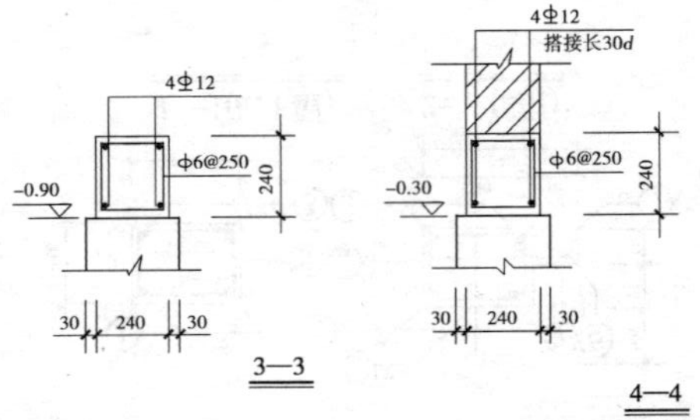

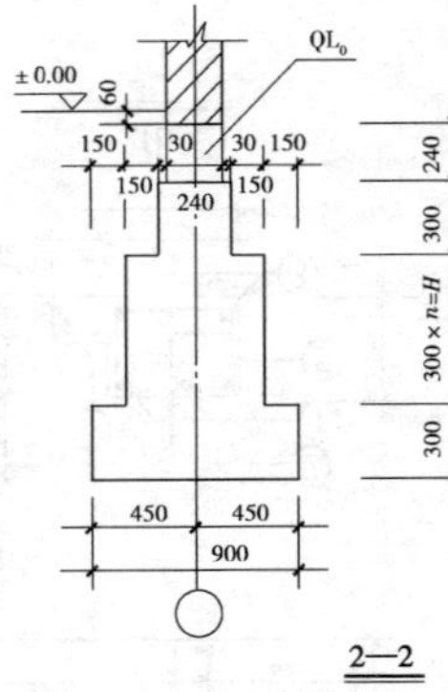

说 明

1. ±0.00相当于绝对标高，详见建施。
2. 基础持力层需落在基岩上，其地耐力〔R〕≮40 t /m²，H应根据实际地质情况现场定：基础采用大于300#的条石和50#水泥砂浆砌筑，垫层C10混凝土厚100。
3. QL_0采用I级钢筋和C20混凝土现浇，但钢筋接头需用焊接。
4. 基槽底部必须开挖平整，基槽开挖好后要即时做好垫层，基槽内不准泡水；本图应配合建施、水施进行施工。

图 6-75 基础平面图及 QL_0 平面配筋

（16）门窗统计数量如表 6-16 所示。

表 6-16 门窗统计数量（以一层计）

类别	编号	名称	洞口尺寸		樘数	采用标准图集	说明
			宽（mm）	高（mm）			
门	M－1	全板镶板门	900	2 400	8	西南 J601	门代号原图是 X，现改为 M 窗代号原图是 S（B），现改为 C
	M－2	全板镶板门	800	2 400	4		
	M－3	全板镶板门	700	2 400	4		
	M－4	全板镶板门	900	2 000	4		
	M－5	带窗全板镶板门	1 800	2 400	4		
	M－6	折叠全板镶板门	1 500	2 400	4		
窗	C－1	上腰玻纱窗	1 000	1 500	4	西南 J701	
	C－2	上腰玻纱窗	1 500	1 500	8		
	C－3	玻璃窗	600	1 000	4		

三、结构设计说明

（1）本图尺寸除标高以 m 表示外，其余均以 mm 为单位。

（2）墙身材料：采用黏土砖，相对标高在 12 m 以下用 M10 混合砂浆砌筑，12 m 以上用 M5 混合砂浆砌筑。

（3）混凝土预制构件：凡采用标准图的构件应按相应图册的要求制作，其余构件均采用 C20 混凝土。圈梁及雨篷采用 C20 混凝土现浇，若改为预制，混凝土强度应为 C20，圈梁的分段长度由施工单位自定，接头搭接长度不小于 30 倍主筋直径。

（4）钢筋：钢筋净保护层板为 15 mm 厚，梁为 25 mm 厚。

（5）凡构件尺寸长度与标准图不符时，应按统计表说明栏说明制作。

（6）预制构件数量，在制作前施工单位应自行复核统计表 6-17 中的数量，以避免遗漏和浪费。

表 6-17 钢筋混凝土预制构件统计

构件名称	型号	规格（mm × mm × mm）	数量	采用图纸名称	图纸所在页数	说明
雨篷挑梁	WXL14a	4 200 × 240 × 180	1	渝建 7904	28	
	WXL14b	4 200 × 240 × 180	1	渝建 7904	2	
	WXL14a′	4 200 × 240 × 180	2	渝建 7904	28	
	WXL14b′	4 200 × 240 × 180	2	渝建 7904	2	
雨篷板	FKB336	3 140 × 589 × 180	42	渝建 7904	30	总长加 100
	BL331	3 140 × 100 × 180	4	渝建 7904	29	总长加 100
	FKB246	1 640 × 589 × 180	84	渝建 7904	30	总长加 500
	BL241	1 640 × 100 × 180	4	渝建 7904	29	总长加 500

续表 6-17

构件名称	型号	规格 (mm×mm×mm)	数量	采用图纸名称	图纸所在页数	说明
阳台挑梁	XL132b	3 300×240×180	6	渝建 7904	26	
	XL132e′	3 300×240×180	12	渝建 7904	26	
	XL132a′	3 300×240×180	12	本图	结－图 5.9	
	XL132b′	3 300×240×180	12	本图	结－图 5.9	
门窗过梁	GLA4181	2 300×240×180	20	全国 G322	12,26	总长减 300
	GLA4102	1 200×240×180	16	全国 G322	24	总长加 150
	GLA4211	2 750×240×180	28	全国 G322	26	
	GLA4151	2 000×240×120	20	全国 G322	36	
	GLA4103	1 500×240×120	48	全国 G322	24	
	GLA4121	1 700×240×120	6	全国 G322	24	
	GLA4242	2 640×240×180	1	全国 G322	26	
	GLB1	2 000×240×120	40	本图	结－图 5.9	
	GLB2	1 500×240×120	20	本图	结－图 5.9	
	GLB3	1 700×240×120	2	本图	结－图 5.9	
预应力空心板	YKB336－4	3 280×590×120	224	西南 G211	3,5,8	
	YKB336－3	3 280×590×120	32	西南 G211	3,5,8	
	YKB306－4	2 980×590×120	196	西南 G211	3,5,8	
	YKB306－3	2 980×590×120	24	西南 G211	3,5,8	
	YKB305－4	2 980×490×120	140	西南 G211	3,5,7	板宽减 100
	YKB305－3	2 980×490×120	20	西南 G211	3,5,7	
	YKB339－4	3 280×790×110	1	西南 G211	3,5,9	
	YKB335－4	3 280×490×110	7	西南 G211	3,5,7	板宽减 100
	KB2451	3 280×590×110	46	渝建 7905	12	
	KB2461	3 280×590×110	28	渝建 7905	12	
楼梯踏、板、雨篷	TB1	1 290×300×160	232	本图	结－图 5.9	
	YP1	见图	2	本图	结－图 5.9	
平板	B_1	3 280×590×110	72	本图	结－图 5.7	
	B_{2a},B_{2b}	3 280×590×110	12,12	本图	结－图 5.7	
	B_3	3 280×590×110	24	本图	结－图 5.7	
	B_4,B_{5a}	3 280×590×110	24,12	本图	结－图 5.7	
	B_{5b}	3 280×590×110	12	本图	结－图 5.7	
	B_6	1 240×590×110	14＋6	本图	结－图 5.7	
预应力空心板	YKB336－4	3 280×790×120	6	西南 G211	3,5,9	板宽减 100

(7)楼梯间布置及楼梯板安装详见建筑图。

(8)厨房、厕所的楼板预留空洞,应按图中尺寸施工,安装要准确无误,不得事后打洞。

(9)各层楼板安装时,应按西南 G211 第 13 页安装示意图进行,拉结筋采用Φ6,底板要求平直。

(10)基础结构材料及说明详见结施 -1。

(11)凡未设置圈梁的楼层均在过梁以上两块砖处埋设 3 Φ 6 钢筋砖网,并沿外墙四周连通,钢筋搭接长度不小于 300 mm。

(12)凡窗洞小于 600 mm 时,均设置 3 Φ 6 钢筋砖过梁,原浆埋设。

(13)本设计应与建施、水施、电施等图纸密切配合施工。

四、工程量计算书

工程量计算书主要包括门窗面积工程量计算、混凝土及钢筋混凝土构件体积计算、“三线一面”基数计算和各分部分项工程量计算等,现分述如下。

(一)门窗面积工程量计算

门窗面积工程量计算如表 6-18 所示。

表 6-18 门窗面积工程量计算

类别	编号	名称	门窗尺寸		樘数	面积(m^2)	说明
			宽(mm)	高(mm)			
门	M-1	全板镶板门	880	2 390	56	117.78	
	M-2	全板镶板门	780	2 390	28	52.20	1. 西南 J601
	M-3	全板镶板门	680	2 390	28	45.51	2. 门代号原图是 X,现改为 M
	M-4	全板镶板门	880	1 990	28	49.03	3. 窗代号原图是 S(B),现改为 C
	M-5	带窗全板镶板门	1 780	2 390	28	119.12	
	M-6	折叠全板镶板门	1 480	2 390	28	99.04	
	合计					482.68	
窗	C-1	上腰玻纱窗	980	1 480	28	40.61	西南 J701
	C-2	上腰玻纱窗	1 480	1 480	56	122.66	
	C-3	玻璃窗	580	980	28	15.92	
	合计					179.19	
混凝土花格窗		厕所花格窗	600	600	28	10.08	本图
		楼梯间花格窗(1)	1 200	2 400	12	34.56	
		楼梯间花格窗(2)	1 200	600	2	1.44	
		合计				46.08	

(二)混凝土及钢筋混凝土构件体积计算

混凝土及钢筋混凝土构件体积计算如表 6-19 所示。

表 6-19 混凝土及钢筋混凝土构件体积计算

序号	工程项目及名称	数量	单位量	合计量	所在图纸
1	现浇钢筋混凝土构件				
1.1	阳台立柱扶手				
	C20 钢筋混凝土立柱	49 件	1.0 m/件	49.0 m	渝建 7904
	33FS	28 件	3.3 m/件	92.40 m	渝建 7904
	13FS	21 件	1.3 m/件	27.3 m	渝建 7904
	18FS	56 件	1.8 m/件	100.8 m	渝建 7904
	合计			269.5m	
1.2	C20 钢筋混凝土雨篷	2 件	4.64 m^2/件	9.28 m^2	本图
1.3	C20 钢筋混凝土圈梁				
	QL1.2.3	3 件	5.55 m^3/件	16.65 m^3	本图
	QLD	1 件	9.88 m^3/件	9.88 m^3	本图
	合计			26.53 m^3	
2	预应力钢筋混凝土构件				
	C30 预应力钢筋混凝土空心板				
	YKB3364	224 块	0.139 m^3/块	31.14 m^3	西南 G211
	YKB3363	32 块	0.139 m^3/块	4.45 m^3	西南 G211
	YKB3354	7 块	0.115 m^3/块	0.81 m^3	西南 G211
	YKB3394	1 块	0.213 m^3/块	0.21 m^3	西南 G211
	YKB3394	6 块	0.189 m^3/块	1.13 m^3	西南 G211
	YKB3064	196 块	0.126 m^3/块	24.70 m^3	西南 G211
	YKB3063	24 块	0.126 m^3/块	3.02 m^3	西南 G211
	YKB3054	140 块	0.104 m^3/块	14.56 m^3	西南 G211
	YKB3053	20 块	0.104 m^3/块	2.08 m^3	西南 G211
	合计			82.10 m^3	
3	预制钢筋混凝土构件				
3.1	C20 钢筋混凝土过梁				
	GLA4103	48 根	0.043 m^3/根	2.064 m^3	国标 G32
	GLA4121	8 根	0.112 m^3/根	0.896 m^3	国标 G32
	GLA4242	2 根	0.125 m^3/根	0.250 m^3	国标 G32
	GLA4151	20 根	0.058 m^3/根	1.160 m^3	国标 G32
	GLA4211	28 根	0.112 m^3/根	3.136 m^3	国标 G32
	GLA4181	20 根	0.099 m^3/根	1.980 m^3	国标 G32
	GLA4102	16 根	0.043 m^3/根	0.688 m^3	国标 G32
	GLB1	40 根	0.063 m^3/根	2.520 m^3	本图
	GLB2	20 根	0.047 m^3/根	0.940 m^3	本图
	GLB3	2 根	0.049 m^3/根	0.098 m^3	本图
	合计			13.634 m^3	

续表 6-19

序号	工程项目及名称	数量	单位量	合计量	所在图纸
	BL331	24 根	0.054 m^3/根	1.296 m^3	渝建 7904
	BL241	4 根	0.028 m^3/根	0.112 m^3	渝建 7904
	合计			1.408 m^3	
3.2	C20 钢筋混凝土挑梁				
	XL132b	6 根	0.18 m^3/根	1.08 m^3	渝建 7904
	XL132e′	12 根	0.18 m^3/根	2.16 m^3	渝建 7904
	XL132a′	12 根	0.155 m^3/根	1.86 m^3	本图
	XL132b′	12 根	0.155 m^3/根	1.86 m^3	本图
	WXL14a	1 根	0.22 m^3/根	0.22 m^3	渝建 7904
	WXL14b	1 根	0.22 m^3/根	0.22 m^3	渝建 7904
	WXL14a′	2 根	0.284 m^3/根	0.57 m^3	渝建 7904
	WXL14b′	2 根	0.284 m^3/根	0.57 m^3	渝建 7904
	合计			8.54 m^3	
3.3	C20 钢筋混凝土空心板				
	FKB336	42 块	0.188 m^3/块	7.90 m^3	渝建 7904
	FKB246	84 块	0.100 m^3/块	8.40 m^3	渝建 7904
	KB2451	46 块	0.097 m^3/块	4.46 m^3	渝建 7905
	KB2461	28 块	0.120 m^3/块	3.36 m^3	渝建 7905
	合计			24.12 m^3	
3.4	C20 钢筋混凝土踏步板				
	TB1	232 块	0.028 m^3/块	6.50 m^3	本图
3.5	C20 钢筋混凝土平板				
	B_1	72 块	0.095 m^3/块	6.84 m^3	本图
	B_{2a}, B_{2b}	24 块	0.095 m^3/块	2.28 m^3	本图
	B_3	24 块	0.095 m^3/块	2.28 m^3	本图
	B_4, B_{5a}	36 块	0.095 m^3/块	3.42 m^3	本图
	B_{5b}	12 块	0.095 m^3/块	1.14 m^3	本图
	B_6	20 块	0.048 m^3/块	0.96 m^3	本图
	合计			16.92 m^3	
3.6	C20 钢筋混凝土栏板				
	33ALB	28 块	0.08 m^3/块	2.24 m^3	渝建 7904
	33ALB1	21 块	0.024 m^3/块	0.50 m^3	渝建 7904
	18ALB	28 块	0.033 m^3/块	0.92 m^3	渝建 7904
	18ALB1	28 块	0.033 m^3/块	0.92 m^3	渝建 7904
	合计			4.58 m^3	

续表 6-19

序号	工程项目及名称	数量	单位量	合计量	所在图纸
4	预制混凝土零星构件				
4.1	垃圾道盖板	2 块	0.039 m^3/块	0.08 m^3	本图
4.2	垃圾箱盖板	2 块	0.014 4 m^3/块	0.03 m^3	本图
4.3	窨井盖板	2 块	0.045 m^3/块	0.09 m^3	本图
4.4	灶台板	28 块	0.028 8 m^3/块	0.81 m^3	本图
4.5	钢筋混凝土水池	28 件	0.027 m^3/件	0.76 m^3	本图
4.6	顶层踏步平板	8 块	0.012 5 m^3/块	0.10 m^3	本图
4.7	厨房碗柜	28 件	0.072 m^3/件	2.02 m^3	本图
4.8	厨房窗下柜	28 件	0.054 m^3/件	1.51 m^3	本图
	合计			5.40 m^3	

(三)"三线一面"基数计算

"三线一面"基数计算如表 6-20 所示。

表 6-20　基数计算

序号	分项工程名称	单位	数量	计算式
0	外墙中心线 $L_{中}$	m	89.40	(15.00 × 2 + 8.40 × 2 − 2.1) × 2
0.1		m	22.20	5.1 × 2 + 1.5 × 4 + 3.0 × 2
0.2		m	67.20	89.40 − 22.20
1	外墙外边线 $L_{外}$	m	90.36	89.40 + 0.24 × 4
2	内墙净长线 $L_{内}$	m	77.46	(5.1 − 0.24) × 4 + (6.6 − 0.24) × 4 + (3.0 − 0.24) × 4 + (2.4 − 0.24) × 4 + (2.4 − 0.24) × 2 + (2.1 − 0.24) + (3.6 − 0.24) × 2
2.1	$L_{内1-1}$	m	46.74	(5.1 − 0.24) × 4 + (6.6 − 0.24) × 4 + (2.1 − 0.24)
2.2	$L_{内2-2}$	m	30.72	77.46 − 46.74
3	建筑面积	m^2	1 567.02	(205.96 + 3.98/2 + 25.83/2) × 7 + 20.96
3.1	一层楼面积	m^2	205.96	[15.24 × 8.63 − (1.5 × 3.3 × 2 + 1.8 × 5.1 × 2)] × 2 − 2.34 × 0.24
3.2	一层楼挑阳台面积	m^2	25.83	1.3 × 3.3 × 3 + 1.8 × 1.8 × 4
3.3	一层楼凹阳台面积	m^2	3.98	(3.3 − 0.24) × 1.3
3.4	楼梯间伸出屋面部分面积	m^2	20.96	2.64 × 3.97 × 2
3.5	楼梯间净面积	m^2	134.37	[(4.8 − 0.24) × (2.4 − 0.24) − 0.3 × 0.84] × 2 × 7
3.6	底层净面积	m^2	195.72	205.96 + 3.98 + 25.83 − (89.40 + 77.46) × 0.24
3.7	标准层净面积	m^2	176.02	195.72 − 19.7

（四）分部分项工程量计算

分部分项工程量计算如表6-21 所示。

表6-21 分部分项工程量计算

序号	分项工程名称	单位	数量	计算式
				一、土石方工程
0	场地平整	m^2	402.68	205.96+90.36×2+16
1	人工挖沟槽土方	m^3	267.97	149.00+118.97
1.1	外墙地槽	m^3	149.00	22.20×1.52×1.50+67.20×1.22×1.2
1.2	内墙地槽	m^3	118.97	[46.74-(1.2-0.24)/2×16]×1.52×1.5+[30.72-(1.5-0.24)/2×12-(1.2-0.24)/2×14]×1.22×1.2+0.96×1.52×2×2
2	人工回填土	m^3	153.01	41.34+111.67
2.1	基础回填土	m^3	41.34	267.97-21.70-181.90-(89.40+77.46)×(0.3×0.3+0.08×0.6)
2.2	室内回填土	m^3	111.67	195.92×(0.68-0.11)
3	余土外运	m^3	114.96	267.97-153.01
				二、脚手架工程
1	综合脚手架	m^2	1 583.10	同建筑面积
				三、砌筑工程
1	M5 水泥砂浆砌条石基础	m^3	181.90	(22.2+46.74)×(0.3×0.3+0.6×0.9+0.9×0.3+1.2×0.3)+(67.20+30.72)×(0.3×0.3+0.6×0.9+0.9×0.3)+0.96×1.8×2.0×2
2	M5 水泥砂浆砌砖墙（12 m以下）	m^3	374.80	[(89.40+77.46)×12.06-(232.90+167.68)]×0.24-5.55×2-6.26-4.64/2+[(0.9+0.96-0.24)×11.4-2.52]×0.24×2
3	M7.5 混合砂浆砌砖墙（12 m以上）	m^3	344.88	322.59+22.29
3.1	M7.5 混合砂浆砌内外砖墙	m^3	322.59	[(89.40+77.46)×9.72-(187.28+125.76)]×0.24-5.55×1-(13.75-6.26)-(8.76-4.64)/2+[(0.9+0.96-0.24)×9.72-1.26]×0.24×2+[(2.40+3.97×2)×3.0×0.24+2.40×3.0×0.12]×2
3.2	M7.5 混合砂浆砌女儿墙	m^3	22.29	[89.40+(2.1-0.24)]×1.0×0.24+(0.9+0.96-0.24)×1.0×0.24
4	M7.5 混合砂浆砌底层台阶	m^3	2.25	1.08×0.26×4×2
5	M7.5 混合砂浆砌零星砌体	m^3	7.46	1.38+0.21+0.27+5.6

续表 6-21

序号	分项工程名称	单位	数量	计算式
5.1	砖砌垃圾箱	m^3	1.38	2×[(1.56+0.6−0.12)×1.2×0.24+(0.96−0.24)×1.2×0.12]
5.2	楼梯每跑每步下砌砖	m^3	0.21	1.05×0.12×0.06×14×2
5.3	楼梯顶层砖砌体	m^3	0.27	2×[1.05×0.12×0.06×4+(1.0+0.75+0.5+0.25)×0.167×0.24]
5.4	厨房砖砌体	m^3	5.60	0.2(估)×28
	四、混凝土及钢筋混凝土			
1	现浇 C20 钢筋混凝土圈梁	m^3	26.53	5.55×3+9.88×1
2	现浇 C20 钢筋混凝土雨篷	m^2	9.28	4.64×2
3	现浇 C20 钢筋混凝土阳台立柱与扶手	m^3	6.06	0.15×0.15×269.5
4	现浇 C20 钢筋混凝土女儿墙压顶	m^3	4.11	(89.40+1.86)×0.3×0.15
5	预制 C20 钢筋混凝土过、挑梁	m^3	24.28	(15.16+8.76)×1.015
5.1	预制 C20 钢筋混凝土过梁	m^3	15.16	详见表 6-19
5.2	预制 C20 钢筋混凝土挑梁	m^3	8.76	详见表 6-19
6	预制 C20 钢筋混凝土空心板	m^3	28.08	27.66×1.015
7	预制 C20 钢筋混凝土预应力空心板	m^3	83.33	82.10×1.015
8	预制 C20 钢筋混凝土平板	m^3	15.41	15.18×1.015
9	预制 C20 钢筋混凝土阳台板	m^3	4.65	4.58×1.015
10	预制 C20 钢筋混凝土楼梯踏步	m^3	6.44	6.34×1.015
11	预制 C20 钢筋混凝土零星构件	m^3	5.48	5.40×1.015
12	预制 C20 钢筋混凝土花格	m^2	151.90	
13	现浇构件钢筋制作与安装	t	3.17	(300.9+12.4+9.70+15.1+283+471.8+2 072.2)/1 000
14	先张法预应力构件钢筋制作与安装	t	2.81	2.615 5×1.06×1.015

续表 6-21

序号	分项工程名称	单位	数量	计算式
15	预制构件钢筋制作与安装	t	8.70	[0.115 + 1.787 + (1.264 + 1.929 + 0.543 + 0.521) × 1.015] × 1.02 + (1.083 + 0.507 + 0.575) ×1.015 ×1.07
16	Ⅱ类混凝土构件运输	m^3	72.27	(13.75 +27.66 +15.18 +4.58 +1.41 +8.76) ×1.013
17	Ⅲ类混凝土构件运输	m^3	11.89	(6.34 +5.40) ×1.013
18	预制混凝土梁安装(无焊接)	m^3	24.04	(15.16 +8.76) ×1.005
19	预制混凝土板安装(有焊接)	m^3	4.60	4.58 ×1.005
20	预制混凝土板安装(无焊接)	m^3	125.57	(27.66 +15.18 +82.10) ×1.005
21	小型混凝土构件安装	m^3	11.83	(6.37 +5.40) ×1.005
22	混凝土花格安砌	m^3	151.90	
23	C20 混凝土灌平板缝	m^3	15.18	
24	C20 混凝土灌空心板接头缝	m^3	109.76	27.66 +82.10
25	C20 混凝土灌踏步板接头缝	m^3	6.34	
			五、金属结构工程	
1	楼梯金属栏杆制作	t	0.70	
2	金属窗栅制作	t	0.20	
3	金属栏杆与窗栅运输(Ⅲ类)	t	0.924	(0.70 +0.21) ×1.015
4	金属栏杆与窗栅安装	t	0.91	
5	垃圾箱铁门制作与安装	个	2	
6	垃圾道铁门制作与安装	个	12	
			六、木结构工程	
1	一玻一纱木窗制作	m^2	163.30	详见门窗面积工程量计算表
2	单层玻璃木窗制作	m^2	42.80	
3	一玻一纱木窗安装	m^2	163.30	
4	单层玻璃木窗安装	m^2	42.80	
5	木镶板门制作	m^2	225.30	
6	木镶板门带窗制作	m^2	96.40	

续表 6-21

序号	分项工程名称	单位	数量	计算式
7	木镶板门安装	m^2	225.30	
8	木镶板门带窗安装	m^2	96.40	
9	木折叠门制作	m^2	99.30	
10	木折叠门安装	m^2	99.30	
11	纱门扇制作	m^2	42.56	1.90×0.8×28
12	纱门扇安装	m^2	42.60	
13	木门窗汽车运输	m^2	669.70	163.30+42.80+225.30+96.40+99.30+42.60
14	楼梯木扶手制作与安装	m	66.82	(2.0×14+1.05)×2×1.15
		七、地面工程		
1	C10 混凝土基础垫层	m^3	19.60	11.39+8.21
1.1	外墙基础垫层		11.39	22.20×1.5×0.1+67.20×1.2×0.1
1.2	内墙基础垫层		8.21	[46.74-(1.2-0.24)/2×16]×1.50×0.1+[30.72-(1.5-0.24)/2×12-(1.2-0.24)/2×14]×1.2×0.1+0.96×2.0×0.1×2
2	M5 水泥砂浆灌地面碎石垫层	m^3	15.67	195.92×0.08
3	1:2水泥豆石浆地面(30厚)	m^2	195.80	同基础计算的底层净面积
4	1:2水泥豆石浆梯面	m^2	134.40	同楼梯间净面积
5	C15 混凝土散水(80 厚)	m^2	55.66	(90.36+4×0.6)×0.6
6	散水变形缝(灌沥青)	m	107.16	90.36+0.6×28
		八、屋面工程		
1	水泥刚性防水层钢筋制安	t	0.193	0.115×167.4/100
2	屋面刚性防水屋面	m^2	167.27	206.07-25.83/2-3.98-(89.40+1.86)×0.24
3	C10 炉渣混凝土找坡层	m^3	9.96	167.4×(0.02+6.6×1.5%)/2
4	防水砂浆做雨篷防水层	m^2	41.43	1.4×3.3×4+1.9×1.8×4+1.5×3.09×2
5	铸铁水落管Φ150 mm	m	89.60	(21.72+0.68)×4
6	铸铁落水口Φ150 mm	个	4	
		九、装饰工程		
1	外墙勒脚抹灰	m^2	61.44	90.36×0.68
2	外墙面抹灰	m^2	1 707	90.36×22.72-(232.9+187.28)+(2.4×2+3.79×2)×3.0×2.0

续表 6-21

序号	分项工程名称	单位	数量	计算式
3	内墙群抹灰	m^2	332.0	{[(2.4+1.8)×2−0.24×4+(1.2+1.8)×2−0.24×4]×1.2−0.8×1.2−0.7×1.2×2−(1.0+0.6)×0.3}×28
4	内墙面抹灰	m^2	3 674.74	89.4×(21.0−0.12×7)−(232.9+187.28)+[77.46×(21.0−0.12×7)−(167.68+125.76)]×2−302.0+(4.8×2+2.4)×0.72×2+(2.4×2)+3.79×2×(2.5−0.11)×2
5	天棚板底抹灰	m^2	1 454.8	195.92+176.22×6+134.4×1.5
6	水泥砂浆零星抹灰	m^2	606.82	93.12+64.2+19.8+66.2+110.3+112.0+2.4+131.0+7.8
6.1	女儿墙内侧抹灰	m^2	93.12	[89.40+(2.1−0.24)×2]×1.0
6.2	女儿墙压顶抹灰	m^2	64.2	(89.88+1.86)×0.7
6.3	楼梯间伸出屋面墙内侧抹灰	m^2	19.8	(2.4+3.79)×2×0.8×2
6.4	阳台扶手抹灰	m^2	66.2	(3.3×28+1.3×21+1.8×56)×0.3
6.5	阳台内侧抹灰	m^2	110.3	220.5×0.5
6.6	厨房零星抹灰	m^2	112.0	4.0×28
6.7	垃圾箱顶面抹灰	m^2	2.40	1.1×1.1×2
6.8	垃圾道内侧抹灰	m^2	131.0	2×(0.72+0.68)×2×(22.72+0.68)
6.9	窨井内侧抹灰	m^2	7.8	(1.15+0.57)×2×1.13×2
7	1:2水泥砂浆抹踢脚线	m^2	1 522.08	{89.40+77.46×2−[(4.8+2.4)×2−0.24×4]×2}×7
8	灶台板及上部墙面贴瓷砖	m^2	54.0	1.44×(0.5+0.04+0.8)×28
9	贴马赛克面层	m^2	203.15	154.35+5.70+43.10
9.1	阳台贴马赛克		154.35	(1.3×21+3.3×28+1.8×56)×0.7
9.2	雨篷贴马赛克		5.70	[3.09×0.06+1.5×(0.06+0.13)]×2+[(1.3+3.3)×3+3.3+(1.8×2×4)]×0.15
9.3	窗台及花格窗框贴马赛克		43.10	[1.56×3×56+(1.56×2+1.06)×28+(1.56+2.4+1.86)×28+(1.86+0.36)×2×4+(1.56+0.36)×2×8+(1.06+0.36)×2×4+(21.0−1.5)×4+1.20×16×2]×0.06
10	单层木门调和漆(2遍)	m^2	463.60	详见门窗面积工程量计算表
11	单层木窗调和漆(2遍)	m^2	264.90	详见门窗面积工程量计算表
12	木扶手调和漆(2遍)	m	66.80	详见木结构工程量计算表

续表 6-21

序号	分项工程名称	单位	数量	计算式
13	金属栏杆及窗栅调和漆	t	0.90	详见金属工程量计算表
14	天棚及内墙涂乳胶漆	m^2	5 127.4	1 454.80 + 3 672.60

小　结

本章主要介绍了以下内容：

(1)工程量计算的一般原则、方法和工程量计算的步骤。

(2)建筑面积计算规则。注意计算建筑面积的范围和不计算建筑面积的范围，几个界定计算建筑面积的数据：2.2 m、2.1 m、1.2 m 等。

(3)工程量计算规则包括土石方工程，桩基基础工程，脚手架工程，砌筑工程，混凝土及钢筋混凝土工程，构件运输及安装工程，门窗及木结构工程，楼地面工程，屋面及防水工程，防腐、保温、隔热工程，装饰工程，金属结构制作工程，建筑工程垂直运输费和建筑物超高增加费等。

(4)深入领会工程量计算规则，灵活掌握计算方法。

复习思考题

6-1　简述正确计算工程量的意义和工程量计算的基本原则。

6-2　简述多层建筑计算建筑面积的范围与规则。

6-3　简述不计算建筑面积的范围。

6-4　什么是平整场地，其工程量怎样计算？

6-5　什么是挖沟槽、挖基坑、挖土方，其工程量如何计算？

6-6　怎样计算外墙砌筑脚手架的工程量？

6-7　怎样计算条形砖基础的工程量？

6-8　怎样确定柱高、梁长？

6-9　怎样计算有梁板、现浇挑檐的工程量？

6-10　怎样计算阳台、雨篷、整体楼梯的工程量？

6-11　怎样计算预制构件运输的工程量？

6-12　楼地面、防腐、保温隔热工程、屋面及防水工程的工程量如何计算？

6-13　建筑物垂直运输费、建筑物超高增加费如何计算？

6-14　某车间柱间钢支撑每架制作质量 15.50 kg，共 35 架，运距 10 km。求运输及安装工程量。

6-15　某厂房一铝合金卷闸门，其洞口尺寸为 3.0 m×3.5 m(高×宽)，卷闸门实际宽度为 3.42 m。试计算该铝合金卷闸门的工程量。

第七章　土建工程施工图预算的编制及审查

第一节　施工图预算编制的基本内容

一、施工图预算的概念、作用及编制依据

(一)施工图预算的概念

施工图预算是施工图设计预算的简称。它是指在施工图设计阶段,当建筑工程设计完成后,由设计单位根据施工图设计图纸、现行预算定额、费用定额以及地区设备、材料、人工、施工机械台班等预算价格编制和确定的建筑安装工程造价的文件。

(二)施工图预算的作用

施工图预算的主要作用如下。

1. 施工图预算是确定单位建筑工程造价的依据

建筑工程由于体积庞大,结构复杂,形态多样,用途各异,地点固定,生产周期长,材料消耗庞杂,不能像其他工业产品那样由国家制定统一的出厂价格,而必须依据各自的施工设计图纸、预算定额单价、取费标准(间接费定额)等分别计算各个建筑工程的预算造价。因此,建筑工程预算起着为建筑产品定价的作用,实行招标的工程,预算也是确定"标底价"的依据。

2. 施工图预算是建设银行办理工程贷(拨)款、结(决)算和实行财政监督的依据

一个建设项目的各项工程用款,建设银行都是以经审查后的预算为依据进行贷(拨)款、结(决)算的,并监督建设单位和施工单位按工程的施工进度合理地使用建设资金。

3. 施工图预算是编制年度建设项目计划的依据

按照国家工程建设管理制度的要求,年度基本建设计划必须根据审定后的建设预算进行编制。凡没有编好建设预算的工程项目,必须在开工前编出建设预算,否则不能列入年度基本建设计划。

4. 施工图预算是签订施工合同的依据

凡是承发包工程,建设单位与施工单位都必须以经审查后的施工图预算为依据签订施工合同。因为施工图预算所确定的工程造价,是建筑产品的出厂价格,双方为了各自的经济利益,应以施工图预算为准,明确责任,分工协作,互相制约,共同保证完成国家基本建设计划。

5. 施工图预算是施工企业编制施工计划和统计完成工作量的依据

施工企业对所承担的建设项目施工准备的各项计划(包括施工进度计划、材料供应计划、劳动力安排计划、机具调配计划、财务计划等)的编制,都是以批准的施工图预算为

依据的。

6. 施工图预算是衡量设计标准和考核工程建设成本的依据

单位建筑工程施工图预算是以货币形式，综合反映工程项目设计标准和设计质量的经济价值数量。设计上的浪费或节约，通过计算工程数量和各项费用，可以全部反映到预算文件中来。因此，建设项目的施工图预算编制完毕后，就可以利用预算中的有关指标（如单位建筑面积造价指标、三大材料耗用指标、单位生产能力造价指标等）对设计的标准和质量进行经济分析和评价，从而达到衡量设计是否技术先进、经济合理的目的。

经过审查批准的建筑工程预算是施工企业承担建设项目施工任务的经济收入凭证，又是考核企业经营管理水平的依据。施工企业以其工程价款收入抵补其施工活动中的资源消耗后还有盈余的，说明这个企业经营管理水平高；反之，则是经营管理水平低。施工企业为了增加盈余，就必须在预算造价范围内，努力改善经营管理，提高劳动生产率，降低各种消耗。因此，建筑工程预算是施工企业加强经济核算、节支增收、考核工程建设成本的依据。

（三）施工图预算的编制依据

1. 施工图纸及说明书和标准图集

施工图纸是计算工程量和进行预算列项的主要依据。预算部门必须具备经建设单位、设计单位和施工单位共同会审的全套施工图纸设计说明书和设计更改通知单，经上述三方签章的图纸会审记录以及有关标准图。经审定的施工图纸、说明书和标准图集，完整地反映了工程的具体内容、具体做法、结构尺寸、技术特征以及施工方法等，是编制施工图预算的重要依据。

2. 现行预算定额或单位估价表及调价规定

国家和地区都颁发有现行建筑安装工程预算定额及单位估价表和相应的工程量计算规则，是编制施工图预算确定分项工程子目、计算工程量、选用单位估价表、计算直接工程费的主要依据。

材料、人工、机械台班预算价格是预算定额的三要素，是构成直接工程费的主要因素。尤其是材料费在工程成本中占的比例大，而且在市场经济条件下，材料、人工、机械台班的价格是随市场而变化的。为使预算造价尽可能接近实际，各地区主管部门对此都有明确的调价规定。因此，合理确定材料、人工、机械台班预算价格及其调价规定是编制施工图预算的重要依据

3. 施工组织设计或施工方案、施工现场勘察及测量资料

编制预算时，需了解和掌握影响预算造价的各种因素。施工组织设计或施工方案中包括了与编制施工图预算必不可少的有关资料，如地下水位标高，现场是否需要排水措施，土方开挖是采用人工还是机械施工，是否需要留工作面，是否需要放坡或支挡土板，余土或缺土的处置，预制构件是采取工厂预制还是现场预制，采用何种大型机械，重要的梁、板、柱的施工方案，重要或特殊机械设备的安装方案等。上述问题在施工组织设计或施工方案中一般都有明确的规定。因此，经批准的施工组织设计或施工方案，是编制预算必不可少的依据。

4. 建筑安装工程费用定额

建筑安装工程费用定额包括各省、自治区、市或部门规定的取费标准及计算程序，是与预算定额或地区单位估价表配套使用的地区费率标准，是确定工程造价的依据。

5. 甲乙双方签订的合同或协议

甲乙双方签订的合同或协议是施工图预算编制的依据之一。

6. 已批准的拟建工程设计概算文件

经批准的拟建工程设计概算，是拟建工程投资的最高限额，所编制的施工图预算不得突破这一限额。

7. 预算工作手册

预算工作手册是将常用的数据、计算公式和系数等资料汇编成手册以便查用，可以加快工程量计算速度。

二、施工图预算的编制方法及步骤

目前，国内通常采用的施工图预算的编制方法有单价法和实物法。综合单价法是过渡时期的一种施工图预算编制方法。

(一)工料单价法

工料单价法是指分部分项工程量的单价为直接费，直接费以人工、材料、机械的消耗量及其相应价格确定。间接费、利润、税金按照有关规定另行计算。

工料单价法又分为单价法和实物法。

1. 单价法

1)单价法的含义

单价法是用事先编制好的分项工程的单位估价表来编制施工图预算的方法。按施工图计算的各分项工程的工程量，乘以相应单价，汇总相加，得到单位工程的人工费、材料费、机械使用费之和；再加上按规定程序计算出来的措施费、间接费、计划利润和税金，便可得出单位工程的施工图预算造价。

2)单价法编制施工图预算的步骤

(1)收集各种编制依据资料。各种编制依据资料包括施工图纸，施工组织设计或施工方案，现行建筑安装工程预算定额、费用定额，统一的工程量计算规则，预算工作手册和工程所在地区的材料、人工与机械台班预算价格与调价规定等。

(2)熟悉施工图纸和定额。只有对施工图和预算定额有全面详细的了解，才能全面准确地计算出工程量，进而合理地编制出施工图预算造价。

(3)计算工程量。根据施工图图示的工程内容和定额项目，列出计算工程量的分部分项工程，并计算工程量。工程量的计算在整个预算过程中是最重要、最繁重的一个环节，不仅影响预算的及时性，更重要的是影响预算造价的准确性。

计算工程量一般可按下列具体步骤进行：

①根据施工图图示的工程内容和定额项目，列出计算工程量的分部分项工程；

②根据一定的计算顺序和计算规则，列出计算式；

③根据施工图图示尺寸及有关数据，代入计算式进行数学计算；

④按照定额中的分部分项工程的计量单位对相应的计算结果的计量单位进行调整，使之相一致。

(4)套用预算定额单价。工程量计算完毕并核对无误后，用所得到的分部分项工程量套用单位估价表中相应的定额基价，相乘后相加汇总，便可求出单位工程的直接费。

套用单价时需注意如下几点：

①分项工程量的名称、规格、计量单位必须与预算定额或单位估价表所列内容一致。

②当不完全符合时，必须根据说明对定额单价进行调整或换算。

③当相差甚远时，必须编制补充单位估价表或补充定额。

(5)编制工料分析表。根据各分部分项工程的实物工程量和相应定额中的项目所列的用工工日及材料数量，计算出各分部分项工程所需的人工及材料数量，相加汇总便得出该单位工程所需要的各类人工和材料数量。

(6)计算其他各项应取费用和汇总造价。按照建筑安装单位工程造价构成的规定费用项目、费率及计费基础，分别计算出措施费、间接费、计划利润和税金，并汇总单位工程造价。

$$\text{单位工程造价} = \text{直接费(直接工程费} + \text{措施费)} + \text{间接费} + \text{计划利润} + \text{税金} \tag{7-1}$$

(7)复核。单位工程预算编制后，有关人员对单位工程预算进行复核，以便及时发现差错，提高预算质量。复核时应对工程量计算公式和结果、套用定额基价、各项费用的取费费率及计算基础和计算结果、材料和人工预算价格及其价格调整等方面是否正确进行全面复核。

(8)编制说明、填写封面。编制说明是编制者向审核者交代编制方面有关情况，包括编制依据、工程性质、内容范围、设计图纸号、所用预算定额编制年份(即价格水平年份)、有关部门的调价文件号、套用单价或补充单位估价表方面的情况及其他需要说明的问题。封面填写应写明工程名称、工程编号、工程量(建筑面积)、预算总造价及单方造价、编制单位名称及负责人和编制日期、审查单位名称及负责人和审核日期等。

单价法是目前国内编制施工图预算的主要方法，具有计算简单、工作量较小和编制速度较快、便于工程造价管理部门集中统一管理的优点。但由于是采用事先编制好的统一的单位估价表，其价格水平只能反映定额编制年份的价格水平。在市场经济价格波动较大的情况下，单价法的计算结果会偏离实际价格水平，虽然可采用调价，但调价系数和指数从测定到颁布有滞后且计算也较烦琐，因此单价法并不适应市场经济环境。

2. 实物法

1)实物法的含义

应用实物法编制施工图预算，首先根据施工图纸分别计算出分项工程量，然后套用相应预算人工、材料、机械台班的定额用量，再分别乘以工程所在地当时的人工、材料、机械台班的实际单价，求出单位工程人工费、材料费和施工机械使用费，并汇总求和，进而求得直接工程费，最后按规定计取其他各项费用，汇总就可得出单位工程施工图预算造价。

实物法编制施工图预算，其中直接费的计算公式为

$$单位工程预算直接费 = \sum(工程量 \times 人工预算定额用量 \times 当时当地人工工资单价) + \sum(工程量 \times 材料预算定额用量 \times 当时当地材料预算价格) + \sum(工程量 \times 施工机械台班预算定额用量 \times 当时当地机械台班单价) \quad (7\text{-}2)$$

2）实物法编制施工图预算的步骤

收集各种编制依据资料→熟悉施工图纸和定额→计算工程量→套用预算人工、材料、机械定额用量→求出各分项人工、材料、机械消耗数量→按当时当地人工、材料、机械单价，汇总人工费、材料费和机械费→计算其他各项目费用，汇总造价→复核→编制说明、填写封面。

实物法编制施工图预算的首尾步骤与单价法相同，二者最大的区别在于中间的步骤，也就是计算人工费、材料费和施工机械使用费及汇总三者费用之和的方法不同。

（1）工程量计算后，套用相应预算人工、材料、机械台班定额用量。定额消耗量标准，是由工程造价主管部门按照定额管理分工进行统一制定，并根据技术发展适时地补充修改。

（2）求出各分项工程人工、材料、机械台班消耗数量并汇总单位工程所需各类人工工日、材料和机械台班的消耗量。各分项工程人工、材料、机械台班消耗数量由分项工程的工程量分别乘以预算人工定额用量、材料定额用量和机械台班定额用量而得出，然后汇总便可得出单位工程各类人工、材料和机械台班的消耗量。

（3）用当时当地的各类人工、材料和机械台班的实际单价分别乘以相应的人工、材料和机械台班的消耗量，然后汇总便得出单位工程的人工费、材料费和机械使用费。

实物法编制预算所用工、料、机的单价均为当时当地实际价格，编得的施工图预算可较为准确地反映实际水平，适合市场经济特点。但因该法所用工、料、机消耗量需统计得到，所用实际价格需要收集调查，工作量较大，计算烦琐。随着计算机和信息系统的普及，这种方法更能适应国内、国际市场需要。因此，实物法是与市场经济体制相适应的预算编制方法。

（二）综合单价法

1. 综合单价的含义

综合单价即分项工程完全单价，是指分部分项工程量的单价为全费用单价，既包括直接费、间接费、利润、税金，也包括合同约定的所有工料价格变化风险等一切费用。某分项工程综合单价乘以工程量即为该分项工程的合价，所有分项工程合价汇总后即为该工程的总价。工程量清单计价的费用构成也是如此，单价采用综合单价。

这种方法与前述方法相比较，主要区别在于：间接费和利税是用一个费率分摊到分项工程单价中，从而组成分项工程完全单价的。由于采用的价格是一种综合单价，仍然是一种计划的综合单价，称为“过渡时期计价模式”，相应地称这种综合单价为过渡时期计价依据。

2. 综合单价法编制施工图预算的步骤

综合单价是由分项工程的直接费、间接费、利润和税金组成的，而直接费是以人工、材料、机械的消耗量及相应价格确定的。因此，计价顺序应当是：准备资料，熟悉施工图纸→

划分项目,按统一规定计算工程量→计算人工、材料和机械数量→套用综合单价,计算各分项工程造价→汇总得分部工程造价→汇总各分部工程造价得单位工程造价→复核→编写说明。

三、土建工程施工图预算的内容

土建工程施工图预算是具体计算土建工程预算造价的经济技术文件。它是在完成工程量计算的基础上,按照设计要求和预算定额规定的分项工作内容,正确套用和换算预算单价,计算工程直接费,并根据各项取费标准,计算间接费、利润、税金及其他费用,最后汇总,计算出单位工程预算造价。一份完整的单位工程施工图预算由下列内容组成。

(一)封面

封面主要用来反映工程概况。其内容一般有建设单位名称、工程名称、结构类型、结构层数、建筑面积、预算造价、单方造价、编制单位名称、编制人员、编制日期、审核人员、审核日期及预算书编号等。

(二)编制说明

编制说明主要说明所编预算在预算表中无法表达,而又需要使审核单位(或人员)与使用单位(或人员)必须了解的内容。其内容一般包括:编制依据,预算所包括的工程范围,施工现场(如土质、标高)与施工图说明不符的情况,对建设单位提供的材料与半成品预算价格的处理,施工图纸的重大修改,对施工图纸说明不明确之处的处理,基础的特殊处理,特殊项目及特殊材料补充的编制依据与计算说明,经甲乙双方协商同意编入预算的项目说明,未定事项及其他应予以说明的问题等。

(三)费用汇总表

费用汇总表是指组成单位工程预算造价各项费用的汇总表。其内容包括基价直接费、综合费(包括其他直接费、临时设计费、现场管理费、企业管理费、财务费用)、利润、材料价差调整、各项税金和其他费用。

(四)工程预算表

工程预算表是指分部分项工程直接费的计算表(有的含工料分析表),它是工程预算书(即施工图预算)的主要组成部分,其内容包括定额编号、分部分项工程名称、计量单位、工程数量、预算单价及合价等。有些地区还将人工费、材料费和机械费在本表中同时列出,以便汇总后计算其他各项费用。

(五)工料分析表

工料分析表是指分部分项工程所需人工、材料和机械台班消耗量的分析计算表。此表一般与工程预算表结合在一起(有的也分开),其内容除与工程预算表的内容相同外,还应列出分项工程的预算定额工料消耗量指标和计算出相应的工料消耗数量。

(六)材料汇总表

材料汇总表是指单位工程所需的主要材料汇总表。其内容包括材料名称、规格、单位、数量。

四、工程技术经济指标的计算及工料分析

(一)工程技术经济指标的计算

工程的主要技术经济指标如下:

(1)每 1 m^2 建筑面积造价指标 = 工程预算造价/建筑面积

(2)每 1 m^3 建筑体积造价指标 = 工程预算造价/建筑体积

(3)每 1 m^2 建筑面积劳动量消耗指标 = 劳动量/建筑面积

(4)每 1 m^2 建筑面积主要材料消耗指标 = 相应材料消耗量/建筑面积

以某住宅楼工程技术经济指标分析表为例,详见表 7-1。

表 7-1　××住宅楼工程直接费经济指标分析

项目		分部工程经济指标						各占百分率(%)					合计(%)
		总计(元/m²)	定额直接费				其他直接费用	定额直接费				其他直接费用	
			人工	机械	材料	合计		人工	机械	材料	合计		
直接费		963.84	188.64	129.64	612.69	930.97	32.87	19.57	13.45	63.57	96.59	3.41	100
其中	基础	188.60	30.71	48.58	102.88	182.17	6.43	3.18	5.04	10.68	18.90	0.67	19.57
	砌筑	2.06	0.40	0.02	1.57	1.99	0.07	0.04	0.01	0.16	0.21	0.01	0.22
	脚手架	7.01	0.41	0.02	6.34	6.77	0.24	0.04	—	0.66	0.70	0.02	0.72
	混凝土及钢筋混凝土	454.13	107.7	21.35	309.59	438.64	15.49	11.18	2.21	32.12	45.51	1.61	47.12
	金属结构	0.69	0.09	0.19	0.39	0.67	0.02	0.01	0.02	0.04	0.07	—	0.07
	门窗	130.43	7.35	0.76	117.87	125.98	4.45	0.76	0.08	12.23	13.07	0.46	13.53
	楼地面	14.36	4.28	0.34	9.25	13.87	0.49	0.44	0.04	0.96	1.44	0.05	1.49
	装修	3.83	0.39	0.03	3.28	3.70	0.13	0.04	—	0.34	0.38	0.01	0.39
	综合项目	55.10	18.86	0.65	33.71	53.22	1.88	1.96	0.07	3.50	5.53	0.20	5.73
	屋面	75.64	15.18	57.69	0.19	73.06	2.58	1.57	5.99	0.02	7.58	0.27	7.85
	其他	31.99	3.27	0.01	27.62	30.90	1.09	0.34	—	2.86	3.20	0.11	3.31

(二)工料分析

1. 工料分析的含义

根据工程量计算和定额规定的消耗量标准,对工程所用人工及材料进行分析计算。单位工程施工图预算的工料分析,是计算一个单位工程全部人工需要量和各种材料消耗量。在工程建设的造价中,材料耗量的确定、材料差价的调整对预算费用的高低影响极大。单位工程施工图预算所分析、计算的各种材料消耗量,是建设单位提供计划物资(甲方供料)和企业储备材料的依据。而劳动消耗量的分析计算,是企业经济核算和劳动力

调配的依据。在某些地方的预算费用计算规定中,把"材料差价"作为计费基础之一,把"定额工日"作为增收费用的计算基数。这样一来,在无工料耗量时,是不能计算出全部预算费用的。

由此可见,劳动力和主要材料的分析与计算,是预算编制中的重要内容之一。

2. 工料分析的方法

工料分析,首先是从所适用的定额中,查出各分项工程的单位定额消耗工料的数量,然后分别乘以相应分项工程的工程量,得到分项工程的人工、材料消耗量。最后将各分部分项工程的人工、材料消耗量分别进行计算和汇总,得出单位工程人工、材料的消耗数量。对半成品材料,如砂浆、混凝土等,应按定额配合比表作二次分析计算。

3. 工料分析的注意事项

(1)凡是由预制厂制作现场安装的构件,应按制作和安装分别计算工料。

(2)对主要材料应按品种、规格及预算价格不同分别进行用量计算,并分类统计。

(3)按系数法补价差的地方材料可以不分析,但经济核算有要求时应全部分析。

(4)对换算的定额子目在工料分析时要注意含量的变化,以求分析量准确完整。

(5)机械费用需单项调整的,应同时按规格、型号进行机械使用台班用量的分析。

第二节 土建工程施工图预算编制实例

本实例是某品牌汽车4S店工程(施工图略)。结合某省编制建筑工程施工图预算定额和单位估价表,计算该单位工程造价如表7-2～表7-7所示。

一、预算书封面

施工图预算书

工程名称:汽车4S店

建设单位: 建筑面积:

工程造价:2 019 648.70 元

建筑单位(盖章): 施工单位(盖章)

编制人: 审核人:

编制日期:

二、编制说明

(1)编制依据:①设计施工图及有关说明;②采用现行的标准图集、规范、工艺标准、材料做法;③使用现行的定额,单位估价表,材料价格及有关的补充说明解释等;④现场施工条件、实际情况。

(2)(地区/专业)工程竣工调价系数(　　)。

(3)补充单位估价项目(　　)项,换算定额单位(　　)项。

(4)暂估单价(　　)项。

(5)工程概况:(略)。

(6)设备及主要材料来源:(略)。

(7)其他:施工时发生图纸变更或赔偿双方协商解决。

三、工程造价计算

工程预算书及工料计算如表7-2～表7-7所示。

表7-2 单位工程费用

项目名称:汽车4S店

序号	费用名称	取费说明	费率(%)	费用金额(元)
1	建筑工程	建筑工程		1 628 050.26
2	装饰工程	装饰工程		391 598.44
3	工程造价	专业造价总合计		2 019 648.70

表7-3 单位工程费用计算

行号	序号	费用名称	取费说明	费率(%)	金额(元)
		一、建筑工程			1 628 050.26
1	A	分部分项工程费合计	直接费+主材费		1 318 630.71
2	A1	其中:人工费+机械费	人工费+机械费		317 532.73
3	B	企业管理费	其中:人工费+机械费	12.25	38 897.76
4	C	利润	其中:人工费+机械费	15.75	50 011.40
5	D	措施项目费	安全文明施工措施费+夜间施工增加费+二次搬运费+已完工程及设备保护费+冬、雨季施工费+市政工程干扰费+其他措施项目费		57 155.89
6	D1	安全文明施工措施费	其中:人工费+机械费	7	22 227.29
7	D2	夜间施工增加费			
8	D3	二次搬运费			
9	D4	已完工程及设备保护费			

续表 7-3

行号	序号	费用名称	取费说明	费率（%）	金额（元）
10	D5	冬、雨季施工费	其中:人工费 + 机械费	7	22 227.29
11	D6	市政工程干扰费	其中:人工费 + 机械费	4	12 701.31
12	D7	其他措施项目费			
13	E	其他项目费			
14	F	税费前工程造价合计	分部分项工程费合计 + 企业管理费 + 利润 + 措施项目费 + 其他项目费		1 464 695.76
15	G	规费	工程排污费 + 社会保障费 + 住房公积金 + 危险作业意外伤害保险		109 136.00
16	G1	工程排污费			
17	G2	社会保障费	养老保险 + 失业保险 + 医疗保险 + 生育保险 + 工伤保险		83 161.82
18	G21	养老保险	其中:人工费 + 机械费	16.36	51 948.35
19	G22	失业保险	其中:人工费 + 机械费	1.64	5 207.54
20	G23	医疗保险	其中:人工费 + 机械费	6.55	20 798.39
21	G24	生育保险	其中:人工费 + 机械费	0.82	2 603.77
22	G25	工伤保险	其中:人工费 + 机械费	0.82	2 603.77
23	G3	住房公积金	其中:人工费 + 机械费	8.18	25 974.18
24	G4	危险作业意外伤害保险			
25	I	税金	税费前工程造价合计 + 规费	3.445	54 218.0
26	K	工程造价	税费前工程造价合计 + 规费 + 税金		1 628 050.26
		二、装饰工程			391 598.44
27	A	分部分项工程费合计	直接费 + 主材费		268 474.50
28	A1	其中:人工费 + 机械费	人工费 + 机械费		163 400.10
29	B	企业管理费	其中:人工费 + 机械费	7.7	12 581.81
30	C	利润	其中:人工费 + 机械费	9.9	16 176.61

续表 7-3

行号	序号	费用名称	取费说明	费率（%）	金额（元）
31	D	措施项目费	安全文明施工措施费 + 夜间施工增加费 + 二次搬运费 + 已完工程及设备保护费 + 冬、雨季施工费 + 市政工程干扰费 + 其他措施项目费		25 163.62
32	D1	安全文明施工措施费	其中:人工费 + 机械费	4.4	7 189.60
33	D2	夜间施工增加费			
34	D3	二次搬运费			
35	D4	已完工程及设备保护费			
36	D5	冬、雨季施工费	其中:人工费 + 机械费	7	11 438.01
37	D6	市政工程干扰费	其中:人工费 + 机械费	4	6 536.00
38	D7	其他措施项目费			
39	E	其他项目费			
40	F	税费前工程造价合计	分部分项工程费合计 + 企业管理费 + 利润 + 措施项目费 + 其他项目费		322 396.53
41	G	规费	工程排污费 + 社会保障费 + 住房公积金 + 危险作业意外伤害保险		56 160.62
42	G1	工程排污费			
43	G2	社会保障费	养老保险 + 失业保险 + 医疗保险 + 生育保险 + 工伤保险		42 794.49
44	G21	养老保险	其中:人工费 + 机械费	16.36	26 732.26
45	G22	失业保险	其中:人工费 + 机械费	1.64	2 679.76
46	G23	医疗保险	其中:人工费 + 机械费	6.55	10 702.71
47	G24	生育保险	其中:人工费 + 机械费	0.82	1 339.88
48	G25	工伤保险	其中:人工费 + 机械费	0.82	1 339.88
49	G3	住房公积金	其中:人工费 + 机械费	8.18	13 366.13
50	G4	危险作业意外伤害保险			
51	I	税金	税费前工程造价合计 + 规费	3.445	13 041.29
52	K	工程造价	税费前工程造价合计 + 规费 + 税金		391 598.44
		工程造价合计	建筑工程 + 装饰工程		2 019 648.70

表 7-4　单位工程概预算

序号	编码	子目名称	工程量		价值(元)		其中(元)	
			单位	数量	单价	合价	人工费	材料费
1	1 - 1	土方工程、人工平整场地	100 m^2	39.97	110.88	4 431.87	4 431.87	0
2	3 - 34	砖砌体、零星砌砖、零星砖砌体 M10 实心页岩砖、M7.5 水泥砂浆	10 m^3	12.50	2 360.59	29 507.38	9 481.63	20 025.75
3	3 - 81	砌块砌体、砌块墙、砌块墙、小型空心、砌块 M5	10 m^3	90.39	1 989.68	179 847.18	36 586.07	143 261.11
4	4 - 3	现浇混凝土基础、条形基础、混凝土、商品混凝土(1 000 mm 宽 600 mm 深素混凝土墩)	10 m^3	6.33	3 110.84	19 691.62	561.28	19 130.34
5	4 - 7	现浇混凝土基础、独立基础、混凝土、商品混凝土 C30	10 m^3	30.07	3 135.54	94 285.69	3 371.28	90 914.41
6	4 - 23	现浇混凝土柱、现浇混凝土、矩形柱、商品混凝土 C25	10 m^3	20.85	3 193.8	66 590.73	3 974.05	62 616.68
7	4 - 23	现浇混凝土柱、现浇混凝土、矩形柱、商品混凝土 C30	10 m^3	1.56	3 193.8	4 982.33	296.36	4 685.97
8	4 - 25	现浇混凝土柱、现浇混凝土、构造柱、商品混凝土 C20	10 m^3	0.11	3 228.56	355.14	25.20	329.94
9	4 - 27	现浇混凝土柱、异形柱、现浇混凝土、圆形多边形柱、商品混凝土 C25	10 m^3	0.21	3 196.02	671.16	41.45	629.71
10	4 - 33	现浇混凝土梁、矩形梁、现浇混凝土、单梁连续梁、商品混凝土 C25	10 m^3	60.25	3 171.85	191 103.96	8 663.78	182 440.18
11	4 - 33	现浇混凝土梁、矩形梁、现浇混凝土、单梁连续梁、商品混凝土地梁 C30	10 m^3	10.47	3 171.85	33 209.27	1 506.05	31 703.22
12	4 - 37	现浇混凝土梁、现浇混凝土、圈梁、商品混凝土 C20	10 m^3	2.84	3 200.58	9 089.65	479.19	8 610.46
13	4 - 39	现浇混凝土梁、现浇混凝土、过梁、商品混凝土 C20	10 m^3	0.93	3 219.97	2 994.57	169.77	2 824.80
14	4 - 45	现浇混凝土墙、直形墙、现浇混凝土、商品混凝土 C20 女儿墙	10 m^3	4.71	3 182.62	14 990.14	853.96	14 136.18
15	4 - 45	现浇混凝土墙、直形墙、现浇混凝土、混凝土墙、商品混凝土(C20 卫生间混凝土带)	10 m^3	0.12	3 182.62	381.91	21.68	360.23
16	4 - 47	现浇混凝土墙、直形墙、现浇混凝土、电梯井壁直形墙、商品混凝土	10 m^3	0.34	3 156.36	1 073.16	52.03	1 021.13
17	4 - 58	现浇混凝土板、现浇混凝土、平板、商品混凝土 C25	10 m^3	38.99	3 165.97	123 441.17	4 884.29	118 556.88
18	4 - 64	现浇混凝土板、栏板、商品混凝土展厅雨篷上反沿 C20	10 m^3	0.14	3 236.73	453.14	29.29	423.85
19	4 - 68	现浇混凝土板、雨篷、阳台板、商品混凝土 C25	10 m^3	1.03	3 215.27	3 311.73	168.68	3 143.05

续表 7-4

序号	编码	子目名称	工程量		价值(元)		其中(元)	
			单位	数量	单价	合价	人工费	材料费
20	4 – 70	现浇混凝土楼梯、整体楼梯、直形、商品混凝土 C25	$10\ m^2$ 投影	10.67	851.81	9 088.81	812.44	8 276.37
21	4 – 92	现浇混凝土其他构件、混凝土散水、商品混凝土	$100\ m^2$	2.04	5 228.83	10 666.81	2 782.25	7 884.56
22	4 – 165	预制混凝土板、地沟盖板、商品混凝土	$10\ m^3$	2.22	3 327.91	7 387.96	420.80	6 967.16
23	4 – 188	其他预制构件、其他构件、安装、小型构件	$10\ m^3$	2.22	229.22	508.87	477.04	31.83
24	9 – 27	楼地面工程、垫层、炉(矿)渣混凝土垫层	$10\ m^3$	9.35	1 515.99	14 174.51	3 100.36	11 074.45
25	10 – 26	抹灰工程、墙面一般抹灰、墙面墙裙混合砂浆 20 厚砖墙	$100\ m^2$	76.97	713.54	54 921.17	53 472.34	1 448.83
26	10 – 74	零星项目楼梯侧面水泥砂浆抹灰	$100\ m^2$	0.09	3 374.14	303.67	291.52	12.15
27	10 – 81	抹灰工程、天棚抹灰、混凝土面天棚、一次抹灰、混合砂浆	$100\ m^2$	85.87	622.34	53 440.34	50 476.09	2 964.25
28	10 – 81	抹灰工程、天棚抹灰、混凝土面	$100\ m^2$	1.76	622.34	1 095.32	1 034.85	60.47
29	10 – 105	抹灰工程、现场搅拌抹灰砂浆、水泥砂浆 1:3	m^3	137.07	201.10	27 564.78	1 962.82	25 601.96
30	12 – 3	现浇无梁式混凝土条形基础复合模板、钢支撑	$100\ m^2$	0.63	2 399.53	1 511.70	583.72	927.98
31	12 – 12	现浇混凝土独立基础复合模板	$100\ m^2$	4.76	2 932.71	13 959.70	4 285.28	9 674.42
32	12 – 23	现浇混凝土基础垫层木模板	$100\ m^2$	1.09	2 410.31	2 627.24	543.42	2 083.82
33	12 – 50	现浇混凝土矩形柱复合模板、钢支撑	$100\ m^2$	0.96	2 621.29	2 516.44	1 311.91	1 204.53
34	12 – 54	现浇混凝土异形柱复合模板、钢支撑	$100\ m^2$	15.72	3 147.27	49 475.08	31 868.03	17 607.05
35	12 – 57	混凝土、钢筋混凝土模板及支架现浇混凝土模板柱支撑高度超过 3.6 m 每增加 1 m 钢支撑	$100\ m^2$	11.82	167.12	1 975.36	1 457.51	517.85
36	12 – 65	混凝土、钢筋混凝土模板及支架现浇混凝土模板单梁、连续梁,复合模板,钢支撑	$100\ m^2$	54.76	3 244.5	177 668.82	92 732.97	84 935.85
37	12 – 68	混凝土、钢筋混凝土模板及支架现浇混凝土模板过梁、复合木模板、木支撑	$100\ m^2$	1.52	4 246.77	6 455.09	3 055.24	3 399.85
38	12 – 72	混凝土、钢筋混凝土模板及支架现浇混凝土模板圈梁、直形组合钢模板、木支撑	$100\ m^2$	2.39	2 505.66	5 988.53	3 383.11	2 605.42

续表 7-4

序号	编码	子目名称	工程量		价值(元)		其中(元)	
			单位	数量	单价	合价	人工费	材料费
39	12－79	混凝土、钢筋混凝土模板及支架现浇混凝土模板、直形墙、复合模板、钢支撑(卫生间混凝土带)	100 m^2	0.13	2 034.76	264.52	117.44	147.08
40	12－79	混凝土、钢筋混凝土模板及支架现浇混凝土模板、直形墙、复合模板、钢支撑女儿墙	100 m^2	6.05	2 034.76	12 310.30	5 477.28	6 833.02
41	12－83	混凝土、钢筋混凝土模板及支架现浇混凝土模板、电梯井壁、复合模板、钢支撑	100 m^2	0.34	2 237.58	760.78	407.64	353.14
42	12－92	混凝土、钢筋混凝土模板及支架现浇混凝土模板板、平板、复合模板、钢支撑	100 m^2	38.59	2 566.94	99 058.21	47 468.46	51 589.75
43	12－95	混凝土、钢筋混凝土模板及支架现浇混凝土模板、板支撑高度超过 3.6 m 每增加 1 m 钢支撑	100 m^2	36.94	321.75	11 885.45	9 514.66	2 370.79
44	12－103	混凝土、钢筋混凝土模板及支架现浇混凝土模板、其他、悬挑板(阳台雨篷)直形、木模板木支撑	10 m^2	10.05	761.59	7 653.98	2 935.52	4 718.46
45	12－106	混凝土、钢筋混凝土模板及支架现浇混凝土模板、其他、栏板、木模板木支撑	100 m^2	0.19	5 002.18	950.41	222.89	727.52
46	12－130	混凝土、钢筋	10 m^3	2.22	558.62	1 240.14	652.03	588.11
47	12－286	脚手架、综合脚手架、钢管脚手架(高度 15 m 以内)	100 m^2	89.3	1 279.56	114 264.71	31 425.68	82 839.03
48	5－248 借	外墙面钙塑涂料(成品)	100 m^2	9.14	2 146.57	19 619.65	1 302.79	18 316.86
49	5－301 借	天棚刮大白三遍	100 m^2	85.87	625.12	53 679.05	29 016.56	24 662.49
50	5－301 借	天棚刮大白三遍楼梯	100 m^2	1.76	625.12	1 100.21	594.89	505.32
50	5－302 借	墙面刮大白三遍	100 m^2	71.83	592.73	42 575.80	22 147.85	20 427.95
		合 计				1 587 105.20	480 933.30	1 106 171.90

表 7-5 单位工程人材机汇总

序号	编号	名称规格	单位	工程量	市场价	合价
一		人工				480 929.9
1	C00001	普工	工日	176.847 9	40	7 073.92
2	C00002	技工	工日	707.504 2	65	45 987.77
3	R0002	技工	工日	2 666.314 6	55	146 647.30
4	R0002A	技工	工日	1 293.802 3	65	84 097.15
5	R0003	普工	工日	4 928.094	40	197 123.76
二		材料				1 122 828.86
1	13-276	水泥砂浆 1:2.5	m^3	0.058 8	219.13	12.88
2	13-277	水泥砂浆 1:3	m^3	0.136 1	192.07	26.14
3	13-291	抹灰用混合砂浆 1:1:6	m^3	223.702 8	123.12	27 542.29
4	13-298	抹灰用混合砂浆 1:1:4	m^3	53.106 7	116.06	6 163.56
5	13-321	混合砂浆 M5	m^3	26.370 1	134.25	3 540.19
6	13-323	砌筑用混合砂浆中砂 M10	m^3	85.874 3	173.72	14 918.08
7	C00004	其他材料费	元	402.07	1	402.07
8	C0001	107 胶	kg	0.194	2.8	0.54
9	C00017	水	m^3	7.175 5	2.6	18.66
10	C00224	107 胶	kg	966.224 7	2.8	2 705.43
11	C00346	大白粉	kg	23 918.295	0.16	3 826.93
12	C0040	安全网	m^2	383.980 5	2.5	959.95
13	C00460	钙塑涂料	kg	1 279.306	14	17 910.28
14	C00482	乳白胶	kg	2 870.195 4	6	17 221.17
15	C00561	纤维素	kg	1 132.132 6	15.6	17 661.27
16	C0082	草袋子	m^2	664.878 6	1.1	731.37
17	C0102	粗砂	m^3	150.030 9	50	7 501.55
18	C01152	粗砂	m^3	24.635 8	50	1 231.79
19	C01170	水泥 32.5 MPa	kg	9 758.666 4	0.3	2 927.60
20	C0125	底座	个	27.682 3	5	138.41
21	C0142	垫木	块	222.351 5	0.3	66.71
22	C0166	镀锌铁丝 22#	kg	19.382 8	5	96.91
23	C0167	镀锌铁丝 8#	kg	2 497.300 3	5.3	13 235.69
24	C0171	对接扣件	个	190.204 3	5.6	1 065.14

续表 7-5

序号	编号	名称规格	单位	工程量	市场价	合价
25	C0176	二等板方材	m^2	0.155 2	1 400	217.28
26	C0180	二等中方	m^3	0.022 2	1 400	31.08
27	C0194	防锈漆	kg	584.900 6	9.5	5 556.56
28	C0226	钢管 $\phi48\times3.5$	kg	6 783.060 9	3.9	26 453.94
29	C0255	钢丝绳 8	kg	25.896 4	7.2	186.45
30	C0279	隔离剂	kg	1 321.975 7	3.3	4 362.52
31	C0343	回转扣件	个	54.471 7	5.6	305.04
32	C0375	混砂	m^3	70.532 5	30	2 115.98
33	C0380	机制砖(红砖)	千块	93.861	290	27 219.69
34	C0440	空心砌块 $190\times190\times190$	块	13 559.1	1.37	18 575.97
35	C0441	空心砌块 $390\times190\times190$	块	48 803.720 6	2.25	109 808.37
36	C0442	空心砌块 $90\times190\times190$	块	10 395.31	0.72	7 484.62
37	C0453	缆风桩木	m^3	0.178 6	850	151.81
38	C0473	梁卡具模板用	kg	1 434.125 1	4	5 736.50
39	C0481	零星卡具	kg	2 560.184 3	4	10 240.74
40	C0545	模板木材	m^3	6.184 7	1 200	7 421.64
41	C0563	木脚手板	m^3	9.822 8	1 200	11 787.36
42	C0582	尼龙编织布	m^2	2 160.113 8	4.2	9 072.48
43	C0619	其他材料费	元	40.782	1	40.78
44	C0631	嵌缝料	kg	17.448	2.3	40.13
45	C0662	商品混凝土(综合)	m^3	1 856.578 5	300	556 973.55
46	C0666	生石灰	kg	7 053.754	0.16	1 128.60
47	C0676	石油沥青	kg	175.225 6	3.8	665.86
48	C0684	水	m^3	608.072 5	2.6	1 580.99
49	C0691	水泥 32.5 MPa	kg	71 476.347 3	0.3	21 442.90
50	C0719	松厚板	m^3	2.522 2	1 700	4 287.74
51	C0727	塑料薄膜	m^2	2 410.452 9	0.4	964.18
52	C0753	铁钉(圆钉)	kg	768.609	4.5	3 458.74
53	C0859	油漆溶剂油	kg	66.080 4	6.6	436.13
54	C0868	预制混凝土构件	m^3	22.165	300	6 649.50
55	C0891	支撑方木	m^3	18.234 5	1 200	21 881.40

续表 7-5

序号	编号	名称规格	单位	工程量	市场价	合价
56	C0892	支撑钢管及扣件	kg	6 732.136 5	3.83	25 784.08
57	C0895	直角扣件	个	1 351.075 7	6.6	8 917.10
58	C0907	竹胶板	m^2	2 533.880 1	30	76 016.4
59	C0926	砖地模	m^2	2.593 3	20.86	54.10
60	C0934	组合钢模板	kg	182.628 5	4.2	767.04
61	C0951	滑石粉	kg	42.134 4	0.4	16.85
62	C0972	炉渣	m^3	169.671 4	30	5 090.14
三		配比材料				16 244.74
1	13－263	石油沥青玛琋脂	m^3	0.167 2	4 083.2	682.71
2	13－275_1	水泥砂浆 1:2（有价）	m^3	9.415 7	214.88	2 023.25
3	13－277@1	水泥砂浆 1:3	m^3	23.918 3	174.68	4 178.05
4	13－283	素水泥浆	m^3	0.008 8	456.45	4.02
5	13－357	炉渣混凝土 35#	m^3	95.321	98.16	9 356.71
四		机械				42 148.49
1	03017	汽车式起重机提升质量（t）5 中	台班	24.197 9	419.86	10 159.73
2	04006	载货汽车装载质量（t）6 中	台班	69.777 3	405.51	28 295.39
3	06016	灰浆搅拌机拌筒容量（L）200 小	台班	18.381 4	96.77	1 778.77
4	06016－1	灰浆搅拌机拌筒容量（L）200 小	台班	46.698 4		
5	07012	木工圆锯机直径（mm）500 小	台班	12.025 5	24.81	298.35
6	07018	木工压刨床刨削宽度（mm）单面 600 小	台班	0.088 7	36.37	3.23
7	J0072	混凝土搅拌机 400 L	台班	9.532 1	169.22	1 613.02
		合计				1 662 151.99

表 7-6 主要材料

序号	名称规格	单位	材料量	市场价	市场价合计
1	钙塑涂料	kg	1 279.306	14	17 910.28
2	乳白胶	kg	2 870.195 4	6	17 221.17
3	纤维素	kg	1 132.132 6	15.6	17 661.27
4	粗砂	m^3	150.030 9	50	7 501.55
5	镀锌铁丝 8#	kg	2 497.300 3	5.3	13 235.69
6	钢管 ϕ 48×3.5	kg	6 783.060 9	3.9	26 453.94

续表 7-6

序号	名称规格	单位	材料量	市场价	市场价合计
7	机制砖(红砖)	千块	93.861	290	27 219.69
8	空心砌块 190×190×190	块	13 559.1	1.37	18 575.97
9	空心砌块 390×190×190	块	48 803.720 6	2.25	109 808.37
10	空心砌块 90×190×190	块	10 395.31	0.72	7 484.62
11	梁卡具模板用	kg	1 434.125 1	4	5 736.50
12	零星卡具	kg	2 560.184 3	4	10 240.74
13	模板木材	m^3	6.184 7	1 200	7 421.64
14	木脚手板	m^3	9.822 8	1 200	11 787.36
15	尼龙编织布	m^2	2 160.113 8	4.2	9 072.48
16	水泥 32.5 MPa	kg	71 476.347 3	0.3	21 442.90
17	支撑方木	m^3	18.234 5	1 200	21 881.40
18	支撑钢管及扣件	kg	6 732.136 5	3.83	25 784.08
19	直角扣件	个	1 351.075 7	6.6	8 917.10
20	竹胶板	m^2	2 533.880 1	30	76 016.40

表 7-7　单位工程三材汇总

序号	材料名称	单位	数量
1	钢材	t	0.208 5
2	木材	m^3	34.420 6
3	水泥	t	81.235

单位工程工程量计算书(略)。

第三节　土建工程施工图预算的审查

一、施工图预算审查的意义

施工图预算的审查是工程造价管理的一个重要程序。施工图预算作为发包方和承包方签订工程承包合同、办理工程拨款和工程价款结算、承包方进行工程成本核算、进行设计概算与施工图预算两算对比分析、合理确定工程价格的依据,加强施工图预算的审查,对提高施工图预算的准确性、降低工程造价具有十分重要的意义。

(1)可以合理确定建设工程造价,有利于建设单位合理使用建设资金,消除高估冒算,减少某些用不正当方式和手段提高造价、牟取私利的现象,维护国家和建设单位的经济利益。

(2)进行施工图预算的审查有利于建设单位进行投资使用分析,有利于核实预算造价,为积累基础数据、分析技术经济指标提供帮助。

(3)进行施工图预算审查,可以找出设计的差距,提高设计水平。

(4)进行施工图方案预算的审查,有利于施工企业进行工程成本分析,加强施工企业经济核算,在建筑产品合理的定价情况下,尽量通过加强经营管理,增收节支,降低成本,提高经济效益。

(5)可以促进工程预算编制水平的提高,使施工企业端正经营思想,从而达到加强工程预算管理的目的。

二、施工图预算审查的依据

审查建设工程预算是一项专业性和政策性都很强的工作。审查中必须遵循国家和地方政府部门的有关政策、技术规定。工程预算审查的主要依据如下。

(一)设计资料

设计资料是指工程施工图纸和有关技术资料。包括:建筑工程中的设计说明书、建筑施工图、结构施工图、设计所选用的标准图,安装工程中的有关设计说明书、设备平面布置图、系统轴测图、设备连接节点和零配件图、设计选用的定型产品标准图等。

(二)有关的定额

有关的定额主要是指编制预算所选用的相关专业预算定额和费用定额、地区单位估价表和材料预算价格以及市场价格等。

(三)施工组织设计或技术措施方案

施工组织设计或技术措施方案对施工图预算的措施费用影响很大。只有依据它们,才能正确审核相关费用的计算是否合理和准确。

(四)工程承发包合同

建设单位和施工单位根据国家合同法和建筑安装工程合同示范文本签订的施工合同,是经过双方协商确定的承包方式、承包内容、工程预算编制原则和依据、有关费用的取定、工程价款结算方式等具有法律效力的重要经济文件,是施工图预算审查的重要依据之一。

(五)有关造价文件

由有关主管部门颁布的当时当地的工程价款结算、材料价格和费用调整等文件规定,对预算的计算影响很大,是编制施工图预算的重要依据,也是审查预算的重要依据。

(六)工程采用的设计、施工、质量验收等技术规范或规程

工程采用的设计、施工、质量验收等技术规范和规程,是施工过程中的一些特殊费用的发生可能性的审查的重要依据。

三、施工图预算审查的内容

施工图预算的审查一般是针对用工料单价法计算的施工图预算。施工图预算审查的内容主要包括工程量计算是否准确、套用定额是否正确、费率取值是否符合现行的规定、一些费用的计算是否合理及计算过程中数值的填写是否有误等。

(一)审查编制依据

(1)审查编制依据是否合法。采用的各种编制依据应经国家有关部门批准发布,符合国家编制规定。

(2)审查编制依据的时效性。各种计价依据,如定额、价格、取费标准等,应根据国家有关部门的现行规定执行,注意有无调整和新的规定。

(3)审查编制依据的适用范围。各种编制依据都有规定的适用范围,既要符合一定时间某种专业和某个地区的规定,又要符合编制依据计价要求。

(二)审查工程量

审查是否按照规定的工程量计算规则计算工程量,编制预算时是否考虑到了施工方案对工程量的影响,定额中要求扣除项或合并项是否按规定执行,工程计量单位是否与要求的计量单位一致。

(三)审查预算单价的套用

(1)审查预算中所列各分项工程预算单价是否与现行预算定额的预算单价相符,其名称、规格、计量单位和所包括的工程内容是否与单位估价表一致。

(2)审查换算的单价是否是定额允许换算的,换算是否正确。

(3)审查补充定额和单位估价表的编制是否符合编制原则,计算是否正确。

(四)审查设备、材料的预算价格

设备、材料的预算价格是施工图预算造价所占比例最大、变化最大的内容,要重点审查。

(1)审查设备、材料的预算价格是否符合工程所在地的真实价格及价格水平。若是采用市场价格,要核实其真实性、可靠性;若是采用有关部门公布的信息价,要注意信息价的时间、地点是否符合要求,是否要按规定调整。

(2)审查设备、材料的原价确定方法是否正确,非标准设备的原价的计价依据、方法是否正确、合理。

(3)审查设备的运杂费率及其运杂费的计算是否正确,材料预算价格的各项费用的计算是否符合规定、是否正确。

(五)审查其他有关费用

其他直接费包括的内容各地不一,具体计算时,应按当地的现行规定执行。审查时要注意是否符合规定和定额要求。同时,还要注意以下几个方面:

(1)其他直接费和现场经费及间接费的计取基础是否符合现行规定,有无不能作为计费基础费用列入计费的基础。

(2)是否按本项目的性质计取费用,有无高套取费标准;间接费的计取基础是否符合规定;利润和税金的计取基础和费率是否符合规定,有无多算或重算。

(3)预算外调增的材料差价是否计取了间接费。直接费或人工费增减后,有关费用是否相应做了调整。

四、施工图预算审查的方法

审查施工图预算方法较多,主要有全面审查法、标准预算审查法、分组计算审查法、对比审查法、筛选审查法、重点审查法、利用手册审查法和分解对比审查法等。

(一)全面审查法

全面审查法又叫逐项审查法,是按预算定额顺序或施工的先后顺序,对各项工程细目逐项全面详细审查的一种方法。

其优点是全面、细致,审查质量高、效果好。缺点是工作量大,需消耗时间多。

该方法主要用于一些工程量较小、工艺比较简单的工程,特别是由乡镇施工企业承包的工程,由于编制工程预(结)算的技术力量较弱,并且有时缺少必要的资料,工程预(结)算差错率较大,应尽量采用此法,逐一地进行审核。

对于根据某些已定型的标准施工图编制的预(结)算,也可采用全面审查法,以便为审查类似工程预(结)算,提供只审查设计变更部分预(结)算的有利条件,从而节省人力和时间。

(二)标准预算审查法

对于利用标准图纸设计或通用图纸施工的工程,一般上部结构和做法相同,可集中力量细审一份预算或编制一份预算,作为这种标准图纸的标准预算,或以这种标准图纸的工程量为标准,对照审查,而对局部不同部分作单独审查即可。

这种方法的优点是时间短,效果好,好定案;缺点是只适用按标准图纸设计的工程,适用范围小。

(三)分组计算审查法

分组计算审查法是一种加快审查工程量速度的方法。它把预算中的项目划分为若干组,并把相邻且有一定内在联系的项目编为一组,审查或计算同一组中某个分项工程量,利用工程量间具有相同或相似计算基础的关系,判断同组中其他几个分项工程量计算的准确程度。

(四)对比审查法

对比审查法是用已建成工程的预算或虽未建成但已审查修正的工程预算对比审查拟建的类似工程预算的一种方法。对比审查法一般有以下几种情况,应根据工程的不同条件区别对待。

(1)两个工程采用同一个施工图,但基础部分和现场条件不同。其新建工程基础以上部分可采用对比审查法,不同部分可分别采用相应的审查方法进行审查。

(2)两个工程设计相同,但建筑面积不同。根据两个工程建筑面积之比与两个工程分部分项工程量之比基本一致的特点,可审查新建工程各分部分项工程的工程量。或用两个工程每1 m^2 建筑面积造价以及每1 m^2 建筑面积的各分部分项工程量,进行对比审查,如果基本相同,说明新建工程预算是正确的;反之,说明新建工程预算有问题,找出差错原因,加以更正。

（3）两个工程的面积相同，但设计图纸不完全相同时，可把相同的部分，如厂房中的柱子、房架、屋面、砖墙等，进行工程量的对比审查，不能对比的分部分项工程按图纸计算。

（五）筛选审查法

筛选审查法是统筹法的一种，也是一种对比方法。建筑工程虽然有建筑面积和高度的不同，但是它们的各个分部分项工程的工程量、造价、用工量在每个单位面积上的数值变化不大，把这些数据加以汇集、优选，归纳为工程量、造价、用工 3 个单方基本值表，并注明其适用的建筑标准。这些基本值犹如筛子孔，用来筛选各分部分项工程，筛下去的就不审查了，没有筛下去的就意味着此分部分项的单位建筑面积数值不在基本值范围之内，应对该分部分项工程详细审查。当所审查的预算的建筑面积标准与基本值所适用的标准不同，就要对其进行调整。

（六）重点审查法

重点审查法是抓住对工程造价影响比较大的项目和容易发生差错的项目重点进行审查。重点审查的内容有：

（1）工程量大或直接费较高的项目，例如砌筑工程、钢筋混凝土工程等；

（2）工程量计算规则容易混淆的项目；

（3）根据以往审查经验，经常发生差错的项目；

（4）换算定额单价和补充定额单价；

（5）各项费用的计算基础及其费率标准。

重点审查法的优点是重点突出，审查时间短，效果好。

重点审查法应灵活掌握。在审查过程中，若发现问题较多、较大，应扩大审查范围，甚至放弃重点审查，进行全面审查；反之，若没有发现问题，或发现差错很小，可考虑适当缩小审查范围。

（七）利用手册审查法

利用手册审查法是把工程中常用的构件、配件，事先整理成预算手册，按手册对照审查的方法。如工程常用的预制构配件：洗池、大便台、检查井、化粪池、碗柜等，几乎每个工程都有，把这些按标准图集计算出工程量，套上单价，编制成预算手册使用，可大大简化预结算的编审工作。

（八）分解对比审查法

一个单位工程，按直接费与间接费进行分解，然后把直接费按工种和分部工程进行分解，分别与审定的标准预算进行对比分析的方法，叫分解对比审查法。

五、施工图预算审查的步骤

（一）做好审查前的准备工作

（1）熟悉施工图纸。施工图是编审预算分项数量的重要依据，必须全面熟悉了解，核对所有图纸，清点无误后，依次识读。

（2）了解预算包括的范围。根据预算编制说明，了解预算包括的工程内容，如配套设施、室外管线、道路以及会审图纸后的设计变更等。

（3）弄清预算采用的单位估价表。任何单位估价表或预算定额都有一定的适用范围，应根据工程性质，收集熟悉相应的单价、定额资料。

（二）选择合适的审查方法，按相应内容审查

由于工程规模、繁简程度不同，施工方法和施工企业情况不一样，所编工程预算的繁简和质量也不同，因此应需选择适当的审查方法进行审查。

（三）整理审查资料并调整定案

综合整理审查资料，并与编制单位交换意见，定案后编制调整预算。审查后，需要进行增加或核减的，经与编制单位协商，统一意见后，根据交换意见确定的结果，进行相应的修正，将更正后的项目进行计算并汇总，填制预（结）算审查调整表，见表7-8和表7-9。

表7-8　分项工程定额直接费调整　　　年　　月　　日

序号	分部分项工程名称	原预算							调整后预算							核减金额（元）	核增金额（元）
		定额编号	单位	工程量	直接费（元）		人工费（元）		定额编号	单位	工程量	直接费（元）		人工费（元）			
					单价	合计	单价	合计				单价	合计	单价	合计		

编制单位（印章）　　　责任人：　　　审查单位（印章）　　　责任人：

表7-9　工程预算费用调整　　　年　　月　　日

序号	费用名称	费率（%）	计算基础	金额（元）	费率（%）	计算基础	金额（元）	核减金额（元）	核增金额（元）

编制单位（印章）　　　责任人：　　　审查单位（印章）　　　责任人：

由编制单位责任人签字加盖编制单位公章，审查责任人签字加盖审查单位公章。

小　结

本章的重点内容是施工图预算的编制和审查,详细介绍了施工图预算的概念、作用、编制依据和编制步骤,施工图预算审查的意义、内容、方法和步骤。

一般土建工程施工图预算的编制方法是根据施工图纸,结合本地区现行的预算定额,确定工程项目,计算工程量,编写预算书,计算直接工程费;根据本地区的各项费用取费标准,计算其他各项费用;计算工程预算总造价和每1 m^2 造价,编写施工图预算编制说明;填写预算书封面,完成一整套的单位工程施工图预算。

审查施工图预算主要有全面审查法、标准预算审查法、分组计算审查法、对比审查法、筛选审查法、重点审查法、利用手册审查法和分解对比审查法等

施工图预算审查内容主要包括工程量计算是否准确、套用定额是否正确、费率取值是否符合现行的规定、一些费用计算是否合理及计算过程中数值的填写是否有误等。

复习思考题

7-1　什么是施工图预算？它有什么作用？

7-2　编制施工图预算的依据有哪些？

7-3　编制施工图预算的步骤是什么？

7-4　编制施工图预算的方法有哪些？

7-5　简述审查施工图预算的意义。

7-6　简述施工图预算审查的内容。

7-7　施工图预算审查的步骤是什么？

7-8　施工图预算审查的方法有哪几种？

第八章　设计概算和施工预算的编制

第一节　设计概算的编制

一、概述

（一）设计概算的含义

设计概算是设计单位在投资估算的控制下，在初步设计或扩大初步设计阶段，按照设计要求编制和确定的建设项目从筹建到竣工交付使用所需全部费用的文件。设计概算是设计文件的重要组成部分，在报请审批初步设计或扩大初步设计时，必须附有设计概算，否则就不能作为完整的技术文件。采用两阶段设计的建设项目，初步设计阶段必须编制设计概算；采用三阶段设计的建设项目，技术设计阶段必须编制修正概算，施工图设计阶段编制施工图预算。

设计概算的编制应包括编制期价格、费率、利率、汇率等确定静态投资和编制期到竣工验收前的工程和价格变化等多种因素的动态投资两部分。静态投资作为考核工程设计和施工图预算的依据，动态投资作为筹措、供应和控制资金使用的限额。

（二）设计概算的作用

1. 设计概算是编制建设项目投资计划的依据

设计概算经上级主管部门批准后，建设工程才能纳入国家基本建设年度计划。因此，国家在编制长远计划时，对于拟建工程的投资指标，是根据已经竣工或在建的类似建设项目的预算和综合技术经济指标等进行确定的。

2. 设计概算是确定和控制建设项目投资的依据

经批准的建设项目设计总概算的投资额，是该工程建设投资的最高限额。在工程建设过程中，年度基本建设投资计划安排、银行拨款和贷款、施工图预算和竣工决算等，在未经主管部门批准增加概算之前，都不能突破这一限额。

3. 设计概算是衡量设计方案技术经济合理性和选择最佳设计方案的依据

设计方案的质量，除需符合适用和美观的要求外，集中表现在经济合理方面。设计概算是设计方案技术经济合理性的综合反映，可根据各自的概算文件对不同的设计方案进行比较、分析，从中选出各方面均能满足预期要求而又最经济的设计方案。

4. 设计概算是编制招标标底和投标报价的依据

以设计概算进行招标的工程，招标单位编制标底是以设计概算造价为依据的，并以此作为评标定标的依据。承包单位为了在投标竞争中取胜，也以设计概算为依据，编制出合适的投标报价。

5. 设计概算是建设银行办理工程拨款、贷款和结算的重要依据

建设银行根据基本建设预算办理工程拨款、贷款和结算。建设项目的全部拨款、贷款以及各单项工程的拨款、贷款的累计总额,不能超过设计概算。

6. 设计概算是控制施工图设计和施工图预算的依据

设计单位必须按照批准的初步设计和总概算进行施工图设计,施工图预算不得超过设计概算。当确需突破总概算时,应按规定程序报批。

7. 设计概算是考核建设工程成本和投资效果的依据

通过设计概算、施工图预算和竣工决算的三算对比分析,可以分析和考核建设工程成本和投资效果,验证设计概算的准确性,有利于总结经验教训,积累技术经济资料,加强设计概算和造价管理。

(三)设计概算的内容

设计概算分为三级概算,即单位工程概算、单项工程综合概算和建设项目总概算。

各级概算之间的相互关系如图 8-1 所示。

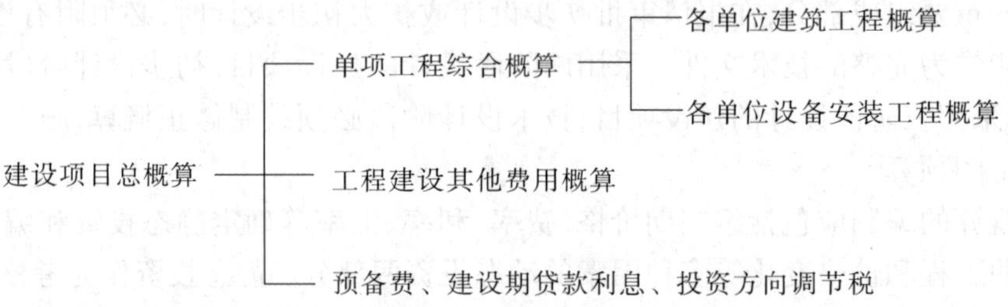

图 8-1　设计概算关系

各级设计概算的编制内容见表 8-1。

表 8-1　各级设计概算的编制内容

序号	项目	内容
1	单位工程概算	单位工程概算是以单位工程为单位,根据初步设计图纸、建设工程概算定额或概算指标及有关费用标准确定的单位工程所需建设费用的总额。按其工程性质,可分为建筑工程概算和设备安装工程概算两大类。建筑工程概算包括土建工程概算、给排水工程概算、电气照明工程概算、通风空调工程概算、弱电工程概算、特殊构筑物工程概算等,设备安装工程概算包括机械设备安装工程概算、电气设备安装工程概算、工具器具及生产家具购置费概算等
2	单项工程综合概算	单项工程综合概算是确定一个单项工程所需建设费用的总额。它是由单项工程中的各单位工程概算汇总编制而成的
3	工程建设其他费用概算	工程建设其他费用概算是确定建筑、设备安装工程以外的,与整个建设工程有关的其他工程的费用总额。它是以独立的项目列入总概算的。当不编制总概算时,可将其编入单项工程综合概算中
4	建设项目总概算	建设项目总概算是确定整个建设项目从筹建到竣工验收所需全部费用的总额。它是由各单项工程综合概算、工程建设其他费用概算、预备费和建设期贷款利息概算等汇总编制而成的

二、设计概算的编制原则、依据和步骤

(一)设计概算的编制原则

为提高建设项目设计概算编制质量,科学合理确定建设项目投资,设计概算编制应坚持以下原则。

1. 严格执行国家的建设方针和经济政策

设计概算是一项重要的技术经济工作,要严格按照党和国家的方针、政策办事,坚决执行勤俭节约的方针,严格执行规定的设计标准。

2. 要完整、准确地反映设计内容

编制设计概算时,要认真了解设计意图,根据设计文件、图纸准确计算工程量,避免重算和漏算。设计修改后,要及时修正概算。

3. 要坚持结合拟建工程的实际,反映工程所在地当时价格水平

为提高设计概算的准确性,要求实事求是地对工程所在地的建设条件,可能影响造价的各种因素进行认真的调查研究。在此基础上正确使用定额、指标、费率和价格等各项编制依据,按照现行工程造价的构成,根据有关部门发布的价格信息及价格调整指数,考虑建设期的价格变化因素,使概算尽可能地反映设计内容、施工条件和实际价格。

(二)设计概算的编制依据

(1)国家发布的有关法律、法规、规章、规程等。

(2)批准的可行性研究报告及投资估算、设计图纸等有关资料。

(3)有关部门颁布的现行概算定额、概算指标、费用定额等和建设项目设计概算编制办法。

(4)有关部门发布的人工、设备材料价格、运杂费率和造价指数等。

(5)有关合同、协议等。

(6)类似工程的概算文件和技术经济指标与其他有关资料。

(三)设计概算的编制步骤

概算编制步骤与施工图预算编制步骤基本相同,一般可按下列步骤进行:

(1)收集基础资料。

(2)熟悉设计文件,掌握施工现场情况。充分了解设计意图,掌握工程全貌,明确工程的结构形式和特点。深入施工现场了解建设地点的地形、地貌以及作业环境,并加以核实、分析和修正。

(3)分列工程项目。概算所列的工程项目,主要是依据概算定额手册所划分的项目及编排的顺序,结合初步设计图纸的内容进行划分和列项。

(4)计算工程量。

(5)套用概算定额或概算指标。在概算定额中,当有些项目中的单项组成内容与设计不符时,可按定额规定进行调整换算。

(6)计取各项费用。

(7)确定工程概算造价。

(8)进行概算技术经济指标分析。

三、设计概算的编制特点和方法

(一)设计概算的编制特点

设计概算在工程建设程序中相对于投资估算与施工图预算而言,起着承上启下的作用,它基于可行性研究阶段的投资估算,又作为控制施工图预算的依据,因而要求有较高的准确性,不得有大的遗漏或高估冒算。概算的编制与施工图预算编制相比,主要特征体现在它的综合性。首先是设计概算的分项综合性,其次是相应的概算定额也具有很强的综合性。传统的概算编制方法一般分为两大类:其一,在初步设计之前,用综合性更强的概算指标,例如100 m^2、100 m^3 等为基本单位的概算指标,估算建设工程总造价;其二,在初步设计之后,用由行政主管部门或设计部门制定的概算定额,编制单位工程造价。用概算指标编制工程造价的方法,应归纳为现行的投资估算范畴,而用设计概算定额编制设计概算的方法,则是下面要介绍的主要方法。

从总体上讲,综合性是设计概算的基本特点。例如设计概算中的某项100 m^2 砖墙砌体部分分项工程,其作业内容不仅包括施工图预算定额中砌墙砌体分项工程,而且包括与砌墙砌体相关的内、外墙粉刷两个分项工程。显然,设计概算定额是在预算定额基础上综合而来的,其相对应的设计概算的工程分项,也必定是在施工图预算工程分项基础上的综合。

(二)设计概算的编制方法

1. 单位工程概算的编制方法

单位工程概算是确定单位工程建设费用的文件,是单项工程综合概算的组成部分。单位工程概算分建筑工程概算和设备及安装工程概算两大类。建筑工程概算的编制方法有概算定额法、概算指标法、类似工程预算法。设备及安装工程概算的编制方法有预算单价法、扩大单价法、设备价值百分比法和综合吨位指标法等。

1)单位建筑工程概算编制方法

(1)概算定额法。概算定额法又叫扩大单价法或扩大结构定额法,是采用概算定额编制建筑工程概算的方法。当工程的初步设计(或扩大初步设计)深度明确了建筑与结构构造,并能计算扩大分项工程量时,就可采用这种方法。这种方法与采用预算定额编制施工图预算的方法基本相同,其具体步骤如下:

①按照概算定额分部分项顺序,列出各分项工程的名称,并计算各分项工程工程量。

②确定各分部分项工程项目的概算定额单价(基价)。

③计算单位工程直接工程费和直接费。将已算出的各分部分项工程项目的工程量分别乘以概算定额单价和单位人工、材料消耗指标,即可得出各分项工程的直接工程费和人工、材料消耗量。再汇总各分项工程的直接工程费及人工、材料消耗量,即可得到该单位工程的直接工程费和工料总消耗量。最后,汇总措施费即可得到该单位工程的直接费。

④根据直接费,结合其他各项取费标准,分别计算间接费、利润和税金。

⑤计算单位工程概算造价。

单位工程概算造价 = 直接费 + 间接费 + 利润 + 税金　　(8-1)

(2)概算指标法。概算指标法是将拟建建筑物的建筑面积或体积乘以技术条件相同或基本相同的概算指标而得出直接工程费，然后按规定计算出措施费、间接费、利润和税金等。概算指标法计算精度较低，但由于其编制速度快，因此对一般附属、辅助和服务工程等项目，以及住宅和文化福利工程项目或投资比较小、比较简单的工程项目投资概算有一定实用价值。当初步设计深度不够，不能准确计算扩大分项工程量，但工程设计是采用计算比较成熟而又有类似工程概算指标可利用时，可采用此法。采用概算指标法有以下两种情况：

①拟建工程结构特征与概算指标相同时的计算。根据选用的概算指标的内容，可选用两种套算方法。一种方法是以指标中所规定的工程每 1 m^2 或每 1 m^3 的直接工程费单价，乘以拟建单位工程建筑面积或体积，得出单位工程的直接工程费，再计算其他费用，即可求出单位工程的概算造价。另一种方法是以概算指标中规定的每 100 m^2 建筑物面积（或 1 000 m^3）所耗人工工日数、主要材料数量为依据，首先计算拟建工程人工、主要材料消耗量，再计算直接工程费及其他费用。

②拟建工程结构特征与概算指标有局部差异时的调整：

A. 调整概算指标中的每 1 m^2（1 m^3）造价。这种调整方法是将原概算指标中的单位造价进行调整（仍使用直接工程费指标），扣除每 1 m^2（1 m^3）原概算指标中与拟建工程结构不同部分的造价，增加每 1 m^2（1 m^3）拟建工程与概算指标结构不同部分的造价，使其成为与拟建工程结构相同的工程单位直接工程费造价。

B. 调整概算指标中的工、料、机数量。

(3)类似工程预算法。是利用技术条件与设计对象相类似的已完工程或在建工程的工程造价资料来编制拟建工程设计概算的方法。

2)设备及安装单位工程概算编制方法

设备及安装单位工程概算包括设备购置费概算和设备安装工程概算两大部分。

(1)设备购置费概算。设备购置费是根据初步设计的设备清单计算出设备原价，并汇总求出设备总原价，然后按照有关规定的设备运杂费率乘以设备总原价，两项相加即为设备购置费概算。

(2)设备安装工程概算。其编制方法是根据初步设计深度和要求明确的程度来确定的，主要编制方法有以下几种：

①预算单价法。当初步设计达到规定的深度，有详细的设备清单，可直接按安装工程预算定额（消耗量定额）单价编制，编制程序与安装工程施工图预算相同，即计算的设备安装工程量，乘以安装工程预算单价，经汇总求得。用这种方法编制概算，计算比较具体，精确性较高。

②扩大单价法。当初步设计深度不够，设备清单不完备，只有主体设备或成套设备重量时，可用主体设备、成套设备的综合扩大安装单价编制。

③设备价值百分比法。当初步设计深度不够，只有设备出厂价而无详细规格、重量时，安装费可按占设备费的百分比计算。其百分比值（即安装费率）由主管部门制定或由设计单位根据已完成类似工程确定。该法常用于价格波动不大的定型产品和通用设备产

品。

④综合吨位指标法。当初步设计提供的设备清单有规格和设备重量时,可采用综合吨位指标编制概算,其综合吨位指标由主管部门或由设计院根据已完类似工程资料确定。该法常用于设备价格波动较大的非标准设备和引进设备的安装工程概算。

2. 单项工程综合概算的编制方法

1)单项工程综合概算的含义

单项工程综合概算是确定单项工程建设费用的综合性文件,它是由该单项工程所辖的各单位工程概算汇总而成的,是建设项目的组成部分。

2)单项工程综合概算的内容

单项工程综合概算文件一般包括编制说明(不编制总概算时列入)和综合概算表(含其所附的单位工程概算表和建筑材料表)两大部分。当建设项目只有一个单项工程时,综合概算文件(实为总概算)除包括上述两大部分外,还应包括工程建设其他费用、建设期贷款利息、预备费和固定资产投资方向调节税概算。

综合概算表是根据单项工程所辖范围内的各单位工程概算等基础资料,按照国家或部委所规定的统一表格进行编制的。工业建设项目综合概算表由建筑工程和设备及安装工程两大部分组成,民用工程项目综合概算表就是建筑工程。综合概算表的费用组成一般应包括建筑工程费用、安装工程费用、设备购置及工器具和生产器具购置费。当不编制总概算时,还应包括工程建设其他费用、建设期贷款利息、预备费和固定资产投资方向调节税等费用项目。

3. 建设项目总概算

1)总概算的含义

建设项目总概算是设计文件的重要组成部分,是确定整个建设项目从筹建到竣工交付使用所预计花费的全部费用的文件。它是由单项工程综合概算、工程建设其他费用、建设期贷款利息、预备费、固定资产投资方向调节税和经营性项目的铺底流动资金概算所组成,按照主管部门规定的统一表格进行编制而成的。

2)总概算的内容

设计总概算文件一般包括:

(1)封面、签署页及目录。

(2)编制说明。

(3)总概算表。总概算表的项目由各单项工程的工程费用、各项其他费用、预备费,以及有关税和费组成。

(4)工程建设其他费用概算表。工程建设其他费用概算按国家或地区或部委所规定的项目和标准确定,并按统一格式编制。

(5)单项工程综合概算表和建筑安装单位工程概算表。

(6)工程量计算表和工、料数量汇总表。

(7)分年度投资汇总表和分年度资金流量汇总表。

第二节　施工预算的编制

一、施工预算的作用与内容

施工预算是指在工程施工前,施工单位结合本企业情况,根据施工图纸、施工定额、施工及验收规范、标准图集、施工组织设计(或施工方案)编制的拟建工程施工所需的人工、材料和施工机械台班数量及费用的技术经济文件,是施工企业用于企业内部管理的技术经济文件。

施工预算是施工企业基层单位管理的成本计划文件,是施工企业内部组织生产施工,企业进行劳动调配和物资技术供应,反映企业个别劳动量与社会平均劳动量之间的差别,控制成本开支,进行成本分析和班组经济核算的依据。因此,施工预算指明了建筑工程施工管理的目标和方法。

(一)施工预算的作用

1. 施工预算是编制施工作业计划的主要依据

施工作业计划是施工管理的重要环节,也是计划管理的基础,施工预算可为施工作业计划的编制提供分部、分项或分层、分段的工程量、材料用量、各工种的用工量及构配件的加工定货数量。

2. 施工预算是向作业班组签发工程任务单和限额领料的依据

给生产班组下达的工程任务单中的工程量、各工种用工量、材料允许消耗量等,都是根据施工预算来提供的。

3. 施工预算是进行按劳分配实行奖惩的依据

施工预算中规定为完成某项工程所需要的人工、材料消耗量。节约部分是计算超额奖的依据,超过所需规定部分自负经济责任,予以扣减收入。

4. 施工预算是改进技术措施、提高管理水平、降低成本的依据

施工预算可以起到督促或加强改进技术措施,提高管理水平,有效地控制施工中人力和物力的消耗、降低成本的作用。

5. 施工预算是施工项目管理进行"两算"对比的依据

施工图预算的造价是施工单位收入的依据,而施工预算的总费用则是施工单位控制各项支出的依据,"两算"对比,则可考核两者有无计算错误,以便及时纠正。

6. 施工预算是企业经济核算、加强内部管理的依据

单位工程施工预算是施工企业内部加强管理,实行内部经济责任制,进行现场施工成本管理与成本核算,提高经济效益的有力工具。

(二)施工预算的内容

施工预算通常由文字说明和表格两部分组成。

1. 文字说明部分

文字说明主要包括以下内容:

(1)施工预算的编制依据(使用的定额和图纸等)。

(2)工程概况。

(3)图纸审查意见及现场勘察资料。

(4)施工方案的内容和施工期限。

(5)施工中采取的主要技术措施和降低工程成本的措施。

(6)施工中还需解决的其他问题。

2. 表格部分

施工预算中常见的表格有：

(1)工程量计算表。

(2)施工预算表(也称施工预算工料分析表)。它是工程施工预算中的基本表格。它是用工程量乘以施工定额中的人工或材料或机械台班的消耗量而编制的。

(3)劳动力汇总表。它分工种把施工预算中的人工统计在一起,统计中应把现场内用工和现场外用工分别统计。

(4)材料汇总表。它是按材料名称、规格的不同,把施工预算表中的材料分别统计在一起,统计中也应把现场内用料和现场外用料分别统计。

(5)施工机具汇总表。它是单位工程中各分项工程施工时所需机具的汇总。

(6)其他表格。如门窗加工表、钢筋混凝土预制构件加工表、五金明细表、钢筋(铁件)加工表、临时设施及其他用工用料分析表等。

目前,由于没有全国统一的施工定额,各地区采用的表格形式不尽相同。各施工单位多依据自己的需要,制定适合自己要求的表格。

二、施工预算的编制

(一)施工预算的编制依据

(1)经会审后的施工图、图纸会审记录和施工图预算。

(2)经过批准的施工组织设计或施工方案。

(3)现行的施工定额及其补充定额。

(4)当地现行的人工工资标准、地区材料预算价格和机械台班单价。

(5)施工现场的实际勘察与测量资料。

(二)施工预算编制的方法

编制施工预算有两种方法,一种叫做实物法,另一种叫做实物金额法。

1. 实物法

实物法目前应用比较普遍。它的编制方法是根据施工图和设计说明书、施工定额工程量计算规则计算工程量,套用施工定额人工、材料、机械台班消耗量并用表格形式计算汇总,但不进行价格计算。由于这种方法是以实物消耗量来反映其经济效益的,故称实物法。

2. 实物金额法

根据实物法编制施工预算的人工、材料、机械消耗数量,分别乘以工程所在地当时的人工、材料、机械台班单价,并汇总求得人工费、材料费、机械费及直接工程费。这种方法不仅以实物消耗量来反映经济效果,而且用价值反映经济效益。

(三)施工预算编制的程序

编制施工预算一般按如下程序和步骤进行。

1. 熟悉设计文件及图纸资料

熟悉设计资料的目的有二:一是了解设计意图。要熟悉工程内容、工艺流程、空间布置等内容,掌握工程的重要部位和施工的难点空间位置、图示尺寸及材料规格。二是把图纸上存在的问题或疑难点,特别是影响计算工程量的问题搞清楚。或把问题记下,准备在设计交底或图纸会审时提出。

2. 参加设计交底或图纸会审

参加设计交底或图纸会审,以便熟悉工程设计对施工技术的要求,便于选择合理经济的施工方案;熟悉工程范围和施工内容;解决在熟悉图纸时发现的设计图存在的问题。

3. 熟悉施工方案中的有关内容

在编制施工预算以前,充分熟悉拟建工程的施工方案。施工方案不仅是编制施工图预算的依据,也是编制施工预算的依据之一。

4. 熟悉施工定额

主要熟悉施工定额的说明、使用方法、计量单位,施工定额章、节、子目的划分标准;熟悉施工定额的工程量计算规则,定额中人工、材料、机械消耗指标;熟悉并掌握施工定额增减系数或换算调整的规定。

5. 列出项目名称、计算工程量

根据图纸、施工方案的有关内容,在工程量计算表上列出计量单位或分部工程的项目名称和工程量计算算式。列出上述内容时尽可能和所执行的施工定额章、节顺序一致,这样便于套算定额和核对。

6. 套施工定额

工程量计算完成并经认真复核无误后,就可以进行套施工定额的工作。在套施工定额时,除直接套用定额、换算后套用定额外(套用定额、换算定额方法同施工图预算套预算定额方法类似),经常会遇到定额缺项,这时根据不同情况有以下几种处理办法:

(1)参考类似施工定额子目。在材质、规格、型号相差不大,施工工序大体一致的情况下,可以选套类似施工定额子目或直接套用或对不一致之处经调整、换算后套用。

(2)劳动定额与预算定额结合使用。计算人工消耗量时套用劳动定额,计算材料消耗量时套用预算定额,计算机械台班时,参照预算定额结合实际情况以确定施工机械的品种、规格及使用数量。采用这种办法有一些矛盾,就是施工定额与预算定额之间的水平差和定额的步距、工序之间的差异,必须妥善处理好。

(3)有施工方案的工程,其超出施工定额范围的工程内容,应按施工方案计算。无定额可套的工程,可以按施工方案计算人工、材料、机械的消耗量(应考虑一定的降低成本额),但是施工方案必须能满足编制预算进行估工估料的要求。

(4)如果使用预算定额来编制施工预算,其人工、材料、机械应当减小一定量的水平幅度差。

(5)以上办法无法解决时,应当编制补充定额。

7. 计算总的人工、材料、机械台班消耗量

有了工程量和定额规定的人工、材料和机械台班单位产品消耗量，二者的乘积就是该单位工程总的人工、材料和机械台班消耗量。如果要用货币形式表现该工程的直接费，则按照企业内部的人工单价、材料单价和机械台班单价分别乘以施工预算中总的人工、材料和机械台班消耗量，便得出总的人工费、材料费和机械台班费。

8. 复核

编制预算表草稿后，应在工程量、计量单位、定额使用上作一次全面的复核，以避免漏算、重复计算、套错定额和笔误等误差，保证施工预算的准确性。

9. 写编制说明、填写施工预算书封面、装订

写编制说明的目的是让审核者或使用施工预算者能够清楚地了解施工预算编制的内容及其各项指标，以及施工预算中尚未解决的问题等，以便能正确地掌握和使用。

编制说明完成后，填写施工预算书封面，将施工预算书装订成册、签字、盖章，施工预算的编制工作完成。

三、“两算”对比

（一）“两算”对比的含义和意义

“两算”对比是指施工图预算与施工预算的对比。它是在施工图预算与施工预算编制完成后工程开工前进行的，施工图预算中的成本项目，是国家对施工企业生产建设产品所耗费的社会必要劳动的补偿，通常称为预算成本；而施工预算则是施工企业内部计划支出的计划成本。“两算”对比分析，就是施工企业收入与支出两本账的比较，是经济活动分析的主要内容之一。其意义在于以下几点：

（1）通过“两算”对比，可以发现差异，及时找出原因，防止多算或漏算。

（2）通过“两算”对比分析，可以在施工准备工作中，对人工、材料和机械台班消耗数量等，做到心中有数，防止人工、材料和机械费等超支，避免引起计划成本亏损。

（3）通过“两算”对比分析降低成本的原因，把经济合理、技术先进的措施推广应用，为编制降低成本计划额度提供依据，还可以使企业决策者和管理人员对收支情况心中有底，及时采取有效的措施，改进和加强施工组织管理，提高劳动生产率，确保施工作业顺利进行，达到提高企业经济效益的目的。

（二）“两算”对比的方法

“两算”对比以施工预算所包括的分项工程为准，内容主要包括各个分项工程的工程数量和人工、材料、机械消耗数量。一般有实物量对比法和实物金额对比法。

1. 实物量对比法

实物量是指分项工程所消耗的人工、材料和机械台班消耗的实物数量。对比是将“两算”中相同项目所需的人工、材料和机械台班消耗量进行比较，或者以分部工程或单位工程为对象，将“两算”的人工、材料汇总数量相比较。因“两算”各自的定额项目划分及工作内容不一致，为使两者有可比性，常常需要经过项目合并、换算之后才能对比。由于预算定额项目的综合性较施工定额项目大，故一般是合并施工预算项目的实物量，使其与预算定额项目相对应，然后进行对比。

如某地区砖墙“两算”对比结果见表 8-2。

表 8-2 “两算”对比结果

项目名称	数量(m^2)	两算	人工、材料种类		
			人工(工日)	砂浆(m^3)	砖(千块)
1 砖墙	245.8	施工预算	322.0	54.8	128.1
		施工图预算	410	55.2	129.05
1/2 砖墙	6.4	施工预算	10.3	1.24	3.56
		施工图预算	12.1	1.29	3.60
合计	252.2	施工预算	332.3	56.04	131.66
		施工图预算	422.1	56.49	132.65
		“两算”对比额	+89.8	+0.45	+0.99
		“两算”对比(%)	+21.27	+0.80	+0.75

2. 实物金额对比法

金额是指分项工程所消耗的人工、材料和机械台班的金额费用。由于施工预算只能反映完成项目所消耗的实物量,并不反映其价值,为使施工预算与施工图预算进行金额对比,就需要将施工预算中的人工、材料和机械台班的数量,乘以各自的单价,汇总成人工费、材料费和机械使用费,然后与施工图预算的人工费、材料费和机械使用费相比较。

(三)“两算”对比的一般说明

“两算”对比分析内容,视工程性质、特点和施工企业的具体情况而定,通常主要包括以下内容:直接费对比、人工费对比、工日数对比、材料费对比、主要材料用量对比、机械费用对比。“两算”对比时,一般以分部工程为对比的单元,对比只限于构成直接费的因素,不进行间接费及其他各项费用对比。

1. 人工方面

人工数量,一般施工预算应低于施工图预算工日数的 10% ~15%,这是因为施工定额与预算定额基础不一样。施工图预算定额有 10% 左右的人工定额幅度差;否则,就要认真分析其用工,找出超出施工图预算用工的原因。

2. 材料方面

施工预算的材料消耗量,应低于同一分项工程在施工图预算中的材料消耗量;否则,就要认真分析各分项工程的材料消耗量,找出施工预算中该项用料超过施工图预算的原因。各地预算定额消耗水平不一致,会出现施工预算材料消耗量多于施工图预算材料消耗量的情况,应经过认真分析,再根据实际情况调整施工预算的材料用量。一般地,因施工方法选择不当或技术措施不利而出现施工预算材料消耗量多于施工图预算材料消耗量的情况，必须认真地研究原来的施工方案，在不影响工程质量和工期的条件下，改变原来的施工方法，采取有效的技术或组织措施，必须使施工预算的材料消耗量少于施工图预算的材料消耗量。

3. 机械台班方面

由于施工预算是根据施工组织设计或施工方案规定的实际进场施工机械种类、型号、数量和工期编制机械台班，而施工图预算是根据需要和合理配备，综合考虑，多以金额表示。因此，一般以“两算”的机械费相对比，且只核算搅拌机、卷扬机、塔吊、汽车吊和履带吊等大中型机械台班费是否超过施工图预算机械费。如果机械费大量超支，没有特殊情况，应改变施工采用的技术方案，尽量做到不亏本，略有盈余。

4. 脚手架方面

在施工图预算中，脚手架是按照建筑面积用“综合脚手架”计算其费用的。而施工预算则要根据施工组织设计或施工方案规定的脚手架种类计算其费用。可用实物金额法对比其节超。

5. 其他方面

其他不便直接对比实物的项目和内容都可用金额对比，比较费用的节超，确定其措施是否得当。

小 结

设计概算是设计单位在投资估算的控制下，在初步设计或扩大初步设计阶段，按照设计要求编制和确定的建设项目从筹建到竣工交付使用所需全部费用的文件。设计概算是设计文件的重要组成部分，在报请审批初步设计或扩大初步设计时，必须附有设计概算，否则就不能作为完整的技术文件。

编制设计概算时，应该依据国家发布的有关法律、法规、定额、图纸、技术经济指标与其他有关资料。先收集基础资料，熟悉设计文件，掌握施工现场情况；然后分列工程项目，计算工程量；再套用概算定额或概算指标，计取各项费用。主要有单位工程概算、单项工程综合概算和建设项目总概算。

施工预算是指在工程施工前，施工单位结合本企业情况，根据施工图纸、施工定额、施工及验收规范、标准图集、施工组织设计（或施工方案）编制的拟建工程施工所需的人工、材料和施工机械台班数量和费用的技术经济文件，是施工企业用于企业内部管理的技术经济文件。

施工预算一般是依据会审后的施工图、图纸会审记录和施工图预算、施工方案、施工定额等资料，列出项目名称，计算工程量，然后套施工定额，计算总的人工、材料、机械台班消耗量。编制施工预算有两种方法，一种叫做实物法，另一种叫做实物金额法。

施工预算和施工图预算应该严格对比，对比方法有实物量对比法和实物金额对比法。

复习思考题

8-1 什么是设计概算？

8-2 设计概算的作用是什么？

8-3 怎样编制单位工程设计概算？

8-4 怎样编制单项工程综合概算？

8-5 怎样编制建设项目总概算？

8-6 什么是施工预算？

8-7 施工预算的作用有哪些？

8-8 “两算”指的是什么？

8-9 “两算”对比的方法有哪些？

8-10 “两算”对比的主要方面有哪些？

第九章　工程结算和竣工决算

第一节　工程结算

一、工程结算的概念和意义

（一）工程结算的概念

一个单位工程或单项工程，施工过程中由于设计图纸产生了一些变化，与原施工图预算比较有增加或减少的地方，这些变化将影响工程的最终造价。工程结算，就是在工程完成并验收合格后，将有增减变化的内容，按照编制施工图预算的方法与规定，对原施工图预算逐项进行相应的调整而编制的确定工程实际造价并作为最终结算价款的经济文件。工程结算一般由施工单位编制，经建设单位审查无误，由施工单位和建设单位共同办理工程结算确认手续。所以说，工程结算是指建筑工程施工企业在完成工程任务后，依据施工合同的有关规定，按照规定程序向建设单位收取工程价款的一项经济活动。工程结算的主体是施工企业，工程结算的目的是施工企业向建设单位索取工程款，以实现“商品销售”。

（二）工程结算的意义

由于建筑工程施工周期较长，占用资金额较大，及时办理工程结算对于施工企业具有十分重要的意义，主要表现为以下几方面。

1. 工程结算是反映工程进度的主要指标

在施工过程中，工程结算的依据之一就是按照已完的工程进行结算，承包施工单位完成的工程量越多，所应结算的工程价款就越多，所以根据累计已结算的工程价款占合同总价款的比例，能够近似反映出工程的进度情况。

2. 工程结算是加速资金周转的重要环节

施工单位尽快尽早地结算工程款，有利于偿还债务，有利于资金回笼，降低内部运营成本。通过加速资金周转，可提高资金的使用效率。

3. 工程结算是考核经济效益的重要指标

对于施工单位来说，只有工程款如数地结清，才意味着避免了经营风险，施工单位也才能够获得相应的利润，进而收到良好的经济效益。

二、工程结算的原则

编制工程结算是一项严肃而细致的工作，既要准确地执行国家或地方的有关规定，又要实事求是地核算施工企业完成的工程价值。因此，施工企业在编制工程结算时，应遵循下列原则：

(1)要对办理工程结算的项目进行全面的清点(包括工程数量、工程质量等),这些内容都必须符合设计及验收规范要求。对于未完成或质量不合格的工程,不能结算。需要返工的,应返工修补合格后才能结算。

(2)施工企业应以对国家负责的态度、实事求是的精神,正确地确定工程最终造价,反对巧立名目、高估乱要的不正之风。

(3)严格按照国家或地区的定额、取费标准、调价系数以及工程合同(或协议书)的要求,编制工程结算书。

(4)编制工程结算书应按编制程序和方法进行。

三、工程结算的分类

建筑产品价值大、生产周期长的特点,决定了工程结算必须采取阶段性结算的方法。工程结算一般可分为工程价款结算和工程竣工结算两种。

工程价款结算是指施工企业在工程实施过程中,依据施工合同中关于付款条款的有关规定和工程进展所完成的工程量,按照规定程序向建设单位收取工程价款的一项经济活动。

工程竣工结算是指施工企业按照合同规定的内容,全部完成所承包的单位工程或单项工程,经有关部门验收质量合格,并符合合同要求后,按照规定程序向建设单位办理最终工程价款结算的一项经济活动。

(一)工程价款结算

我国现行的工程价款结算根据不同情况,可采取以下方式。

1.按月结算方式

实行旬末或月中预支,月终结算,竣工后清算的办法。跨年度竣工的工程,在年终进行工程盘点,办理年度结算。我国现行建筑安装工程价款结算中,相当一部分是实行这种按月结算方式。

2.竣工后一次结算方式

建设项目或单项工程全部建筑安装工程的建设期在12个月以内,或者工程承包合同价值在100万元以下的工程,可以实行工程价款每月月中预支,竣工后一次结算。当年结算的工程款应与年度完成的工作量一致,年终不另清算。

3.分段结算方式

当年开工,且当年不能竣工的单项工程或单位工程,按照工程形象进度或工程阶段,划分不同阶段进行结算。分段的划分标准由各部门、省、自治区、直辖市、计划单列市规定。分段结算可以按月预支工程款,当年结算的工程款应与年度完成的工作量一致,年终不另清算。

4.目标结算方式

在工程合同中,将承包工程的内容分解成不同的控制界面,以建设单位验收控制界面作为支付工程价款的前提条件。也就是说,将合同中的工程内容分解成不同的验收单元,当施工企业完成单元工程内容并经有关部门验收质量合格后,建设单位支付构成单元工程内容的工程价款。

目标结款方式下，承包商要想获得工程价款，必须按照合同约定的质量标准完成界面内的工程内容；要想尽早获得工程价款，承包商必须充分发挥自己的组织实施能力，在保证质量的前提下，加快施工进度。这意味着承包商拖延工期时，业主将推迟付款，增加承包商的财务费用、运营成本，降低承包商的收益，客观上使承包商因延迟工期而遭受损失。同样，当承包商积极组织施工，提前完成控制界面内的工程内容时，承包商可提前获得工程价款，增加承包收益，客观上承包商因提前工期而增加了有效利润。同时，因承包商在界面内质量达不到合同约定的标准而导致业主不予验收，承包商也会因此遭受损失。可见，目标结款方式实质上是运用合同手段和财务手段对工程的完成进行主动控制。

在目标结款方式中，对控制界面的设定应明确描述，便于量化和质量控制，同时要适应项目资金的供应周期和支付频率。

5. 其他结算方法

可采取结算双方约定并经开户建设银行同意的其他结算方式。

(二)工程预付备料款结算

工程项目开工前，为了确保工程施工正常进行，建设单位应按照合同规定，拨付给施工企业一定限额的工程预付备料款。此预付款构成施工企业为该工程项目储备主要材料和结构件所需的流动资金。

1. 预付备料款限额

建设单位向施工企业预付备料款的限额，取决于以下几个因素：

(1)工程项目中主要材料(包括外购构件)占工程合同造价的比重；

(2)材料储备期；

(3)施工工期。

在实际工作中，为了简化计算，预付备料款的限额可按预付款占工程合同造价的额度计算。预付备料款额度：建筑工程一般不应超过年建筑工程(包括水、电、暖)工程量的30%；安装工程一般不应超过年安装工程量的10%；材料占比重较大的安装工程按年计划产值的15%左右拨付。对于材料由建设单位供给的只包工不包料工程，则可以不预付工程备料款。

2. 预付备料款扣回

当工程进展到一定阶段，随着工程所需储备的主要材料和结构件逐步减少，建设单位应将开工前预付的备料款，以抵充工程进度款的方式陆续扣回，并在竣工结算前全部扣清。

(三)工程进度款结算

工程进度款是指工程项目开工后，施工企业按照工程施工进度和施工合同的规定，以当月(期)完成的工程量为依据计算各项费用，向建设单位办理结算的工程价款。一般在月初结算上月完成的工程进度款。

工程进度款的结算分三种情况，即开工前期进度款结算、施工中期进度款结算和工程尾期进度款结算三种。

1. 开工前期进度款结算

从工程项目开工，到施工进度累计完成的产值小于起扣点，这期间称为开工前期。此时,每月结算的工程进度款应等于当月(期)已完成的产值。

2.施工中期进度款结算

当工程施工进度累计完成的产值达到起扣点以后,至工程竣工结束前一个月,这期间称为施工中期。此时,每月结算的工程进度款应扣除当月(期)应扣回的工程预付备料款。

3.工程尾期进度款结算

按照国家有关规定,工程项目总造价中应预留一定比例的尾留款作为质量保修费用,又称保留金。待工程项目保修期结束后,视保修情况最后支付。

工程尾期(最后月)的进度款,除按施工中期的办法结算外,尚应扣留保留金。

(四)工程竣工结算

1.竣工结算的含义

工程竣工结算分为单位工程竣工结算、单项工程竣工结算和建设项目竣工总结算。《建设工程价款结算暂行办法》规定:单位工程竣工结算由承包人编制,发包人审查;实行总承包的工程,由具体承包人编制,在总包人审查的基础上,发包人审查。单项工程竣工总结算或建设项目竣工总结算由总(承)包人编制,发包人可直接进行审查,也可委托具有相应资质的工程造价咨询机构进行审查。政府投资的项目,由同级财政部门审查。单项工程竣工结算或建设项目竣工总结算经发、承包人签字盖章后有效。

在实际工作中,当年开工、竣工的工程,只需办理一次性结算。跨年度的工程,在年终办理一次年终结算,将未完工程转结到下一年度,此时竣工结算等于各年度结算的总和。竣工结算是在施工图预算的基础上,根据实际施工中出现的变更、签证等实际情况由施工企业负责编制的。在工程施工过程中,由于遇到一些原设计无法预计的情况,如基础工程施工遇软弱土、流砂、阴河、古墓、孤石等,必然会引起设计变更、施工变更等原施工图预算中未包括的内容。因此,在工程竣工验收后,建设单位与施工企业应根据施工过程中的实际变更情况进行竣工结算。

2.竣工结算的作用

(1)竣工结算是施工企业与建设单位结清工程费用的依据。

(2)竣工结算是施工企业考核工程成本、进行经济核算的依据。

(3)竣工结算是编制概算定额和概算指标的依据。

四、工程结算的方式

(一)施工图预算加签证结算方式

该结算方式是把经过审定的原施工图预算作为工程结算的主要依据。凡原施工图预算或工程量清单中未包括的“新增工程”,在施工过程中历次发生的由于设计变更、进度变更、施工条件变更所增减的费用等,经设计单位、建设单位、监理单位签证后,与原施工图预算一起构成工程结算文件,交付建设单位经审计后办理竣工结算。

这种结算方式难以预先估计工程总的费用变化幅度,往往会造成追加工程投资的现象。

(二)预算包干结算方式

预算包干结算,也称施工图预算加系数包干结算。即在编制施工图预算的同时,另外计取预算外包干费。

在签订合同条款时,预算外包干费要明确包干范围。这种结算方式可以减少签证方面的扯皮现象,预先估计总的工程造价。

(三)每平方米造价包干结算方式

该结算方式是双方根据一定的工程资料或概算指标,事先协定每平方米造价指标,然后按建筑面积汇总计取工程造价,确定应付的工程价款。

(四)招标、投标结算方式

招标单位与投标单位按照中标报价、承包方式、承包范围、工期、质量标准、奖惩规定、付款及结算方式等内容签订承包合同,合同规定的工程造价就是结算造价。工程结算时,奖惩费用、包干范围外增加的工程项目另行计算。

五、工程结算的编制依据、内容及编制方法

(一)工程结算的编制依据

(1)工程竣工验收报告和工程竣工验收单。

(2)经审批的原施工图预算和施工合同或协议。

(3)设计变更通知单、施工现场工程变更洽商记录和经审批的原施工图。

(4)现行预算定额、地区人工工资标准、材料预算价格、价差调整文件以及各项费用指标等资料。

(5)工程竣工图和隐蔽工程记录。

(6)现场零星用工和借工签证。

(7)其他有关资料及现场记录。

(二)工程结算的内容和编制方法

工程结算的内容和编制方法与施工图预算基本相同。只是结合施工中历次设计变更、材料价差等实际变动情况,在原施工图预算基础上作部分增减调整。

1. 工程量量差的调整

工程量量差是指原施工图预算所列分项工程量,与实际完成的分项工程量不符而发生的差异。这是编制竣工结算的主要部分。这部分量差主要由以下原因造成。

1)设计单位提出的设计变更

工程开工后,由于某种原因,设计单位要求改变某些施工方法,经与建设单位协商后,填写设计变更通知单,作为结算增减工程量的依据。

2)施工企业提出的设计变更

此种情况比较多见,是指由于施工方面的原因,如施工条件发生变化、某种材料缺货需改用其他材料代替等,要求设计单位进行的设计变更。经设计单位和建设单位同意后,填写设计变更洽商记录,作为结算增减工程量的依据。

3)建设单位提出的设计变更

工程开工后,建设单位根据自身的意向和资金筹措到位的情况,增减某些具体工程项

目或改变某些施工方法。经与设计单位、施工企业、监理单位协商后,填写设计变更洽商记录,作为结算增减工程量的依据。

4)监理单位或建设单位工程师提出的设计变更

此种情况是因为发现有设计错误或不足之处,经设计单位同意提出设计变更。

5)施工中遇到某种特殊情况引起的设计变更

在施工中,由于遇到一些原设计无法预计的情况,如基础开挖后遇到古墓、枯井、孤石、流砂、阴河等,需要进行处理。设计单位、建设单位、施工企业、监理单位共同研究,提出具体处理意见,填写设计变更洽商记录,作为结算增减工程量的依据。计算分部分项工程增减工程量的直接费,通常采用本地区规定的表格进行,也可按照表 9-1 进行。

表 9-1　工程量变更记录

编号	洽商记录	定额编号	工程或费用名称	单位	增加部分					减少部分				
					数量	工料单位	工料合计	其中		数量	工料单位	工料合计	其中	
								人工单价	人工合价				人工单价	人工合价

2. 材料价差的调整

材料价差是指因工程建设周期较长或建筑材料供应不及时,造成材料实际价格与预算价格存在差异,或因材料代用发生的价格差额。

在工程结算中,材料价差的调整范围应严格按照当地的有关规定办理,不允许擅自调整。

由建设单位供应并按材料预算价格转给施工企业的材料,在竣工结算时,不得调整。材料价差由建设单位单独核算,在编制工程决算时摊入工程成本。

由施工企业采购的材料进行价差调整,必须在签订合同时予以明确。材料价差调整的方法有单项调整和按系数调整两种。一般工程中常用的主材采用单项调整方法,辅材价差一般采用系数调整方法,这属于政策性价差调整。其调整系数不同地区、不同时期都有不同的规定,应严格按各地区的规定执行。因材料供应缺口或其他原因发生的以大代小等情况所引起的材料价差,应根据工程材料代用核定通知单计算。

3. 费用调整

费用调整是指以直接费或人工费为计费基础,计算的措施费、间接费、计划利润和税金等费用的调整。工程量的增减变化会引起措施费、间接费、利润和税金等费用的增减,这些费用应按当地费用定额的规定作相应调整。

各种材料价差一般不调整间接费。因为费用定额是在正常条件下制定的,不能随材料价格的变化而变动。但各种材料价差应列入工程预算成本,按当地费用定额的规定,计取计划利润和税金。其他费用,如属于政策性的调整费、因建设单位原因发生的窝工费用、建设单位向施工企业的清工和借工费用等,应按照当地的规定计算方式在结算时一次清算。另外,施工企业在施工现场使用建设单位的水、电费用,也应按规定在工程结算时退还建设单位,做到工完账清。

六、单位(单项)工程竣工结算书的编制

目前,竣工结算书没有统一规定的表格。有的用预算表代用,有的则根据工程特点和实际需要自行设计表格。

竣工结算书通常包括下列内容:

(1)编制说明;

(2)工程竣工结算费用计取程序表,见费用定额;

(3)工程设计变更直接费调整计算表;

(4)材料价差调整计算表;

(5)原审定的施工图预算书及施工合同有关条款。

第二节　竣工验收及保修费用

一、竣工验收

项目的竣工验收是基本建设程序的最后一个环节,是全面考核项目建设成果、检查设计与施工质量、确认项目能否投入使用的重要步骤。竣工验收的顺利完成,标志着投资建设阶段的结束和生产使用阶段的开始。尽快完成竣工验收工作,对促进项目早日投入使用有着非常重要的意义。

(一)竣工验收的依据

竣工验收的依据因项目性质的不同而各有差别,主要依据包括以下几个方面:

(1)有关合同、标准、规范(工程承包合同、施工验收规范、验收标准等)。

(2)工程资料。包括:设计任务书、设计纲要、设计文件、施工图纸和设备技术说明书,图纸会审记录、设计变更和技术核定等,有关测量标桩及工程测量说明和记录、工程施工记录、工程事故记录等,施工和设备质量检验与验收记录、质量证明及质量检验评定资料等。

(3)符合竣工条件的已完工程及竣工图。

(二)竣工验收的程序

竣工验收是一项法律制度,《合同法》、《建筑法》、《建设工程质量管理条例》对竣工验收已做了明确的规定。为了保证建设工程竣工验收顺利进行,必须遵循项目一次性基本特征,按施工的客观规律和竣工的先后顺序进行竣工验收。在建设工程项目管理实践中,因承包的范围不同,交工的形式也会有所不同。从承包人的角度看,交付竣工验收,意味着项目经理部任务的完成,可以承担新项目。工程交付竣工验收一般按三种情况分别进行。

1.单位工程(或专业工程)竣工验收

以单位工程或某专业工程内容为对象,独立签订建设工程施工合同的,达到竣工条件

后，承包人可单独进行交工，发包人根据竣工验收的依据和标准，按施工合同约定的工程内容组织竣工验收，比较灵活地适应了目前工程承包的普遍性。按照现行建设工程项目划分标准，单位工程是单项工程的组成部分，有独立的施工图纸，承包人施工完毕，征得发包人同意，或原施工合同已有约定的，可进行分阶段验收。这种验收方式，在一些较大型的、群体式的、技术较复杂的建设工程中比较普遍地存在。我国加入世贸组织后，建设工程领域利用外资或合作搞建设的将越来越多，采用国际惯例的做法也将日益增多。分段验收或中间验收的做法也符合国际惯例，它可以有效控制分项、分部和单位工程的质量，保证建设工程项目系统目标的实现。我国近几年来也借鉴了国际上的一些经验和做法，修订了施工合同示范文本，增加了中间交工的条款。新的《建设工程施工合同(示范文本)》(GF—1999—0201)“通用条款”32.6款规定：中间交工工程的范围和竣工时间，双方在专用条款内约定，其验收程序按本“通用条款”32.4款办理。

在施工合同“专用条款”中，双方一旦约定了中间交工工程的范围和竣工时间，如群体工程中，哪个(些)单位工程先行交工，再如公路工程的哪个合同段先行交工等，则应按合同约定的程序进行分阶段的竣工验收。

2. 单项工程竣工验收

单项工程竣工验收是指在一个总体建设项目中，一个单项工程已按设计图纸规定的工程内容完成，能满足生产要求或具备使用条件，承包人向监理人提交“工程竣工报告”和“工程竣工报验单”，经签认后，应向发包人发出“交付竣工验收通知书”，说明工程完工情况，竣工验收准备情况，设备无负荷单机试车情况，具体约定交付竣工验收的有关事宜。

对于投标竞争承包的单项工程施工项目，则根据施工合同的约定，仍由承包人向发包人发出交工通知书请予组织验收。竣工验收前，承包人要按照国家规定，整理好全部竣工资料并完成现场竣工验收的准备工作，明确提出交工要求，发包人应按约定的程序及时组织正式验收。对于工业设备安装工程的竣工验收，则要根据设备技术规范说明书和单机试车方案，逐级进行设备的试运行。验收合格后应签署设备安装工程的竣工验收报告。

3. 全部工程竣工验收

全部工程竣工验收是指整个建设项目已按设计要求全部建设完成，并已符合竣工验收标准，应由发包人组织设计、施工、监理等单位和档案部门进行全部工程的竣工验收。全部工程的竣工验收一般是在单位工程、单项工程竣工验收的基础上进行的。对已经交付竣工验收的单位工程(中间交工)或单项工程并已办理了移交手续的，原则上不再重复办理验收手续，但应将单位工程或单项工程竣工验收报告作为全部工程竣工验收的附件加以说明。

对一个建设项目的全部工程竣工验收而言，大量的竣工验收基础工作已在单位工程和单项工程竣工验收中进行。实际上，全部工程竣工验收的组织工作，大多由发包人负责，承包人主要是为竣工验收创造必要的条件。

全部工程竣工验收的主要任务是：负责审查建设工程的各个环节验收情况，听取各有关单位(设计、施工、监理等)的工作报告，审阅工程竣工档案资料的情况，实地察验工程并对设计、施工、监理等方面工作和工程质量、试车情况等做综合全面评价。承包人作为建设工程的承包(施工)主体，应全过程参加有关的工程竣工验收。

(三)竣工验收中遗留问题的处理

一个大型工程建设项目,在竣工验收时不可能什么问题都已经处理完。因此,即使达到竣工验收标准,办理了验收和移交固定资产手续的项目,可能还存在某些影响生产和使用的遗留问题。

常见的遗留问题主要有以下几个方面。

1. 遗留的尾工

(1)属于承包合同范围内遗留的尾工,要求承包商在限定的时间内完成。

(2)属于各承包合同之外的工程少量尾工,业主可以一次或分期划给生产单位包干实施。

(3)分期建设、分期投产的工程项目,前一期工程验收时遗留的少量尾工,可以在建设后一期工程时一并组织实施。

2. 协作配套问题

(1)投产后原材料、协作配套供应的物资等外部条件不落实或发生变化,验收交付使用后由业主和有关主管部门抓紧解决。

(2)由于产品成本高、价格低,或产品销路不畅,验收投产后要发生亏损的项目,仍应按时组织验收。

(3)“三废”治理:“三废”治理工程必须严格按照规定与主体工程同时交付使用。对于不符合要求的情况,验收委员会会同地方环保部门,根据其危害程度予以区别对待。

(4)劳保安全措施:劳动保护措施必须严格按照规定与主体工程同时建成,同时交付使用。对竣工时遗留的或试车中发现必须新增的安全、卫生保护设施,要安排投资和材料限期完成。

(5)工艺技术和设备缺陷:对于工艺技术有问题、设备有缺陷的项目,除应追究有关方面的经济责任和索赔外,可根据不同情况区别对待。

二、保修费用

(一)保修和保修费用

工程项目的保修工作是在交付使用后一段时期内发生的。有的问题确实属施工质量问题,应由乙方无偿保修。有的问题与交付使用后的使用管理原因交织在一起,不易判明责任,在保修问题上会出现纠纷。为了进一步明确甲乙双方的责任,需要事先确定保修内容和保修范围。对于保修期限、预留保修金额以及保修金的使用等,均需在合同中明确规定,双方签约,共同遵守。

保修费用是指建设工程在保修期限和保修范围内发生的维修、返工等各项费用支出。

(二)保修费用的处理办法

在保修费用的处理上必须根据造成问题的原因及其具体的返修内容与有关单位共同商定处理办法。一般有以下几种情况。

1. 勘察、设计原因造成保修费用的处理

若为勘察、设计原因造成的问题,则应由原勘察、设计单位负责。原勘察、设计单位或业主委托新的勘察、设计单位修改设计方案,业主向施工单位提出新的委托,由施工单位进行处理或返修,其新增费用由原勘察、设计单位负责。另外,还应正确确定由此给项目造成的其他损失,向原勘察、设计单位提出索赔。

2. 由于施工原因造成保修费用的处理

因施工安装单位未按国家有关规范、标准和设计要求进行施工而造成的质量缺陷,由施工安装单位负责进行保修,其费用由施工安装单位负责。由此给项目造成的其他损失,应向施工安装单位提出索赔。

3. 设备、材料、构配件不合格造成的保修费用的处理

因设备、建筑材料、构配件质量不合格引起的质量缺陷,属于施工单位采购的或经其验收同意的,由施工单位承担经济责任;属于建设单位(业主)采购的,由建设(业主)单位承担经济责任。至于施工单位、建设单位(业主)与设备、材料、构配件供应单位或部门之间的经济责任,应按其设备、材料、构配件的采购供应合同处理。

4. 用户使用原因造成的保修费用的处理

因用户在使用后有新的要求或用户使用不当需进行局部处理或返修时,由用户与施工单位协商解决或用户另外委托施工。费用由用户自己负责。

5. 不可抗力原因造成的保修费用的处理

因地震、洪水、台风、战争等不可抗力造成的质量问题,施工单位和设计单位都不承担经济责任,由建设单位(业主)负责处理。

第三节　工程竣工决算

一、工程竣工决算的内容

竣工决算是在建设项目或单项工程完工后,由建设单位财务及有关部门,以竣工结算等资料为基础,编制的反映建设项目实际造价和投资效果的文件。竣工决算是竣工验收报告的重要组成部分,它包括建设项目从筹建到竣工投产全过程的全部实际支出费用。即建筑安装工程费、设备及工器具购置费、预备费、工程建设其他费用和投资方向调节税支出费用等。它是考核建设成本的重要依据,对于总结分析建设过程的经验教训,提高工程造价管理水平,积累技术经济资料,为有关部门制定类似工程的建设计划和修订概预算定额指标提供资料与经验,都具有重要的意义。

竣工决算的内容包括竣工财务决算报告说明书、竣工财务决算报表、工程竣工图和工程造价比较分析等四个组成部分。

大中型建设项目竣工财务决算报表一般包括竣工工程概况表、竣工财务决算表、建设项目交付使用财产总表及明细表、建设项目建成交付使用后的投资效益表等。大中型建设项目竣工工程概况表如表 9-2 所示。

小型项目竣工财务决算报表由竣工决算表和交付使用财产明细表组成。

表 9-2　大中型建设项目竣工工程概况

<table>
<tr><td>建设项目名称</td><td colspan="3"></td><td>建设地址</td><td></td><td></td><td>项目</td><td>概算（元）</td><td>报审数（元）</td><td>说明</td></tr>
<tr><td>主要设计单位</td><td colspan="3"></td><td>主要施工企业</td><td></td><td rowspan="8">基建支出</td><td>建筑安装工程</td><td></td><td></td><td></td></tr>
<tr><td rowspan="3">占地面积（m^2）</td><td>计划</td><td>实际</td><td rowspan="3">总投资（万元）</td><td>计划</td><td>实际</td><td>设备、工具、器具</td><td></td><td></td><td></td></tr>
<tr><td rowspan="2"></td><td rowspan="2"></td><td rowspan="2"></td><td rowspan="2"></td><td>待摊投资</td><td></td><td></td><td></td></tr>
<tr><td>其中：建设单位管理费</td><td></td><td></td><td></td></tr>
<tr><td rowspan="2">新增生产能力</td><td colspan="3">能力（效益）名称</td><td>计划</td><td>实际</td><td>其他投资</td><td></td><td></td><td></td></tr>
<tr><td colspan="3"></td><td></td><td></td><td>待核销基建支出</td><td></td><td></td><td></td></tr>
<tr><td rowspan="2">建设起止时间</td><td>计划</td><td colspan="4">从　年　月　日开工至
年　月　日竣工</td><td>非经营项目转出投资</td><td></td><td></td><td></td></tr>
<tr><td>实际</td><td colspan="4">从　年　月　日开工至
年　月　日竣工</td><td>合计</td><td></td><td></td><td></td></tr>
</table>

<table>
<tr><td colspan="2">计划概算（立项）批准文号</td><td colspan="3"></td></tr>
<tr><td rowspan="3">完成主要工程量</td><td colspan="2">建设规模</td><td colspan="2">设备（台、套、t）</td></tr>
<tr><td>计划</td><td>实际</td><td>计划</td><td>实际</td></tr>
<tr><td></td><td></td><td></td><td></td></tr>
<tr><td rowspan="3">收尾工程</td><td>工程项目、内容</td><td>已完成投资额</td><td>尚需投资额</td><td>完成时间</td></tr>
<tr><td></td><td></td><td></td><td></td></tr>
<tr><td>小计</td><td></td><td></td><td></td></tr>
<tr><td colspan="2">主要技术经济指标</td><td colspan="3"></td></tr>
</table>

二、工程竣工决算的编制

（一）竣工决算的编制依据

（1）经批准的可行性研究报告及其投资估算书。

（2）经批准的初步设计或扩大初步设计及其概算或修正概算书。

（3）经批准的施工图设计及其施工图预算书。

（4）设计交底或图纸会审会议纪要。

（5）招标投标的标底、承包合同、工程结算资料。

(6)施工记录或施工签证单及其他施工发生的费用记录,如索赔报告与记录、停(交)工报告等。

(7)竣工图及各种竣工验收资料。

(8)历年基建资料、历年财务决算及批复文件。

(9)设备、材料调价文件和调价记录。

(10)有关财务核算制度、办法和其他有关资料、文件等。

(二)工程竣工决算的编制步骤

(1)收集、整理、分析原始资料。

(2)对照、核实工程变动情况,重新核实各单位工程、单项工程造价。

(3)经审定的待摊投资、其他投资、待核销基建支出和非经营项目的转出投资应分别写入相应的基建支出栏目内。

(4)编制竣工财务决算书。

(5)认真填报竣工财务决算报表。

(6)认真做好工程造价对比分析。

(7)清理、装订好竣工图。

(8)按国家规定上报审批,存档。

(三)工程竣工决算的编制方法

根据经审定的与施工单位竣工结算等的原始资料,对原概预算进行调整,重新核定各单位工程或单项工程的造价。属于增加固定资产价值的其他投资,如建设单位管理费、研究试验费、土地征用费及拆迁补偿费等,应分摊于受益工程,随同受益工程交付使用的同时,一并计入新增固定资产价值。

小　结

工程结算是指建筑工程施工企业在完成工程任务后,依据施工合同的有关规定,按照规定程序向建设单位收取工程价款的一项经济活动。

编制工程结算时应根据工程结算的相关法律法规的规定、施工图预算、设计文件、变更文件和施工合同等资料,先分析计算工程备料款;再分析计算需要调整的工程数量和单价,合理确定所结算的工程进度款;最后进行工程竣工结算。

项目的竣工验收是基本建设程序的最后一个环节,是全面考核项目建设成果、检查设计与施工质量、确认项目能否投入使用的重要步骤。

保修费用是指建设工程在保修期限和保修范围内发生的维修、返工等各项费用支出。

竣工决算是在建设项目或单项工程完工后,由建设单位财务及有关部门,以竣工结算等资料为基础,编制的反映建设项目实际造价和投资效果的文件。竣工决算是竣工验收报告的重要组成部分,它包括建设项目从筹建到竣工投产全过程的全部实际支出费用。竣工决算的内容包括竣工财务决算报告说明书、竣工财务决算报表、工程竣工图和工程造价比较分析等四个组成部分。

复习思考题

9-1　什么是工程结算？它有什么作用？

9-2　工程结算通常有几种结算方式？

9-3　工程价款结算的过程是什么样的？

9-4　竣工验收的内容是什么？

9-5　竣工验收的程序是怎样的？

9-6　什么是工程竣工决算？

9-7　计算题：某工程承包合同价为1 200万元，预付备料款20%，材料费占工程造价的60%，每月实际完成的工作量及合同调整额如表9-3所示，合同约定合同调整额竣工结算时结算，工程保修金额为最终合同总价的5%。计算：预付备料款、每月结算工程款及竣工结算时应结算的工程款总金额。

表9-3　每月实际完成的工作量及合同调整额

月份	7月	8月	9月	10月	合同调整额
完成工作量(万元)	160	360	480	200	80

第十章 应用计算机编制土建工程施工图预算

本章主要介绍计算机在编制土建工程施工图预算时的应用，计算机编制施工图预算具有方便、快捷、准确的优点。随着计算机和网络技术的发展，计算机在施工图预算编制中的应用越来越广，并且有逐渐取代传统计算模式的趋势。市场上造价软件的种类很多，但是其操作方法和原理大同小异，本章以神机软件为例进行讲解。

第一节 概 述

计算机、网络技术和工程造价软件开发的迅速发展，不但为造价信息的采集和共享创造了条件，而且使得以网络为平台的工程招标投标和工程造价管理的工作模式，也都在发生着日新月异的变化。

一、国内外工程造价软件发展概况

尽管西方发达国家经历了上百年的市场经济历程，在工程造价计价和管理上具有很成熟的模式与规则，但是由于工程计价计算机技术的应用和普及的时间较晚，并且国外更为重视工程最终数据的分析和行业的控制与指导，因此国内外工程造价管理过程中的计算机应用相差并不大，大概只有10年。在20世纪60年代，一些经济发达国家开始使用计算机完成部分造价工作。我国最早在1973年，华罗庚教授的应用数学小分队在沈阳进行了应用计算机编制工程预算的试点，随后华罗庚教授向当时的国家建委建议在北京设立一台中心计算机负责全国的建筑概预算工作，揭开了中国计算机辅助概预算的序幕。不过，由于当时计算机技术并不成熟，计算机硬件设施都还很昂贵，在相当长的一段时间内，只有一些大型建筑公司使用上了一些软件系统。计算机辅助概预算的真正普及是在20世纪90年代以后。

由于国内外造价管理体制上的差异，国外更注重行业管理，因此国内外工程造价软件的发展方向也不尽相同。国外的工程造价软件一般重视已完工程的数据分析和利用、造价估算、价格管理、计量与支付和造价控制几个方面。

20世纪80年代，我国部分省市造价管理机构开始编制当地的概预算软件，一些大型的建筑公司也开始开发一些成本管理系统，如中建总公司的E921系统（工程投标报价系统）。90年代后，一些专业从事造价软件开发的公司相继成立，大大促进了造价软件的发展。如上海神机软件公司、北京广联达软件股份有限公司、上海鲁班软件有限公司、武汉海文软件公司等，相继研发的工程概预算软件、工程量自动计算软件、钢筋抽样计算软件等，基本上解决了定额及清单计价模式下的工程量计算及工程概预算编制与应用的问题，并在工程造价实践中得到了广泛的应用。

20世纪末，我国传统的定额计价模式时代的造价软件发展达到了相当高的水平。从21世纪初开始，随着新的计价模式与管理体制的逐步建立，迫切需要工程造价管理信息化新思维和新观念的出现，也使工程计价与管理软件出现了新的需求。面对这一历史机遇，许多专业化的造价软件公司为适应我国工程造价改革的需要，研发了中国新计价模式下的工程造价管理信息化系统。

二、工程造价软件的发展方向

国外造价软件更多的是应用在数据信息的分析、价格指标的积累、造价分析与控制等领域，这为加入世贸组织后中国造价软件的发展提供了有益的经验。但是根据中国的国情，还需开辟自己独特的发展模式。在中国造价软件业以后的发展道路中，一些套价软件、简单的计算软件将逐渐被淘汰，一些估价软件、成本分析软件、四维算量软件、网上招标投标软件、计量支付软件、项目评估和全方位工程管理软件将更多地应用于工程造价管理的各个领域。

随着建设工程全过程的造价管理信息化理念的提出，软件系统化成为工程造价软件发展的重要方向。一个工程建设项目，从投资估算、网上招标到最后的竣工决算，以及如何把各个环节的应用软件系统地、有机地结合，通过无缝接口技术集成于一个项目投资与成本控制体系，再度深化集成项目质量、进度、安全与合同管理控制系统，网上工程信息和材料、设备交易系统，最终形成工程项目综合管理的集成系统，将成为未来研究的一个主要课题。

随着我国网络信息技术的发展，数字化城市的建设，以及各行业信息化技术发展与运用，以网络平台为依托将系统集成，通过网络传输速度快、跨系统跨地区信息系统工程发展的优势，将使集成系统范围拓展到高层次的应用，这是工程造价计算机应用的另一个重要发展方向。将来，集成系统之间数据信息的收集、发布、共享游刃有余，网络信息的传递更加优质、快速和高效。随着我国电子信息技术的不断推进，不仅会使招标投标、网上询价、咨询、信贷、工程采购商务和商贸交易的实现，工程造价综合管理全过程网络信息化与电子化将成为可能。特别是形成社会性信息通道，也将使我国工程建设和经济建设信息化、网络化成为现实，更加充分地体现社会主义市场经济的优越性。

第二节　施工图预算编制软件简介

一、预算软件的分类

按照软件的内容和计算方法的不同，一般分为建设工程套价系列软件、图形工程量自动计算软件、钢筋用量自动计算软件等。

按照建筑工程专业的不同，可分为建筑工程预算软件、安装工程预算软件、市政工程预算软件、古建筑预算软件等。

（一）建设工程套价系列软件

工程套价软件一般是由工程项目管理、预算书编制、汇总输出、基础数据维护、当前工程审核、编辑、系统管理、帮助共八个主题组成。其中,当前工程审核为用户可选配置功能,主要适用于审计部门及预(结)算审查部门审查工程预(结)算及招标标底的确定。

此类软件要求工程量的计算基本由人工完成,在软件中输入工程量的结果或输入工程量的计算表达式,由软件完成对该表达式的计算功能,然后利用软件来自动计算工程造价和汇总、分析。

(二)图形工程量自动计算软件

建筑工程概预算工作最繁重的任务是工程量的计算,预算人员大部分的精力要花费在这个阶段。图形工程量自动计算软件是以绘制工程简图的形式,输入建筑图、结构图,自动计算工程量,同时自动套用定额和相关子目,并能生成各种工程量报表。使用概算软件工作效率高,计算准确,能够极大程度地减轻手工计算工程量的工作负担。此类软件有着强大的绘图功能,并在实用性、易用性方面有了进一步的优化,可以将定额项目和工程量直接导出到套价软件,可以极大地提高工作效率。图形工程量计算软件的突出特点主要表现在以下几个方面:

(1)将复杂的工程量计算转换为建筑施工简图的绘制,操作简便。

(2)任意多组辅助轴网和灵活的定位方式,可以绘制任意复杂图形。

(3)图形参数化管理,定额选取方便,参数定义明确,修改方便。

(4)提供完善的绘图跟踪功能,随时撤销或重做上次操作。

(5)剪贴板功能,实现图形在文件与文件、层与层之间的粘贴和类型转换。

(三)钢筋用量自动计算软件

建筑工程预算中除工程量计算要求必须准确外,结构构件本身的复杂性也使工程量的计算占用了大量时间,而其中钢筋用量的计算最为烦琐,需要统计、汇总大量的工程数据,很多工作却是重复的、简单的四则运算,而计算机技术的普及,为实现钢筋用量计算的电算化提供了必要的条件。

钢筋用量自动计算软件是根据现行的建筑结构施工图的特点和结构构件钢筋计算的特点而研制的。在结构构件图标上可直接录入原始数据,形象直观,可实现钢筋计算的自动化与标准化。

二、预算软件的功能

目前,已应用到实际中的工程造价软件,一般都提供了工程项目管理、定额管理、费用管理和预算编制等四大基本功能。

(一)工程项目管理功能

工程项目管理功能可以对项目管理库进行添加、查询、修改、删除等。该库的作用是:每项工程在编制预算前把各种基本特征数据(如工程名称、结构类型等)输入该库,并在预算结束后把各种造价分析数据(如定额直接费、综合间接费等)补充在该工程记录内。

(二)定额管理功能

概预算定额库是根据各地区的概预算定额、间接费定额、材料设备价格及选价汇编等建立的。它包括定额库文件、补充定额库文件和价格文件。定额管理功能是对定额数据进行管理操作,可对定额库进行添加、查询、修改、删除等。如果今后用到补充项目,随时可以编入。

(三)费用管理功能

费用管理功能是对预算费用项目及标准的费用数据进行添加、查询、修改、删除等。

(四)预算编制功能

预算编制功能具有初始数据输入、套定额计算和报表输出等子功能。例如:可以以报表的形式将工程预算表、取费表、材料价差计算表、工料分析报告、机械分析报告等快速、准确地输出。

三、预算软件的内容和使用功能

(一)工程项目管理系统

基本建设工程一般划分为建设项目、单项工程、单位工程、分部工程和分项工程。目前,国内大多数的概预算软件对工程项目的管理都只有一级,即以单位工程为管理对象,也有少数为三级管理,即建设项目、单项工程和单位工程的管理。当编制工程概预算时,以单位工程为基本单位,各单位工程的概预算文件可自动逐级汇总形成单项工程综合概算,各单项工程的综合概算进而可自动汇总为建设项目总概算。这种设计层次感强,管理大型项目十分方便。该类软件在一个单位工程内部,还提供了多级的自定义分部功能,可以由用户来定义自己需要的分部,如基础、结构和装修等,在一个分部的下面仍然可以定义分层,分层的下面可以再定义分段和分项等。这种单位工程内的层次管理,与现场实际相结合,就可以方便项目经理部进行施工预算以及总包、分包之间的预算和结算等问题。

(二)多种子目输入方法

定额的套用是编制工程概预算的最基本工作,也是影响工程造价编制速度的一个重要因素。通常在手工查套定额时,针对分项工程项目,翻看定额,找到相应的定额号,抄写定额名称、基价、各种材料消耗量等,同时还要经常翻阅定额章节说明、附录、标准图集等,而审核时还要再去重复这些工作。目前我国的主要预算软件都充分利用计算机存储量大、检索速度快的特点,把所有的定额信息都建立了数据库。这样,使用软件时就可采用多种方式随时调用。软件中常用的子目输入方法如下。

1. 直接输入

即输入定额号,软件就能够自动检索出定额子目的名称、单位、单价及人工、材料和机械消耗量等,这一功能非常适合习惯于人工查套定额的用户。

2. 按章节检索定额子目

它模仿手工翻查定额的过程,通过在软件界面上直接选择定额章节来查找子目,而且软件一般还提供了定额的章节说明、计算规则、工作内容以及注意事项,所以使用概预算软件,一般用户都可以脱离定额,完全使用软件来编制工程预算。

3. 按关键字查询定额子目

举例说明,如果需要检索等级为 C20 的混凝土子目,只需在软件中输入关键字“C20”,则所有定额名称中的包括该关键字的定额子目都能显示出来供选择。这一功能主要用于查找不太常用的、难以凭记忆区分章节的子目。

4. 标准图集智能查套子目

在工程设计上常采用许多标准设计，所以设计图纸上一般标明了所采用的图集及代号，但并不给出具体的做法。所以，在编制工程概预算时，一般都需要查阅相应的标准图集，如门窗图集、预制构件图集等。

一些软件提供了对门窗、装修做法及预制构件图集的全面支持，在软件中，使用者只需要选择软件提供的图纸并选择相应做法，软件则会智能化地查套出标准图集及相应正确的子目和工程量。这些标准图集的智能化使用大大减轻了预算编制人员的工作量。

(三)多种工程量的计算方法

在编制预算的过程中，最大的问题就是工程量的计算。一般来说，工程量的计算占手工编制预算的工作量的60%～70%。因为工程量计算的速度和准确性对概预算的编制起着决定性的作用，因此运用概预算软件进行计算的优势就不言而喻了。软件工程量计算方法主要包括以下几种。

1. 直接输入工程量

就是将计算好的工程量结果直接输入到工程量表达式栏，这种输入方式一般用于习惯手工计算工程量或预算校核者。

2. 利用表达式输入工程量

就是将工程量计算的四则运算表达式直接输入到工程量表达式栏，系统会自动将计算出的结果显示在工程量栏中。

3. 草稿纸计算法

上面的表达式法计算工程量，最大的不足是遇到一个复杂的计算时难以用一行表达式表达，而且过长的表达式也不便于审核人员的校对。而一些软件公司的软件中提供了一张“草稿纸”，使用者可以按一定的规则，将类似手工书写在草稿纸上的计算步骤写入软件，每一步骤还能加上注释，软件就可以自动地汇总出最终工程量。这种方法，对于没有图形算量软件的使用者非常实用，因为它模仿手工的计算过程，和手工习惯几乎一致，省去人工计算过程，并且该计算过程可以在输出的工程量计算书中完全反映，这对于工程量的核对也非常方便。

4. 引用工程量法

即一个子目在计算工程量时能够引用其他子目的工程量。这样，当被引用的子目工程量发生变化时，该子目的工程量也能自动发生相应的变化。这种方法完全是根据统筹法计算工程量原理而设计的，使用者可以根据该原理，确定一个科学的工程量计算次序，这也可以大大提高工程量的计算速度。

5. 常用标准公式法

工程量计算非常复杂，需要使用大量的计算公式。所以在计算工程量时，常常需要翻阅有关数学手册查找某个计算公式。一些软件公司的软件中提供了所有的常用计算公式，而且都是以图形的方式提供，使用者需要时不必再去查阅资料，只需选择相应的图形公式，并输入软件提示的相应参数，就可以得到工程量。

6. 图形自动计算工程量

上述几种方法对于计算工程量来说解决了一些问题，要想彻底地解决工程量计算问题,就需要采用更为先进的手段。近年来,随着计算机技术的发展,部分软件公司在图形量算方面取得了较大的进展。它以描图的方式输入建筑图、结构图和基础图,同时套用相关子目,自动计算工程量。

(四)智能换算和补充子目

定额是综合测定和定期修编的,但实际工程则是千差万别的,加上近年来新工艺、新材料不断出现,所以在编制工程预算的过程中遇到定额缺项是一种常见的现象。定额管理部门一般规定,在编制工程概预算的过程中如果发现定额缺项,应由概预算编制单位编制概预算补充子目,或以相近的定额子目为蓝本进行换算处理。

手工解决这个问题比较麻烦。首先,一条子目有多少种换算方法及如何换算必须翻查定额中的说明。其次,因为定额的单价(即人工费、材料费、机械费)是由相关人工、材料、机械消耗量及其单价决定的。因此,换算一种材料后,必须手工重新计算子目的单价。目前,我国的预算软件一般都提供了多种换算功能。

1. 直接换算

即可以直接打开一条需要换算子目的人工、材料、机械消耗表,在该表中可以任意删除、增加和替换一种材料,可以对任意工料的消耗量进行修改。这种方法可以实现所有的换算形式,但相对下面的换算形式,其操作就显得有些烦琐了。

2. 智能换算

一般子目都有一些常用的换算形式,如砂浆、混凝土强度换算,墙厚和板厚的换算等。一些软件公司的软件正是利用了这一固定的特性,开发了智能换算功能。智能换算有两种操作形式:①输入子目时输入换算信息法;②先输子目,再调用智能换算子目。

另外,在实际编制工程概预算的过程中,总有一些子目需要补充。一般概预算软件还应提供直接补充子目或借用定额子目建立补充子目等方法,并且补充子目还可以存档和维护,经过存档的补充子目在下一次使用时,可以和普通定额子目一样被调用。

(五)工料分析和按市场价格调整材料价差

调价工作是计划经济向市场经济转轨的产物。现在各地定额管理机关普遍发行材料价格信息,依据这些材料价格信息,预算人员就可以进行调价处理。但由于工程项目所涉及的材料种类很多,一般项目也常常达到数百种,所以调价工作如果用手工计算,是一项非常烦琐的劳动。

手工编制预算时,调价处理首先应该进行准确的工料分析,在工料分析的基础上,再通过查询材料的市场价格来确定每种材料的价差,最后汇总所有材料的价差值得到整个项目的价差。我国大部分由造价管理部门协助开发的软件对这个问题的处理方法是对市场信息价采用“电子信息盘”方式来解决,工程造价管理机构一般都定期发布工程造价信息,并将这些内容做成电子版造价信息。这种电子版造价信息可以以软盘的方式向用户邮寄,用户也可以通过互联网下载,或通过当地服务机构索取等。获得信息盘后,通过软件提供的安装功能装入到该软件,这样价差的计算工作软件同样也可以自动完成。另外,有些地区的工程材料调价不是以某一期信息价作为调价基准,而是根据施工期间材料购买幅度,结合此时造价管理机构公布的市场价格,加权平均得到均衡市场价来进行调价;还有些地区的材料,部分按照实际调整,部分用系数调整,这些情况在软件设计时也都需要考虑。

（六）工程取费

全国各地的取费定额一般都严格规定了不同类型建筑的取费程序，并对费率和取费基数也都做出了严格的规定。因此，概预算软件也应在各地定额库中建立当地所有类型建筑工程取费标准的模板。一套模板针对一个建筑类型，取费程序、费率和取费基数都已经完全做好。这样，当用户在软件中取费时，只需要选定自己需要的模板，取费工作就完成了。有些概预算软件还具备以下功能：①允许用户在取费表中任意定义自己需要的取费项目，对费率进行任意修改；②允许用户在一个工程内同时建立多个费用文件，便于分部取费、子目综合单价取费以及报价时进行多个费用方案的报价比较。例如在一些公司推出的软件中，系统提供整个项目的汇总数据、各分部的汇总数据、按汇总类别的汇总数据、各材料表的汇总数据以及其他费用的汇总数据等，强大的取费基数生成功能，用户甚至可以随意提取几种材料组合出取费基数，制定取费表，真正实现了万能取费。

（七）自由报表

报表是一份概预算的最终表现形式。目前，我国还没有统一的预算报表规范，各地区对预算报表的格式要求存在一定的差异，即使在一个地区，不同部门及行业之间，由于内部规范的特定要求，其报表的表现形式也是不同的。例如，有的地区要求预算表中只要列出子目的单价和合价即可，而有的则要求列出人工、材料、机械各项的完整费用。基于这种情况，在软件设计中应提供各种报表的模板供用户选择。这些模板应根据各地的报表格式要求设置，并设计多种报表方案，以便用户使用软件时，根据自己所需输出报表。

从以上可以看出，我国目前所编制的大部分预算软件都是以政府统一颁布的预算定额和取费定额为计价依据的，即主要适合于“计划价格”的编制，但随着建筑产品价格的逐步放开，开发适合建筑产品市场价格计算的预算软件成为当务之急。同时，不同用户有着不同的自身特点和要求，所以针对不同的用户进行预算软件的个性化设计以及用户在预算软件基础上的功能修改和扩展，也成为预算软件开发的必然趋势。

四、建筑工程预算软件的应用

建筑工程造价的确定是一项查询量和计算量都相当大的工作。它的特点是重复性工作多，而这种类型的工作是最适合用计算机来完成的。工程概预算采用计算机编制，提高了概预算的编制速度。

应用计算机编制工程概预算有如下优点：

（1）编制速度快，工作效率高，可大大减轻概预算工作人员的劳动强度。

（2）编制概预算的口径一致，计算准确，特别是软件在识图和计算工程量功能方面尤为突出。

（3）利用计算机可以更好地进行材料分析，节约材料的消耗量，降低工程成本。

（4）修改数据特别方便，而且数据丰富、齐全，便于对概预算进行审核或对比。

（5）用计算机能将施工组织计划和工程概预算联系起来，可以更好地挖掘潜力，缩短工期，提高经济效益。

现在市场上主流软件主要有上海神机软件、广联达软件、鲁班软件等，各种软件开发的着力点虽然有所差异,但其原理和操作方法大同小异,下面以神机软件为例讲述软件的操作方法。

上海神机软件有限公司是一家集软件开发和经营管理为一体的综合型高科技企业,公司成立于1996年,总部位于上海。经过十几年的发展,公司的产品涉及工程造价管理、招标投标操作管理等系列30多个产品,并被广泛应用于建筑设计、施工、审计、咨询、监理、房地产开发等行业及财政审计、石油化工、邮电、电力等系统。在举世瞩目的北京奥运会鸟巢、国家大剧院等工程中,神机公司的软件产品也得到了深入应用,并赢得了用户的好评。

下面简要介绍神机妙算计价软件定额计价操作方法。

(一)新建工程

步骤一:建立工程库。

方法一:如图10-1所示,单击工具栏按钮。

图 10-1

方法二:如图10-2所示,选择主菜单项"工程造价/新建(工程造价)"。

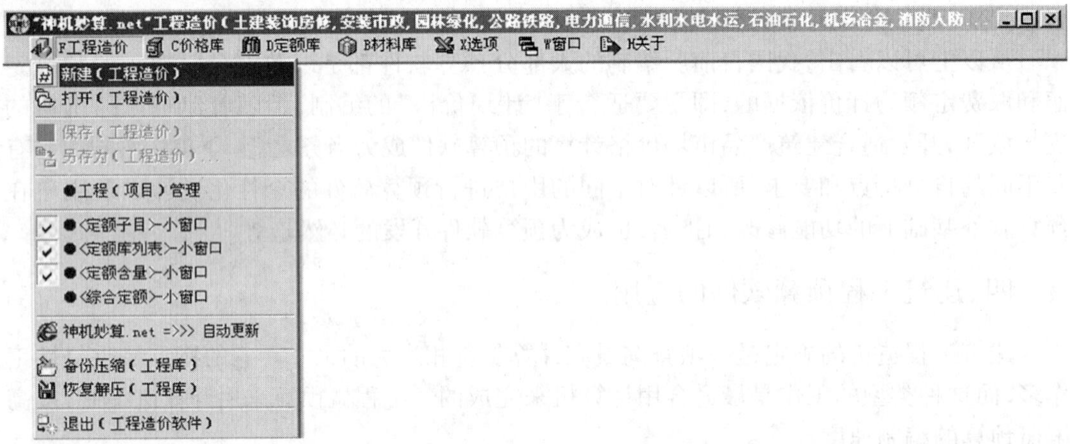

图 10-2

步骤二:在窗口的"文件名"栏定义文件名,然后单击窗口 打开(O) 按钮,进入新建工程库窗口。

注意:新建的工程名称不能与已有工程名称相同,否则,系统将弹出出错窗口。

(二)选择模板

新创建的工程库一定要选用模板才能进行工程预算书的编制。

步骤一:在【工程信息】页面进行模板的选择;

说明:可以选择标准模板文件,也可选择工程库文件。对于相似工程,调用已完成的工程库做模板,可以提高工作效率。

步骤二：单击 确认 按钮，则新建工程库按所选模板的格式进行了设置。

注意：模板只准选择一次，一旦确认， 选择模板 按钮将变为浅灰色 选择模板 ，不允许再选择。

（三）输入工程信息

定额库一般都经过加密，首次使用应单击【工程信息】插页 序列号 -> 设置（定额库）对应编号 按钮，在弹出的对话框中设置与软件锁编号相对应的定额库序列号，如图 10-3 所示，然后定额库才能使用；否则在使用时，会出现出错提示。

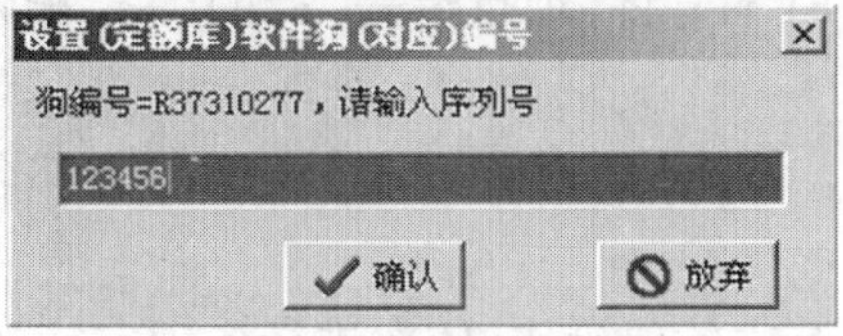

图 10-3

（四）设置当前价格库

在套定额之前，应先进入【价格信息】插页，在【当前价格库】窗提取右键菜单，选择"打开"菜单项，在弹出的列表框内（如图 10-4 所示）选择所需价格库打开，即可将其显示在【当前价格库】窗口。

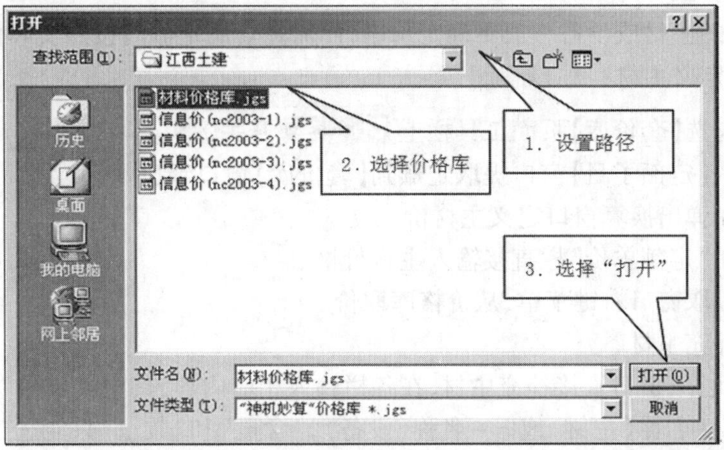

图 10-4

若当前工程需要使用多个时期的价格库计算，可提取【当前价格库】窗右键菜单，选择"打开"菜单项，在弹出的列表框内选择所需加权平均价格库文件。

若没有加权平均价格库也可通过【加权平均计算】窗设置。有下面两种计算方法。

（五）编辑套价库

1. 套价库的编辑流程

步骤一：进入【套定额】插页，进行套价库编辑。

步骤二：定义工程分部名称。套定额前设置工程分部，便于进行多级汇总。

工程分部行在【套价库】窗口显示为天蓝色，"项目编号"栏带" * "的，表示该行具有汇总功能，可以设置多级汇总，通过" * "区别等级（1^* ~ 5^*，* 级可人工调整），* 越多，汇总级别越低。有下面三种设置方法。

方法一:从【定额库列表】窗口调用,即拖动【定额库列表】窗口的定额分部名称,将其释放在【套价库】窗口。

方法二:从【定额子目】窗口调用,即拖动【定额子目】窗口的分类名称(非定额子目),将其释放在【套价库】窗口。

方法三:在【套价库】窗口自定义,即若无可调用内容,可直接在【套价库】窗口自定义。在"项目编号"栏中输入"*"(1*至5*),在"定额名称"栏中输入工程分部名称。

注意:在编辑【套价库】时不要将"项目编号"栏的"*"删除;否则该行天蓝色标记消失,同时失去汇总功能。

步骤三:打开定额分部。双击【定额库列表】窗所需分部名称,可将该分部定额子目调入【定额子目】窗。

步骤四:套定额。重复上述各项操作,依次进行各项定额的套用及换算。

说明:套定额、计算工程量、定额换算等内容有多种编辑方法,此处只是其中一种,其他的编辑方法详见有关介绍。

步骤五:套价库计算。【套价库】窗口的所有项目录入完成后,单击【套价库】页面工具栏按钮,在弹出窗口中勾选关联计算的项目,进行套价库计算。

2. 安装工程主材的编制

安装工程的主材或设备一般不确定价格,而需在套用定额时按照实际情况录入。

换算窗口定义主材:

步骤一:勾选【套价库】页面工具栏上

开关。

步骤二:从【定额子目】窗口提取定额到【套价库】窗口释放。

步骤三:在弹出换算窗口定义主材价。

方法一:在"定额单价"栏直接输入主材价格。

方法二:提取窗口右键菜单,从价格库取价。

方法三:补充主材。

在"定额换算"窗口直接补充主材,在各栏输入相应内容,其中:"编号"不能重号,"未计价名称"=E+名称(主材)或F+名称(设备),"含量"和"数量"只能选其中一栏录入。

方法四:替换主材。

如图10-5所示,选中被替换的主材,提取窗口右键菜单,选择"项目换算(未计价)"菜单项,在弹出的"项目换算"窗口中双击所需主材项目,即可替换原主材。

步骤四:选用主材名称为定额名称。

【定额含量】窗口的主材定义:若套好的定额漏输主材价,也可在该定额的【定额含量】窗口的"定额单价"栏直接输入主材价格。

(六)套价库汇总计算

在套价库计算时,若勾选了相关的汇总计算的关联计算选项,则自动完成各汇总计算内容,直接进行报表的打印输出即可。

若没勾选关联计算选项,则不能进行相关内容的自动计算,在套价库编辑完成后,报

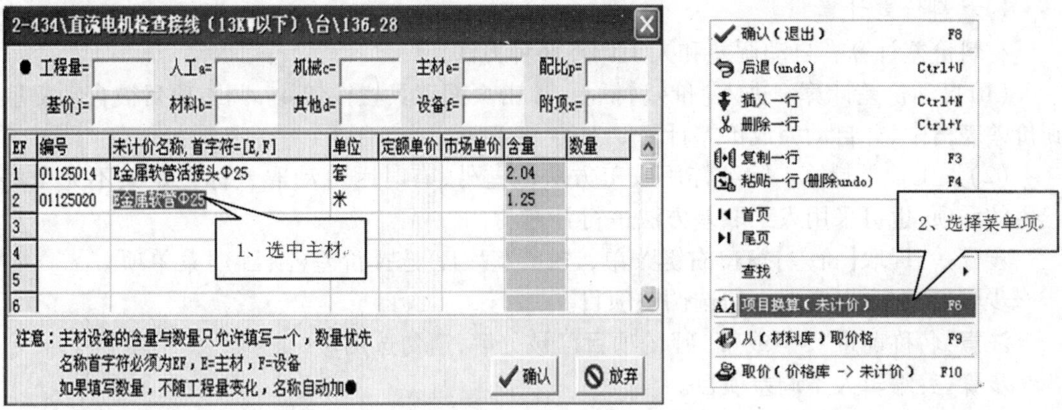

图 10-5

表打印输出前，需对当前套价库进行各种汇总计算项目的编辑，包括人材机分析、价差分析、取费计算，其编辑方法见下面介绍。

1. 人材机分析

步骤一：进入【人材机】插页提取人材机。

下面内容可选择操作，若无相应操作内容，步骤可省略。

步骤二：数据修改校核。

方法一：在【人材机】页面直接修改相应数据。修改完成后应提取窗口右键菜单，选择“放回(当前)价格库”菜单项，将修改内容放回价格库；否则，重新修改套价库，重新提取人材机后，不能提取出修改后的人材机。

方法二：若对某项材料数据有疑问，可在【人材机】窗口锁定该材料，提取右键菜单，选择“反查(定额)子目”菜单项，在弹出的窗口检查材料有关信息，为便于对数，可直接进入【套价库】窗口，两窗口逐项对照检查，检查出问题可直接在套定额窗口修改。

步骤三：人材机汇总完后，如一些材料由甲方提供，可进行甲方提供人材机的计算。

步骤四：定义自动调差标记。

本系统价差计算有自动和人工两种，对于需要自动计算的项目，必须定义过标记，若模板中已定义过自动调差标记，此步骤可省略。若自动调差标记未定义或定义有漏项，可在价差栏定义自动调差标记，如数字“1”。

自动调差标记可以在【价格信息】插页的大材料库中定义，也可在提取出人材机后，在【人材机】插页的当前套价库材料中定义。

注意：定义标记时要保证标记栏与计算插面的对应性，如在【a 价差】插页计算，应在“a 价差”栏定义标记，否则不能自动取差。

步骤五：打印分部人材机。

若各分部需要分开汇总打印，则应在【套价库】窗口，将光标定位分部＊，则【定额含量】窗口显示该分部＊的人材机汇总；在【定额含量】窗口提取右键菜单，选择“发送到(人材机)窗口”菜单项，将分部人材机发送到人材机窗口打印即可。

2. 价差计算

本节价差计算包括材料价差计算、大材价差计算、特项价差计算。

1)材料价差计算

材料价差计算有自动调差和人工调差两种方法。

(1)自动价差计算。进入【价差】插页,单击页面工具栏按钮,调差项目被自动提取到价差表格中,并自动完成价差计算。

(2)人工价差计算。除纯粹用人工方法调差外,有时因自动取差标记定义不完全而产生的漏项,也可采用人工取差方法进行补充。

步骤一:提取【价差】窗口右键菜单,选择"(手工)选择价差(项目)"菜单项。

步骤二:在弹出窗口中勾选调差项目。

注意:名称前带"*"或带"#"的项目已被分解,请勿选用。

步骤三:编辑人工调差项目。

(3)套价库更改后的价差计算。调差计算完成后,如【套价库】窗口的工程量数据经过更改,则价差计算数量也需要修改,其修改方法有两种:

方法一:若原价差计算为自动调差,且其市场价没有修改的情况下,在套价库计算时,应勾选价差关联计算项,则原价差计算内容随套价库的计算而重新自动计算。

方法二:若原价差调整为手工调差,进行套价库计算时,在其关联计算窗口应取消价差自动关联计算标记;再进入【人材机】窗口,提取窗口右键菜单,选择"(自动)提取价差(数量)"菜单项,程序自动完成更改内容的计算。

2)大材价差计算

进入【D.大材】插页,单击页面工具栏按钮,大材价差被自动提取到窗口,同时各大材组成明细显示在下窗口中。

提示:在【D.大材】插页中调差的大材,在价差计算中不予选择,以免重复计算价差。

3)特项价差计算

进入【特项价差】插页,单击页面工具栏按钮,或提取窗口右键菜单,选择"(自动)提取价差(项目)"菜单项,程序自动提取给定特项符号组成的材料价差。

提示:在【人材机】插页进行人材机汇总计算时,其页面工具栏开关"☑特项合并"和"☑混凝土水泥合并"必须打开,否则不能计算特项价差。

3.取费计算

进入【取费】插页,进行取费编辑。

注意:如在【公共变量】插页定义过取费费率,则可不进入【取费】插页编辑,直接进入【打印输出】插页打印取费表。

(七)报表打印输出

套价库汇总计算完成后,就需要将结果输出到纸张上,打印出各式精美表格并装订成册,完成预算的最后也是最重要的一道工序。

(八)建设项目汇总

本系统除可进行单项工程的计算书编辑外,还可对整个建设项目实施完善的管理,让用户在同一系统中,轻松应对任何一个复杂建设项目的管理工作。

建设项目汇总编制方法:

步骤一:单击工具栏按钮,打开"工程项目管理"窗口。